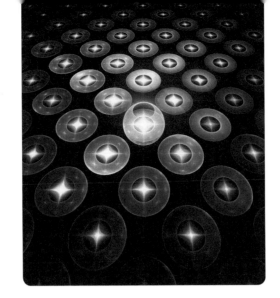

CBAC
Mathemateg
ar gyfer U2 – Pur

Stephen Doyle

Illuminate
Publishing

CBAC Mathemateg ar gyfer U2 – Pur

Addasiad Cymraeg o *WJEC Mathematics for A2 Level – Pure* a gyhoeddwyd yn 2018 gan Illuminate Publishing Limited, argraffnod Hodder Education, cwmni Hachette UK, Carmelite House, 50 Victoria Embankment, London EC4Y 0DZ

Archebion: Ewch i www.illuminatepublishing.com neu anfonwch e-bost at sales@illuminatepublishing.com

Cyhoeddwyd dan nawdd Cynllun Adnoddau Addysgu a Dysgu CBAC

Data Catalogio Cyhoeddiadau y Llyfrgell Brydeinig

Mae cofnod catalog ar gyfer y llyfr hwn ar gael gan y Llyfrgell Brydeinig.

ISBN 978 1 911208 83 9

Printed by Ashford Colour Press, UK

11.22

Polisi'r cyhoeddwr yw defnyddio papurau sy'n gynhyrchion naturiol, adnewyddadwy ac ailgylchadwy o goed a dyfwyd mewn coedwigoedd cynaliadwy. Disgwylir i'r prosesau torri coed a gweithgynhyrchu gydymffurfio â rheoliadau amgylcheddol y wlad y mae'r cynnyrch yn tarddu ohoni.

Gwnaed pob ymdrech i gysylltu â deiliaid hawlfraint y deunydd a atgynhyrchwyd yn y llyfr hwn. Os cânt eu hysbysu, bydd y cyhoeddwyr yn falch o gywiro unrhyw wallau neu hepgoriadau ar y cyfle cyntaf.

Mae'r deunydd hwn wedi'i gymeradwyo gan CBAC, ac mae'n cynnig cefnogaeth o ansawdd uchel ar gyfer cymwysterau CBAC. Er bod y deunydd wedi bod trwy broses sicrhau ansawdd CBAC, mae'r cyhoeddwr yn dal yn llwyr gyfrifol am y cynnwys.

Atgynhyrchir cwestiynau arholiad CBAC drwy ganiatâd CBAC.

Dyluniad y clawr: Neil Sutton
Dyluniad a gosodiad y llyfr Saesneg gwreiddiol a'r llyfr Cymraeg: GreenGate Publishing Services, Tonbridge, Swydd Gaint

Cydnabyddiaeth ffotograffau

Y clawr: Klavdiya Krinichnaya/Shutterstock, **t9** Gajus/Shutterstock; **t17** Maren Winter/ Shutterstock; **t52** gorosan/Shutterstock; **t74** Yury Zap/ Shutterstock; **t103** Chad Bontrager/Shutterstock; **t136** Jakkrit Orrasri/ Shutterstock; **t149** Kirill Neiezhmakov/ Shutterstock; **t175** Mvolodymyr/ Shutterstock.

Cydnabyddiaeth

Hoffai'r awdur a'r cyhoeddwr ddiolch i Sam Hartburn ac i Siok Barham am eu sylw gofalus wrth adolygu'r llyfr hwn.

Cynnwys

Cynnwys

Mae cynnwys y canllaw astudio ac adolygu hwn wedi'i gynllunio i'ch helpu i wneud eich gorau yn uned Mathemateg Bur arholiad U2 Mathemateg: Pur CBAC. Ysgrifennwyd y llyfr gan awdur ac athro profiadol yn arbennig ar gyfer y cwrs U2 CBAC rydych chi'n ei ddilyn ac mae'n cynnwys popeth mae angen i chi ei wybod er mwyn gwneud yn dda yn eich arholiadau.

Gwybodaeth a Dealltwriaeth

Mae testunau'n dechrau â rhestr fer o'r deunydd mae'r testun yn ymdrin ag ef, a bydd pob testun yn rhoi'r wybodaeth greiddiol a'r sgiliau bydd eu hangen arnoch chi i wneud yn dda yn eich arholiadau.

Mae'r adran wybodaeth yn weddol fyr gan adael digon o le i esbonio enghreifftiau'n fanwl. Byddwn ni'n dangos y theori, yr enghreifftiau a'r cwestiynau a fydd yn eich helpu i ddeall y meddwl sydd y tu ôl i'r camau. Byddwn ni hefyd yn rhoi cyngor manwl i chi pan fydd ei angen.

Mae'r nodweddion canlynol wedi'u cynnwys yn yr adrannau gwybodaeth a dealltwriaeth:

- **Gwella gradd:** cynghorion yw'r rhain i'ch helpu i sicrhau y radd orau i chi drwy osgoi rhai peryglon a all achosi i fyfyrwyr faglu.

- **Cam wrth gam:** mae'r adrannau hyn wedi'u cynnwys i'ch helpu i ateb cwestiynau sydd ddim yn eich arwain gam wrth gam at yr ateb terfynol (cwestiynau anstrwythuredig yw'r enw ar y rhain). Yn y gorffennol, byddech chi'n cael eich arwain at yr ateb terfynol am fod y cwestiwn wedi'i strwythuro. Er enghraifft, efallai byddai rhannau (a), (b), (c) ac (ch). Erbyn hyn, gallwch chi gael cwestiynau sy'n gofyn i chi fynd i'r ateb yn rhan (ch) ar eich pen eich hun. Bydd gofyn i chi ddarganfod y camau (a), (b) ac (c) byddai angen i chi eu cymryd i gyrraedd yr ateb terfynol. Mae 'cam wrth gam' yn eich helpu i ddysgu edrych yn ofalus ar y cwestiwn er mwyn dadansoddi pa gamau mae angen eu cymryd i gyrraedd yr ateb.

- **Dysgu gweithredol:** tasgau byr byddwch chi'n eu gwneud ar eich pen eich hun yw'r rhain. Byddan nhw'n eich helpu i ddeall testun neu'n eich helpu i adolygu.

- **Crynodebau:** ar gyfer pob testun, mae crynodeb sy'n cyflwyno'r fformiwlâu a'r prif bwyntiau. Mae modd eu defnyddio drwy droi atyn nhw'n gyflym, neu gallan nhw eich helpu i adolygu.

Arfer a Thechneg Arholiad

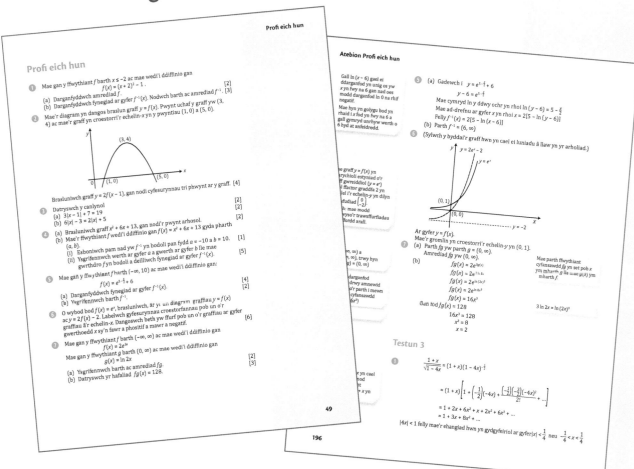

Prif bwrpas y llyfr hwn yw eich helpu i ddeall sut i ateb cwestiynau arholiad. Mae hyn yn golygu ein bod wedi cynnwys cwestiynau drwy'r llyfr a fydd yn gwella eich sgiliau a'ch gwybodaeth nes eich bod mewn sefyllfa i ateb cwestiynau arholiad llawn ar eich pen eich hun. Mae enghreifftiau ac mae rhai o'r rhain yn gwestiynau llawn mewn arddull arholiad. Rydym ni wedi anodi'r rhain ag 'Awgrymiadau' a chyngor cyffredinol ynglŷn â'r wybodaeth, y sgiliau a'r technegau sydd eu hangen arnoch i'w hateb.

Mae adran 'Profi eich hun' lle rydych chi'n cael eich annog i ateb cwestiynau ar y testun ac yna cymharu eich atebion â'r rhai sydd yng nghefn y llyfr. Mae llawer o gwestiynau safon arholiad ym mhob adran 'Profi eich hun' sy'n rhoi cwestiynau â sylwadau er mwyn i chi weld sut dylai'r cwestiwn gael ei ateb.

Wrth gwrs, dylech chi weithio drwy bapurau arholiad llawn wrth i chi adolygu.

Rydym ni'n eich cynghori i edrych ar wefan CBAC www.cbac.co.uk lle gallwch chi lawrlwytho deunyddiau, fel y fanyleb a chyn-bapurau, i'ch helpu i astudio. O'r wefan hon, byddwch chi'n gallu lawrlwytho'r llyfryn fformiwlâu byddwch chi'n ei ddefnyddio yn eich arholiadau. Hefyd, fe welwch chi bapurau enghreifftiol a chynlluniau marcio ar y wefan.

Pob hwyl wrth adolygu.

Stephen Doyle

1 Prawf

Cyflwyniad

Daethoch chi ar draws profion yn Nhestun 1 cwrs Uned 1 UG Pur. Mae prawf mathemategol yn ddadl fathemategol sy'n argyhoeddi eraill bod gosodiad mathemategol yn wir. Yn y testun hwn, byddwch chi'n dod ar draws un dechneg ychwanegol i brofi neu wrthbrofi gosodiadau mathemategol. Mae'r testun hwn yn ymwneud â phrawf mathemategol sy'n cael ei alw'n brawf drwy wrthddywediad. Fel yn achos pob prawf, mae prawf drwy wrthddywediad yn dibynnu ar ddefnyddio'r Gymraeg yn gywir yn ogystal â thechnegau mathemategol.

1.1 Rhifau real, dychmygol, cymarebol ac anghymarebol

Daethoch chi ar draws y deunydd hwn yn UG Pur, ond oherwydd y byddwn ni'n defnyddio'r eirfa gryn dipyn yn y testun hwn, dyma eich atgoffa:

Rhifau real yw'r rhifau rydym ni'n gyfarwydd â'u defnyddio. Felly mae 2, 0, 0.98, $\frac{1}{3}$, -3, π, $\sqrt{2}$, etc. i gyd yn enghreifftiau o rifau real.

Rhifau dychmygol yw'r rhifau hynny sydd, o'u sgwario, yn rhoi rhif negatif. Felly mae $\sqrt{-1}$ yn rhif dychmygol am fod $(\sqrt{-1})^2 = -1$.

Gall **rhifau cymarebol** gael eu mynegi fel ffracsiynau (h.y. $\frac{a}{b}$, lle mae $b \neq 0$).

Ni all **rhifau anghymarebol** gael eu mynegi fel ffracsiynau. Mae rhifau lle mae rhifau ar ôl y pwynt degol sy'n mynd ymlaen am byth a heb ailadrodd yn anghymarebol, e.e. $\sqrt{2}$ a π.

1.2 Prawf drwy wrthddywediad

Mae prawf yn ymwneud â dangos gwirionedd damcaniaeth. Y camau hanfodol wrth brofi drwy wrthddywediad yw **tybio** bod y ddamcaniaeth yn **anghywir** ac yna dangos bod y dybiaeth hon yn arwain at **wrthddywediad**.

Weithiau mae'n anodd neu bron yn amhosibl profi bod damcaniaeth fel 'mae '$\sqrt{2}$ yn anghymarebol' yn wir. Y broblem yw bod nifer anfeidraidd o rifau gallai eu sgwariau fod yn hafal i 2, felly ni allwn eu profi i gyd. Mae'n haws ystyried y gwrthddywediad, sef bod '$\sqrt{2}$ yn gymarebol'. Yna, mae'n rhaid i ni ystyried camau rhesymegol ar sail yr hyn sy'n bendant yn fathemategol wir, a phan ddown ni at rywbeth sy'n bendant yn fathemategol anghywir, mae'n golygu bod y dybiaeth oedd wedi'i wneud ar gyfer y gwrthddywediad yn anghywir, a bod y dybiaeth oedd wedi'i wneud yn wreiddiol yn wir.

Enghreifftiau

1   Cwblhewch y prawf drwy wrthddywediad canlynol i ddangos os yw n yn gyfanrif fel bod modd rhannu n^2 â 3, yna bod modd rhannu n â 3.

Tybiwch nad oes gan n ffactor 3 fel bod
$$n = 3k + r$$
lle mae k ac r yn gyfanrifau a $0 < r < 3$.

....

Ateb

1   Yna $n^2 = (3k + r)^2$
$$= 9k^2 + 6kr + r^2$$
sydd heb ffactor o 3.

Ond mae gan n^2 ffactor o 3 (wedi'i roi).

∴ mae gwrthddywediad, ac mae ein tybiaeth nad oes gan n ffactor o 3 yn anghywir.

_____

2   Profwch drwy wrthddywediad y gosodiad canlynol.

Pan fydd x yn real a phositif, $4x + \dfrac{9}{x} \geq 12$.

Dyma linell gyntaf y prawf isod.

Tybiwch fod gwerth positif a real x fel bod $4x + \dfrac{9}{x} < 12$

$r = 1$ neu 2

$r^2 = 1$ neu 4

1.3 Prawf o anghymareboldeb √2

Ateb

2

$$4x + \frac{9}{x} < 12$$

Mae lluosi'r ddwy ochr ag x yn rhoi

$$4x^2 + 9 < 12x$$

Mae tynnu $12x$ o'r ddwy ochr yn rhoi

$$4x^2 - 12x + 9 < 0$$

Trwy hyn $(2x - 3)(2x - 3) < 0$

Felly $(2x - 3)^2 < 0$

Er mwyn i $(2x - 3)^2$ fod yn negatif (h.y. < 0), byddai'n rhaid i $2x - 3$ fod yn rhif dychmygol. Mae hyn yn gwrth-ddweud bod $2x - 3$ ac x yn real.

Trwy hyn $4x + \frac{9}{x} \geq 12$

> Sylwch y gallwn ni luosi'r ddwy ochr ag x heb boeni am wrthdroi'r anhafaledd am fod x yn rhif positif.

> Mae ochr chwith yr anhafaledd yn ffwythiant cwadratig ac felly mae modd ei ffactorio.

> Ar gyfer unrhyw werth real a phositif x, bydd $(2x - 3)^2$ bob amser yn fwy na neu'n hafal i sero. Ni all fyth fod yn negatif os yw $2x - 3$ yn real.

1.3 Prawf o anghymareboldeb √2

Darganfu'r Groegiaid fod gan sgwâr sydd ag ochr o 1 uned, groeslin sydd â'i hyd yn anghymarebol (h.y. nid oes modd ei fynegi fel y ffracsiwn $\frac{a}{b}$).

Defnyddion nhw theorem Pythagoras i ddarganfod mai hyd y groeslin oedd √2, felly roedd hyn yn golygu bod √2 yn anghymarebol.

Defnyddio prawf drwy wrthddywediad i brofi anghymareboldeb √2

Rydym ni'n dechrau drwy dybio bod √2 yn gymarebol ac felly bod modd ei fynegi fel ffracsiwn yn y ffurf $\frac{a}{b}$.

Felly, mae gennym ni √2 $= \frac{a}{b}$ lle nad oes gan a a b unrhyw ffactorau'n gyffredin.

Mae sgwario'r ddwy ochr yn rhoi $2 = \frac{a^2}{b^2}$

Mae ad-drefnu hafaliad hwn yn rhoi $2b^2 = a^2$ ac mae hyn yn golygu bod a^2 yn eilrif am fod ganddo ffactor o 2.

Er mwyn i a^2 fod yn eilrif, mae'n rhaid i a fod yn eilrif, oherwydd os ydych chi'n sgwario eilrif, rydych chi bob amser yn cael eilrif ac os ydych chi'n sgwario odrif, rydych chi bob amser yn cael odrif.

Os yw a yn eilrif, yna mae'n rhaid bod modd rhannu a^2 â 4. Mae hyn yn golygu bod b^2, a thrwy hyn b, yn eilrif.

Nawr, os yw a a b hefyd yn eilrif, mae hyn yn wrthddywediad i'r dybiaeth nad oes gan a a b unrhyw ffactorau'n gyffredin.

Trwy hyn, ni all √2 fod yn gymarebol, felly mae'n anghymarebol.

Enghreifftiau

GWELLA
⇧⇧⇧⇧ **Gradd**

Nid yw'n hawdd meddwl am y prawf ar gyfer anghymareboldeb syrdiau fel √3 neu anfeidredd rhifau cysefin. Felly mae'n werth treulio amser yn eu dysgu nhw ar y cof.

1   Cwblhewch y prawf drwy wrthddywediad canlynol i ddangos bod √3 yn anghymarebol.

Tybiwch fod √3 yn gymarebol. Yna gall √3 gael ei ysgrifennu yn y ffurf $\frac{a}{b}$ lle mae a a b yn gyfanrifau heb ffactorau'n gyffredin.

∴ $a^2 = 3b^2$

Sylwch fod y symbol ∴ yn golygu felly, neu o ganlyniad.

Yma, rydym ni'n amnewid $a = 3k$ i mewn i $a^2 = 3b^2$.

Ni ddylai fod gan a a b unrhyw ffactorau'n gyffredin.

Mae hyn oherwydd y tybiwyd nad oes gan a a b unrhyw ffactorau'n gyffredin a'n bod ni wedi profi bod ffactor gyffredin yn bodoli.

GWELLA

 **Gradd**

Gwnewch yn siŵr eich bod yn defnyddio'r gair **gwrthddywediad** a dywedwch yn union beth yw'r gwrthddywediad.

∴ mae gan a^2 ffactor o 3.

∴ a^2 mae gan a^2 ffactor o 3 fel bod $a = 3k$ lle mae k yn gyfanrif.

Ateb

1   ∴ $(3k)^2 = 3b^2$

∴ $9k^2 = 3b^2$

∴ $3k^2 = b^2$

∴ mae gan b^2 ffactor 3

∴ mae gan b ffactor 3

Mae gan a a b ffactor yn gyffredin (h.y. 3)

Mae hyn yn wrthddywediad ac yn golygu bod y dybiaeth gychwynnol yn anghywir.

Felly mae $\sqrt{3}$ yn anghymarebol.

Sylwch yn Adran 1.2 Enghraifft 1, ein bod wedi defnyddio'r ffaith os oes gan a^2 ffactor 3, yna mae gan a ffactor 3. Cafodd y canlyniad hwn ei sefydlu yn Enghraifft 1.

Mewn gwaith yn y dyfodol, cewch chi ddefnyddio (heb brawf) os oes gan a^2 ffactor p, lle mae p yn **rhif cysefin**, yna mae gan a ffactor p. Er enghraifft, os oes modd rhannu p^2 â 7, yna mae modd rhannu p â 7.

___

2   Cwblhewch y prawf drwy wrthddywediad canlynol i ddangos bod $\sqrt{7}$ yn anghymarebol.

Tybiwch fod $\sqrt{7}$ yn gymarebol. Yna mae modd ysgrifennu $\sqrt{7}$ yn y ffurf $\frac{a}{b}$ lle mae a, b yn gyfanrifau sydd heb ffactorau'n gyffredin.

∴ $\frac{a}{b} = \sqrt{7}$

∴ $a = \sqrt{7}b$

∴   mae gan $a^2 = 7b^2$ ffactor 7.

∴ mae gan a ffactor 7 fel bod $a = 7k$, lle mae k yn gyfanrif.

Ateb

2   Nawr $a^2 = 7b^2$

∴ $(7k)^2 = 7b^2$

∴ $49k^2 = 7b^2$

∴ $7k^2 = b^2$, felly mae gan b^2 ffactor 7.

∴ mae gan b ffactor 7

Mae gan a a b 7 yn ffactor gyffredin.

Mae hyn yn wrthddywediad ac yn golygu bod y dybiaeth gychwynnol yn anghywir.

Trwy hyn, mae $\sqrt{7}$ yn anghymarebol.

1.4 Prawf o anfeidredd rhifau cysefin

Nid oes rhif cysefin mwyaf. Dyma un ffordd y gall hyn gael ei brofi.

Tybiwch fod y rhestr ganlynol o rifau cysefin gennym ni: $p_1, p_2, p_3, p_3, p_4, p_5, \dots p_n$

Pan fydd y cyfan yn cael ei luosi â'i gilydd ac 1 yn cael ei adio, gall yr ateb, y gallwn ni ei alw'n q, fod neu beidio â bod yn rhif cysefin. Os yw'n rhif cysefin, mae'n rhif cysefin nad oedd yn y rhestr wreiddiol ac felly mae'n rhif cysefin newydd. Os nad yw'n rhif cysefin, mae'n rhaid bod modd ei rannu â rhif cysefin r.

Nawr, ni all r fod yn p_1, p_2, p_3, etc., oherwydd byddai rhannu q ag unrhyw un o'r rhifau hyn yn rhoi gweddill o 1. Mae hyn yn golygu bod r yn rhif cysefin newydd.

Felly gall fod rhif cysefin newydd q, neu os nad yw q yn rhif cysefin, mae ganddo rif cysefin newydd yn ffactor gysefin iddo. Felly mae nifer anfeidraidd o rifau cysefin.

1.5 Cymhwyso prawf drwy wrthddywediad at brofion anghyfarwydd

Bydd rhai o'r cwestiynau ar brofion yn cyfeirio at brofion sy'n gyfarwydd i chi. Er enghraifft, mae'r prawf ar gyfer profi bod $\sqrt{7}$ yn anghymarebol yn debyg iawn i'r prawf cyfarwydd bod $\sqrt{2}$ yn anghymarebol.

Cewch chi gwestiynau yn yr arholiad lle bydd angen defnyddio prawf drwy wrthddywediad mewn sefyllfaoedd anghyfarwydd. Weithiau, bydd y cwestiynau hyn mewn cwestiynau sydd ddim yn ymwneud yn llwyr â phrofion. Er enghraifft, efallai bydd cwestiwn ar drigonometreg yn cynnwys rhan lle mae'n rhaid i chi brofi gosodiad penodol. Mae'r enghreifftiau isod yn rhoi amrywiaeth dda o'r mathau hyn o gwestiynau i chi.

Enghreifftiau

1 Os yw a a b yn gyfanrifau real, yna $a^2 - 4b \neq 2$.

Defnyddiwch brawf drwy wrthddywediad i brofi bod y gosodiad uchod yn wir.

. . . .

Ateb

1   Gadewch i ni dybio bod y gosodiad hwn yn anghywir.

Gan dybio bod gwerthoedd ar gyfer a a b lle mae $a^2 - 4b = 2$

Mae ad-drefnu'n rhoi $a^2 = 4b + 2$

Gan fod $a^2 = 2(2b + 1)$, mae'n golygu bod yn rhaid mai eilrif yw a^2 (gan fod 2 yn ffactor ohono). Mae hyn hefyd yn golygu bod yn rhaid mai eilrif yw a oherwydd os ydych chi'n sgwario odrif, rydych chi bob amser yn cael odrif, ac mae sgwario eilrifau yn rhoi eilrifau.

Gallwn ni ysgrifennu $a = 2c$ ar gyfer cyfanrif penodol c.

Mae amnewid $a = 2c$ i mewn i'r fformiwla yn rhoi $4c^2 = 2(2b + 1)$

Mae ad-drefnu'n rhoi $4c^2 - 4b = 2$

Nawr gan fod b ac c hefyd yn gyfanrifau, ni all hyn fod yn wir am fod $2(c^2 - b)$ yn eilrif ac mae 1 yn odrif.

Mae gwrthddywediad wedi'i ddarganfod, felly mae'r dybiaeth wreiddiol $a^2 - 4b = 2$ yn anghywir, felly mae $a^2 - 4b \neq 2$ yn wir.

GWELLA
⇧⇧⇧⇧ **Gradd**

Mewn sawl ffordd, mae profion yn anodd oherwydd bod y mathau o gwestiynau byddwch chi'n eu cael mor amrywiol, ac mae'n anodd weithiau gweld beth mae angen i chi ei wneud. Y mwyaf o gwestiynau wnewch chi, y gorau byddwch chi.

Yma, rydym ni'n tybio bod y gosodiad cychwynnol yn y cwestiwn yn anghywir.

2 Cwblhewch y prawf drwy wrthddywediad canlynol i ddangos bod

$\sin\theta + \cos\theta \leq \sqrt{2}$ ar gyfer holl werthoedd θ.

Tybiwch fod gwerth ar gyfer θ lle mae sin θ + cos θ > √2

Yna, mae sgwario'r ddwy ochr yn rhoi: ...

- -

Ateb

2 Tybiwch fod gwerth ar gyfer θ lle mae $\sin\theta + \cos\theta > \sqrt{2}$

Yna, mae sgwario'r ddwy ochr yn rhoi:

$$(\sin\theta + \cos\theta)^2 > 2$$

$$\sin^2\theta + 2\sin\theta\cos\theta + \cos^2\theta > 2$$

Nawr $\qquad\sin^2\theta + \cos^2\theta = 1$

Felly $\qquad 1 + 2\sin\theta\cos\theta > 2,\quad$ sy'n rhoi $2\sin\theta\cos\theta > 1$

Nawr $\qquad 2\sin\theta\cos\theta = \sin 2\theta$

Felly $\sin 2\theta > 1$, sy'n wrthddywediad gan fod sin unrhyw ongl yn ≤ 1.

---

3 Drwy wrthddywediad, profwch y gosodiad canlynol:

Pan fydd x yn real ac $x \neq 0$,

$$\left| x + \frac{1}{x} \right| \geq 2$$

Mae dwy linell gyntaf y prawf yn cael eu rhoi isod.

Tybiwch fod gwerth real ar gyfer x fel bod $\left| x + \dfrac{1}{x} \right| < 2$

Yna, mae sgwario'r ddwy ochr yn rhoi: ...

- -

Ateb

3 Tybiwch fod gwerth real ar gyfer x fel bod $\left| x + \dfrac{1}{x} \right| < 2$

Yna, mae sgwario'r ddwy ochr yn rhoi:

$$\left(x + \frac{1}{x} \right)^2 < 4$$

$$x^2 + 2 + \frac{1}{x^2} < 4$$

Mae lluosi'r ddwy ochr ag x^2 yn rhoi

$$x^4 + 2x^2 + 1 < 4x^2$$

$$x^4 - 2x^2 + 1 < 0$$

$$(x^2 - 1)(x^2 - 1) < 0$$

$(x^2 - 1)^2 < 0$, sy'n amhosibl oherwydd ni all sgwâr rhif real fod yn negatif.

Gan fod hyn yn wrthddywediad, mae'r dybiaeth yn anghywir, felly $\left| x + \dfrac{1}{x} \right| \geq 2$.

GWELLA

⇧ ⇧ ⇧ ⇧ **Gradd**

Mae'n rhaid i chi allu gweld unfathiannau trigonometrig a'u defnyddio mewn profion fel hyn. Cofiwch y gall profion godi yn rhan o unrhyw gwestiwn.

Mae modwlws x yn cael ei ysgrifennu fel $|x|$ ac mae hyn yn golygu eich bod yn cymryd gwerth rhifiadol x gan anwybyddu'r arwydd.

Sylwch fod x^2 yma. Mewn hafaliadau fel hyn, gallwn ni luosi'r ddwy ochr ag x^2 er mwyn diddymu'r ffracsiwn.

Dysgu Gweithredol

Nid oes amheuaeth na all profion fod yn anodd. Os ydych chi'n dal i deimlo ychydig yn ansicr ynglŷn â nhw, beth am droi at fideos YouTube am brawf drwy wrthddywediad (*proof by contradiction*)?

Ceisiwch ddewis rhai sy'n berthnasol i waith Safon Uwch yn unig.

Profi eich hun

1. Defnyddiwch brawf drwy wrthddywediad i brofi os yw a^2 yn eilrif, yna, mae'n rhaid mai eilrif yw a. [3]

2. Profwch drwy wrthddywediad y gosodiad canlynol:

   Os yw n yn gyfanrif positif a $3n + 2n^3$ yn odrif, yna mae n yn odrif.

   Mae dwy linell gyntaf y prawf yn cael eu rhoi isod.

   Mae'n cael ei roi bod $3n + 2n^3$ yn odrif.
   Tybiwch fod n yn eilrif fel bod n = 2k. [4]

3. Profwch drwy wrthddywediad y gosodiad canlynol:

   Os yw a, b yn rhifau real positif, yna $a + b \geq 2\sqrt{ab}$.

   Mae llinell gyntaf y prawf yn cael ei rhoi isod.

   Tybiwch fod rhifau real positif a, b yn bodoli fel bod $a + b < 2\sqrt{ab}$. [3]

4. Profwch drwy wrthddywediad y gosodiad canlynol:

   Os yw a a b yn odrifau cyfan fel bod 4 yn ffactor o $a - b$, yna **nid** yw 4 yn ffactor o $a + b$.

   Mae llinellau cyntaf y prawf yn cael eu rhoi isod.

   Tybiwch fod 4 yn ffactor o a + b.
   Yna mae cyfanrif, c, yn bodoli fel bod a + b = 4c. [3]

5. Profwch drwy wrthddywediad y gosodiad canlynol:

   Pan fydd x yn real,
   $$(5x - 3)^2 + 1 \geq (3x - 1)^2$$
   Mae llinell gyntaf y prawf yn cael ei rhoi isod.

   Tybiwch fod gwerth real ar gyfer x fel bod
   $$(5x - 3)^2 + 1 < (3x - 1)^2$$ [3]

6. Dangoswch fod $\sqrt{5}$ yn anghymarebol. [6]

7. Profwch drwy wrthddywediad y gosodiad canlynol:

   Pan fydd x yn real a $0 \leq x \leq \frac{\pi}{2}$, $\sin x + \cos x \geq 1$ [6]

Crynodeb

Gwnewch yn siŵr eich bod yn gwybod y ffeithiau canlynol:

Rhifau real yw'r rhifau hynny sy'n rhoi rhif positif o'u sgwario.

Mae **rhifau dychmygol**, o'u sgwario, yn rhoi rhif negatif (e.e. mae $\sqrt{-1}$ o'i sgwario yn rhoi -1).

Gall **rhifau cymarebol** gael eu mynegi fel ffracsiwn $\left(\text{h.y. } \frac{a}{b}\right)$ lle mae a a b yn gyfanrifau heb ffactorau'n gyffredin.

Ni all **rhifau anghymarebol** gael eu mynegi fel ffracsiwn (e.e. π, $\sqrt{2}$, $\sqrt{3}$).

Prawf drwy wrthddywediad

Yma, rydym ni'n tybio bod gosodiad neu'r hyn rydym ni eisiau ei brofi yn anghywir ac yna'n defnyddio technegau mathemategol i ddangos nad yw canlyniadau hyn yn bosibl. Gall y canlyniadau wrth-ddweud yr hyn rydym ni newydd dybio ei fod yn wir neu rywbeth rydym ni'n gwybod ei fod yn bendant yn wir (e.e. ni all x^2 fod yn negatif ar gyfer gwerthoedd real o x) neu'r ddau. Mae'r rhain yn cael eu galw'n wrthddywediadau i'r dybiaeth wreiddiol.

2 Algebra a ffwythiannau

Cyflwyniad

Efallai eich bod wedi dod ar draws peth o gynnwys y testun hwn wrth astudio ar gyfer eich TGAU. Mae'r testun hwn yn edrych ar amrywiaeth o dechnegau algebraidd i symleiddio mynegiadau fel bod modd eu defnyddio ymhellach mewn testunau eraill fel differu ac integru. Mae'r testun hefyd yn edrych ar ffwythiannau a'u nodweddion a'u graffiau.

2.1 Symleiddio mynegiadau algebraidd

Bydd rhannau o'r adran hon yn gyfarwydd i chi gan eu bod yn rhan o'ch gwaith TGAU.

Pan fydd gennych chi ffracsiwn algebraidd, dylech chi bob amser edrych i weld a all unrhyw ran ohono gael ei ffactorio. Dyma rai enghreifftiau sy'n dangos hyn.

Enghreifftiau

1 Symleiddiwch $\dfrac{24x - 8}{(2x + 1)(3x - 1)}$

Sylwch y gall 8 gael ei dynnu allan fel ffactor y rhifiadur.

. . . .

Ateb

1
$$\frac{24x - 8}{(2x + 1)(3x - 1)} = \frac{8(3x - 1)}{(2x + 1)(3x - 1)}$$

$$= \frac{8}{(2x + 1)}$$

Gall y $(3x - 1)$ gael ei ganslo yn y rhifiadur a'r enwadur.

2 Symleiddiwch $\dfrac{x^2 - x - 12}{x^2 + 5x + 6}$

Mae'r rhifiadur a'r enwadur hefyd yn ffwythiannau cwadratig, felly edrychwch i weld a oes modd eu ffactorio, ac os oes modd, ffactoriwch nhw. Yna, canslwch unrhyw ffactorau cyffredin yn y rhifiadur a'r enwadur.

. . . .

Ateb

2
$$\frac{x^2 - x - 12}{x^2 + 5x + 6} = \frac{(x + 3)(x - 4)}{(x + 3)(x + 2)} = \frac{x - 4}{x + 2}$$

2.2 Ffracsiynau rhannol

Tybiwch ein bod ni eisiau cyfuno dau ffracsiwn algebraidd i ffurfio un ffracsiwn sengl. Gallwn ni ddefnyddio'r dull canlynol:

$$\frac{3}{x + 3} + \frac{2}{x - 1} \equiv \frac{3(x - 1) + 2(x + 3)}{(x + 3)(x - 1)} \equiv \frac{3x - 3 + 2x + 6}{(x + 3)(x - 1)} \equiv \frac{5x + 3}{(x + 3)(x - 1)}$$

Mae'r llinell ychwanegol yn yr hafalnod yn dangos unfathiant, h.y. canlyniad sy'n wir am holl werthoedd x.

Fodd bynnag, os ydym ni eisiau gwneud y gwrthwyneb i hyn ac ysgrifennu

$$\frac{5x + 3}{(x + 3)(x - 1)}$$

fel dau ffracsiwn gwahanol, yna rydym ni'n dweud ein bod ni'n mynegi'r ffracsiwn sengl yn nhermau ffracsiynau rhannol.

Mae'n amlwg beth fydd enwaduron y ffracsiynau rhannol, ond bydd angen i ni alw'r rhifiaduron yn A a B nes i ni allu darganfod eu gwerthoedd.

Trwy hyn, $\dfrac{5x + 3}{(x + 3)(x - 1)} \equiv \dfrac{A}{x + 3} + \dfrac{B}{x - 1}$

Mae lluosi'r ddwy ochr ag $(x + 3)(x - 1)$ yn rhoi:

$$5x + 3 \equiv A(x - 1) + B(x + 3)$$

Rydym ni'n dewis gwerthoedd x a fydd yn gwneud cynnwys un o'r cromfachau yn sero.

Mae gadael $x = 1$ yn golygu bod cynnwys y cromfachau cyntaf yn sero ac yn golygu ein bod ni'n dileu'r llythyren A. Pan fydd $x = -3$, mae cynnwys yr ail set o gromfachau yn sero ac mae hynny'n dileu'r llythyren B.

Gadewch i $x = 1$, felly $8 = 4B$ sy'n rhoi $B = 2$

Gadewch i $x = -3$, felly $-12 = -4A$ sy'n rhoi $A = 3$

Trwy hyn, y ffracsiwn gwreiddiol wedi'i fynegi mewn ffracsiynau rhannol yw

$$\frac{3}{x + 3} + \frac{2}{x - 1}$$

Ffracsiynau rhannol lle mae ffactor wedi'i ailadrodd yn yr enwadur

Tybiwch fod yn rhaid ysgrifennu'r ffracsiwn $\dfrac{4x + 1}{(x + 1)^2(x - 2)}$ yn nhermau ffracsiynau rhannol.

Mae ffactor llinol wedi'i ailadrodd yn yr enwadur (h.y. $(x + 1)^2$). Mae'r ffactor llinol wedi'i ailadrodd yn golygu mai $(x + 1)^2$ fydd un o'r enwaduron ac $(x + 1)$ fydd un arall. Bydd yna drydydd ffracsiwn rhannol hefyd gyda'r enwadur $(x - 2)$.

Trwy hyn, gallwn ni ysgrifennu'r mynegiad gwreiddiol yn nhermau ei ffracsiynau rhannol fel hyn:

$$\frac{4x + 1}{(x + 1)^2(x - 2)} \equiv \frac{A}{(x + 1)^2} + \frac{B}{x + 1} + \frac{C}{x - 2}$$

Nawr rydym ni'n lluosi drwodd ag enwadur yr ochr chwith. Bydd hyn yn diddymu'r ffracsiynau.

$$4x + 1 \equiv A(x - 2) + B(x + 1)(x - 2) + C(x + 1)^2$$

Gadewch i $x = 2$, felly

$$4(2) + 1 = A(2 - 2) + B(2 + 1)(2 - 2) + C(2 + 1)^2$$
$$9 = 9C$$
$$C = 1$$

Gadewch i $x = -1$, felly $\quad -3 = -3A$, sy'n rhoi $A = 1$

Gadewch i $x = 0$, felly $\quad 1 = -2A - 2B + C$

Nawr gan fod $A = 1$ ac $C = 1$, mae amnewid y gwerthoedd hyn i mewn i'r hafaliad uchod yn rhoi:

$$1 = -2 - 2B + 1$$

Trwy hyn, $\quad B = -1$

Mae'n syniad da gwirio'r ffracsiynau rhannol drwy roi rhif i mewn ar gyfer x ar ddwy ochr yr hafaliad a gweld a yw ochr dde'r hafaliad yn hafal i ochr chwith yr hafaliad.

$$\frac{4x + 1}{(x + 1)^2(x - 2)} = \frac{1}{(x + 1)^2} - \frac{1}{x + 1} + \frac{1}{x - 2}$$

Gadewch i $x = 1$, felly $\quad$ Ochr chwith $= -\dfrac{5}{4}\quad$ ac $\quad$ Ochr dde $= \dfrac{1}{4} - \dfrac{1}{2} - 1 = -\dfrac{5}{4}$

Ochr chwith = Ochr dde

Trwy hyn, y ffracsiynau rhannol yw $\dfrac{1}{(x + 1)^2} - \dfrac{1}{x + 1} + \dfrac{1}{x - 2}$

Enghreifftiau

1 Mynegwch $\dfrac{7x^2 - 2x - 3}{x^2(x - 1)}$ yn nhermau ffracsiynau rhannol.

....

Ateb

1 $\quad \dfrac{7x^2 - 2x - 3}{x^2(x - 1)} \equiv \dfrac{A}{x^2} + \dfrac{B}{x} + \dfrac{C}{x - 1}$

$7x^2 - 2x - 3 \equiv A(x - 1) + Bx(x - 1) + Cx^2$

Gadewch i $x = 1$, felly $C = 2$

Gadewch i $x = 0$, felly $A = 3$

Gadewch i $x = 2$, felly $B = 5$

$$\frac{7x^2 - 2x - 3}{x^2(x - 1)} \equiv \frac{3}{x^2} + \frac{5}{x} + \frac{2}{x - 1}$$

Os lluoswn ni'r enwadur, y pŵer uchaf o x yw 3. Dyma nifer y cysonion sy'n ofynnol.

Dewis arall yw hafalu cyfernodau x^2.
$$0 = B + C$$
Felly $\quad B = -C = -1$

Peidiwch â gadael i x fod yn hafal i werth a fyddai'n gwneud un o'r enwaduron yn sero.

GWELLA
⇧⇧⇧⇧ **Gradd**

Gwnewch wiriadau fel hyn bob tro gan ei bod hi'n hawdd gwneud camgymeriad. Yn aml iawn, byddai'r camgymeriad yn arwain at ragor o broblemau yn nes ymlaen yn y cwestiwn.

Sylwch fod x^2 yn enwadur y ffracsiwn gwreiddiol yn ffactor llinol wedi'i ailadrodd.

Dewis arall yw hafalu cyfernodau x^2.
$$7 = B + C$$
Felly $\quad B = 7 - C = 5$

Yn aml, mae ffracsiynau rhannol yn un rhan yn unig o gwestiwn, ac felly mae'n bwysig treulio amser yn eu gwirio. Ar gyfer y gwirio, gallwch chi ddefnyddio unrhyw werth x, ar wahân i'r rhai a ddefnyddiwyd yn barod.

Gwirio gan ddefnyddio $x = 3$:   Ochr chwith $= \dfrac{7(3)^2 - 2(3) - 3}{3^2(3 - 1)} = 3$

Ochr dde $= \dfrac{3}{3^2} + \dfrac{5}{3} + \dfrac{2}{3 - 1} = 3$

Trwy hyn, y ffracsiynau rhannol yw $\dfrac{3}{x^2} + \dfrac{5}{x} + \dfrac{2}{x - 1}$

---

2   Mae'r ffwythiant f wedi'i ddiffinio gan

$$f(x) = \frac{8 - x - x^2}{x(x - 2)^2}$$

(a)   Mynegwch $f(x)$ yn nhermau ffracsiynau rhannol.

(b)   Defnyddiwch eich canlyniadau i ran (a) i ddarganfod gwerth $f'(1)$

. . . .

Ateb

Mae'r $(x - 2)^2$ yn ffactor llinol wedi'i ailadrodd.

Mae $x = 2$ yn golygu y bydd dwy set o gromfachau yn hafal i sero.

Mae amnewid gwerth fel $x = 1$ i mewn i ddwy ochr yr hafaliad yn ffordd o wirio gwerthoedd A, B ac C.

Os yw'r ochr chwith yn hafal i'r ochr dde, yna mae siawns dda bod y gwerthoedd yn gywir.

2   (a) $\dfrac{8 - x - x^2}{x(x - 2)^2} \equiv \dfrac{A}{x} + \dfrac{B}{(x - 2)^2} + \dfrac{C}{x - 2}$

$8 - x - x^2 \equiv A(x - 2)^2 + Bx + Cx(x - 2)$ — Rydym ni'n lluosi'r ddwy ochr ag $x(x - 2)^2$

Gadewch i $x = 2$, $2 = 2B$, felly $B = 1$

Gadewch i $x = 0$, $8 = 4A$, felly $A = 2$

Gadewch i $x = 3$, $-4 = A + 3B + 3C$, felly $C = -3$ — Rydym ni'n amnewid y gwerthoedd rydym ni wedi'u cael yn barod ar gyfer A a B i ddarganfod C neu rydym ni'n hafalu cyfernodau x^2.

Trwy hyn, $\dfrac{8 - x - x^2}{x(x - 2)^2} \equiv \dfrac{2}{x} + \dfrac{1}{(x - 2)^2} - \dfrac{3}{x - 2}$

Gwirio gan ddefnyddio $x = 1$:   Ochr chwith $= 6$ Ochr dde $= 6$

Rydym ni'n defnyddio rheol y Gadwyn i ddifferu'r ddau derm olaf.

(b) $f(x) = \dfrac{2}{x} + \dfrac{1}{(x - 2)^2} - \dfrac{3}{x - 2}$ — Rydym ni'n mynegi'r ffracsiynau ar ffurf indecs i alluogi differu.

$f(x) = 2x^{-1} + (x - 2)^{-2} - 3(x - 2)^{-1}$

$f'(x) = -2x^{-2} - 2(x - 2)^{-3} + 3(x - 2)^{-2}$

Rydym ni'n newid yn ôl i ffracsiynau algebraidd o'r ffurf indecs i'w gwneud hi'n haws amnewid rhifau i mewn am x.

$f'(x) = -\dfrac{2}{x^2} - \dfrac{2}{(x - 2)^3} + \dfrac{3}{(x - 2)^2}$

$f'(1) = -\dfrac{2}{1^2} - \dfrac{2}{(1 - 2)^3} + \dfrac{3}{(1 - 2)^2} = -2 + 2 + 3 = 3$

---

3   Mynegwch $\dfrac{5x^2 - 8x - 1}{(x - 1)^2(x - 2)}$ yn nhermau ffracsiynau rhannol.

. . . .

Ateb

3   Gadewch i $\dfrac{5x^2 - 8x - 1}{(x - 1)^2(x - 2)} \equiv \dfrac{A}{(x - 1)^2} + \dfrac{B}{(x - 1)} + \dfrac{C}{x - 2}$

$5x^2 - 8x - 1 \equiv A(x - 2) + B(x - 1)(x - 2) + C(x - 1)^2$

Gadewch i $x = 2$,   felly $C = 3$

Gadewch i $x = 1$,   felly $A = 4$

Gadewch i $x = 0$,   felly $-1 = -2A + 2B + C$ sy'n rhoi $B = 2$

Dewis arall yw hafalu cyfernodau x^2.

$5 = B + C$

Felly $B = 5 - C = 2$

Trwy hyn, $\dfrac{5x^2 - 8x - 1}{(x-1)^2(x-2)} = \dfrac{4}{(x-1)^2} + \dfrac{2}{x-1} + \dfrac{3}{x-2}$

Gwirio drwy adael i $x = 3$:

$$\text{Ochr chwith} = \dfrac{5(3)^2 - 8(3) - 1}{(3-1)^2(3-2)} = 5$$

$$\text{Ochr dde} = \dfrac{4}{(3-1)^2} + \dfrac{2}{3-1} + \dfrac{3}{3-2} = 1 + 1 + 3 = 5$$

Trwy hyn,   Ochr chwith = Ochr dde

Y ffracsiynau rhannol yw $\dfrac{4}{(x-1)^2} + \dfrac{2}{x-1} + \dfrac{3}{x-2}$

2.3 Diffiniad o ffwythiant

Edrychwch ar y diagram isod lle mae pob elfen o set benodol {1, 3, 5} yn cael ei mapio i un elfen mewn set arall, {3, 9, 15}.

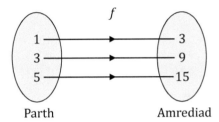

Parth   Amrediad

Ffwythiant yw perthynas rhwng set o fewnbynnau a set o allbynnau fel bod pob mewnbwn yn gysylltiedig ag un allbwn yn union.

Y term am y set benodol (h.y. {1, 3, 5} yma) yw **parth** y ffwythiant, a'r term am y set mae'r parth yn cael ei fapio iddi (h.y. {3, 9, 15} yma) yw **amrediad** y ffwythiant.

Gallwn ni ddefnyddio'r rheol fathemategol ganlynol i gynrychioli'r diagram uchod:

$f(x) = 3x$ â'r parth $x \in \{1, 3, 5\}$ a'r amrediad $f(x) \in \{3, 9, 15\}$

Mae ffwythiant yn mapio pob mewnbwn i un allbwn yn unig

Gallwn ni esbonio hyn orau drwy ystyried yr enghraifft ganlynol.

Mae $y = x^2$ yn ffwythiant oherwydd pa werth bynnag sydd i x, dim ond un gwerth y sy'n bosibl. Er enghraifft, os yw $x = 3$, yna mae $y = 9$.

Fodd bynnag, os ystyriwn ni'r mapio $y = \pm\sqrt{x}$, ac amnewid $x = 4$, yna mae dau werth y posibl (h.y. 2 neu −2), ac felly nid yw $y = \pm\sqrt{x}$ yn ffwythiant. Trwy hyn, mae $y = x^2$ yn ffwythiant, ond nid yw $y = \pm\sqrt{x}$ yn ffwythiant.

2.4 Parth ac amrediad ffwythiannau

Mae parth ac amrediad gan bob ffwythiant.

> Y set o werthoedd mewnbwn sy'n gallu cael eu rhoi i mewn i'r ffwythiant yw'r parth, a'r set o werthoedd allbwn yw'r amrediad.

Nodiant cyfwng

Gallwn ni fynegi parthau ac amrediadau fel cyfyngau, gan ddefnyddio'r nodiant canlynol:

- Defnyddio cromfachau: mae (a, b) yn golygu'r cyfwng agored $a < x < b$ (**heb gynnwys** y pwyntiau terfyn).
- Defnyddio cromfachau sgwâr: mae $[a, b]$ yn golygu'r cyfwng caeedig $a \leq x \leq b$ (**gan gynnwys** y pwyntiau terfyn).

Felly, mae $(a, b]$ yn golygu $a < x \leq b$ ac mae $[a, b)$ yn golygu $a \leq x < b$.

Y gwerth lleiaf sydd i'w weld yn gyntaf ac yna'r gwerth mwyaf, h.y. $(-1, 4)$ ond nid $(4, -1)$.

Er enghraifft:

Mae $(-1, 4)$ yn golygu'r holl rifau rhwng -1 a 4, heb gynnwys -1 a 4.

Mae $[-1, 4]$ yn golygu'r holl rifau rhwng -1 a 4, gan gynnwys -1 a 4.

Mae $[-1, 4)$ yn golygu'r holl rifau rhwng -1 a 4, gan gynnwys -1 ond nid 4.

Mae $(-\infty, 4]$ yn golygu'r holl rifau sy'n llai na neu'n hafal i 4.

Mae $(-1, \infty)$ yn golygu'r holl rifau sy'n fwy na -1.

2.5 Cynrychioli ffwythiannau ar ffurf graff, gyda mewnbwn x a'r allbynnau y

Er mwyn deall ffwythiannau, mae angen i chi allu braslunio graffiau. Fe wnaethom ni ymdrin â braslunio graffiau yn Uned 1.

Os oes gofyn i chi ddarganfod y parth mwyaf posibl ar gyfer ffwythiant, yna dylech chi fraslunio graff o'r ffwythiant i weld pa werthoedd mewnbwn sy'n dderbyniol.

Ystyriwn y ffwythiant $f(x) = 2x^2 + 3$ fel enghraifft. Gallwn ni fraslunio'r gromlin hon drwy ystyried trawsffurfiadau'r graff $y = x^2$, i roi $f(x) = 2x^2 + 3$ (h.y. estyniad yn baralel i'r echelin-y gyda ffactor graddfa 2 a thrawsfudiad tair uned i fyny). Rydym ni'n cael y graff canlynol:

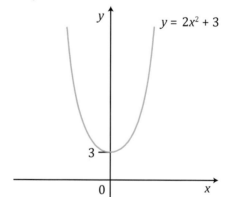

Er mwyn cyfrifo amrediadau ffwythiannau, mae'n rhaid i chi allu lluniadu graffiau ffwythiannau. Defnyddiwch Google i weld siapiau'r graffiau sy'n codi yn yr adran hon. Cofiwch, i blotio ffwythiant sgwâr, mae angen i chi ddefnyddio '^2' ac i blotio ffwythiant modwlws, mae angen i chi ddefnyddio 'abs(x)'.

O'r graff, gallwn ni weld bod holl werthoedd x yn dderbyniol fel mewnbynnau, ac felly mai'r parth mwyaf yw o $-\infty$ i ∞. Gallwn ni ysgrifennu hyn fel $D(f) = (-\infty, \infty)$, lle mae D yn cyfeirio at y Parth (**D**omain). Mae'r allbynnau (h.y. y gwerthoedd y) i gyd yn werthoedd sy'n fwy na neu'n hafal i 3. Dyma'r amrediad a gallwn ni ei ysgrifennu fel $R(f) = [3, \infty)$, lle mae R yn cyfeirio at yr amrediad (**R**ange).

Enghraifft

1 Mae gan y ffwythiant f barth $(-\infty, -1]$ ac mae'n cael ei ddiffinio gan
$$f(x) = 3x^2 - 2$$

Sylwch ar y ffordd mae'r parth wedi'i ysgrifennu. Mae'r cromfachau yn dangos mai'r parth yw pob rhif sy'n llai na neu'n hafal i −1.

Byddwch chi'n aml yn gweld y parth wedi'i ysgrifennu yn y ffurf hon:
$D(f) = (-\infty, -1]$.

I ddarganfod yr amrediad, mae angen i chi ddarganfod gwerthoedd lleiaf a mwyaf $f(x)$, ar gyfer gwerthoedd x sydd oddi mewn i barth f.

Os ydych chi'n braslunio'r gromlin $y = 3x^2 - 2$, ac yna'n nodi'r parth, gallwch chi gyfrifo'r amrediad yn y ffordd ganlynol.

> Cromfachau (crwn) sydd **bob amser** yn cael eu defnyddio ar gyfer ∞ neu $-\infty$, oherwydd, yn ôl y diffiniad, allwn ni byth gyrraedd yno. Yn hytrach, dylen ni fod yn ystyried agosáu at ∞ neu $-\infty$.

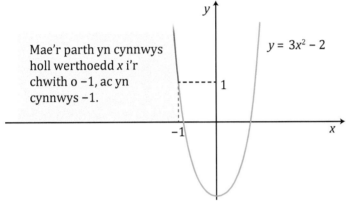

Mae'r parth yn cynnwys holl werthoedd x i'r chwith o −1, ac yn cynnwys −1.

I ddarganfod y gwerthoedd y ar y graff, bydd y cyfesurynnau-x yn cael eu hamnewid i mewn i'r ffwythiant (neu hafaliad y gromlin) fel hyn:
$$f(-1) = 3(-1)^2 - 2 = 3 - 2 = 1$$

Allwn ni ddim amnewid $-\infty$ i mewn i'r ffwythiant, gan nad yw'n rhif. Yn hytrach, mae angen i ni feddwl am sut mae'r ffwythiant yn ymddwyn wrth i x agosáu at $-\infty$. Wrth i x fynd yn fawr ac yn negatif, mae x^2 yn mynd yn fawr ac yn bositif. Nid yw lluosi â 3 a thynnu 2 yn gwneud llawer o wahaniaeth wrth i werth x^2 fynd yn fwy. Felly gallwn ni ddweud wrth i $x \rightarrow -\infty$, $f(x) \rightarrow \infty$.

Gallwch chi weld nawr mai'r darn o'r gromlin sydd wedi'i dangos yn goch yn unig sy'n cael ei ganiatáu, oherwydd y parth cyfyngedig. Amrediad y ffwythiant (h.y. y gwerthoedd $f(x)$ neu'r gwerthoedd y sy'n cael eu caniatáu) yw'r set o rifau sy'n fwy na neu'n hafal i 1, a gall hyn gael ei ysgrifennu fel $R(f) = [1, \infty)$.

2.6 Cyfansoddiad ffwythiannau

Mae cyfansoddiad ffwythiannau yn golygu cymhwyso dau ffwythiant neu fwy yn olynol.

Er mwyn deall hyn, ystyriwch yr enghraifft ganlynol.

Os yw $f(x) = x^2$ ac $g(x) = x - 2$

Mae $fg(x)$ yn ganlyniad rhoi'r mynegiad ar gyfer $g(x)$ yn lle x yn $f(x)$.

> Yma, mae g yn golygu 'tynnu 2 oddi wrtho' ac mae f yn golygu 'ei sgwario', ac felly mae fg yn golygu 'tynnu 2 oddi wrtho' ac yna 'ei sgwario', h.y. $(x - 2)^2$. Mae gf yn golygu 'ei sgwario' ac yna 'tynnu 2 oddi wrtho', h.y. $x^2 - 2$.

> Mae'r ffwythiant cyfansawdd $fg(x)$ yn golygu $f(g(x))$ ac mae'n ganlyniad perfformio'r ffwythiant g yn gyntaf ac yna f.

Hynny yw: $\qquad fg(x) = f(g(x)) = f(x - 2) = (x - 2)^2$

Parth ac amrediad ffwythiannau cyfansawdd

Cyhyd â bod ffwythiant cyfansawdd, parth y ffwythiant cyfansawdd $fg(x)$ yw set y gwerthoedd x ym mharth g lle mae $g(x)$ ym mharth f.

I ddarganfod parth ffwythiant cyfansawdd, mae angen i chi ddarganfod parth y ffwythiant cyntaf (h.y. y ffwythiant sydd agosaf at yr x) ac yna'r ffwythiant cyfansawdd.

Er enghraifft, er mwyn darganfod parth y ffwythiant cyfansawdd $gf(x)$, mae angen i chi wneud y canlynol:

- Yn gyntaf, darganfod parth $f(x)$
- Gwirio bod y parth cywir yn cael ei roi i $g(x)$.

Cymerwch fod gennych chi'r ffwythiannau $f(x) = \sqrt{x}$ a $g(x) = x^2$, a bod gofyn i chi ddarganfod parth y ffwythiant cyfansawdd $gf(x)$.

Parth $f(x) = \sqrt{x}$ yw $D(f) = (0, \infty)$ (h.y. pob rhif real annegatif).

Ffwythiant cyfansawdd $gf(x) = (\sqrt{x})^2 = x$

Nawr, fel arfer byddai gan y ffwythiant cyfansawdd hwn (h.y. x) set y rhifau real i gyd yn barth, ond yn yr achos hwn mae'n rhaid i ni ystyried parth $f(x)$ a fydd yn cyfyngu parth y ffwythiant cyfansawdd. Gan mai rhifau annegatif yn unig mae modd eu rhoi i mewn i $f(x)$, mae hyn yn golygu mai'r rhifau hyn yn unig a all gael eu defnyddio fel parth i'r ffwythiant cyfansawdd $gf(x)$.

Parth y ffwythiant cyfansawdd $gf(x)$ yw $D(gf) = (0, \infty)$

Enghraifft

1   Os yw $f(x) = x^2 - 3$ a $g(x) = \sqrt{x - 2}$, darganfyddwch barth $fg(x)$.

Ateb

1   Yn gyntaf, ystyriwch y parth ar gyfer $g(x)$, ac am fod $g(x) = \sqrt{x - 2}$, ni allwn ddarganfod ail isradd rhif negatif, felly mae hyn yn golygu bod yn rhaid i werth x fod yn 2 neu'n fwy.

Nawr $fg(x) = \left(\sqrt{x - 2}\right)^2 - 3 = x - 2 - 3 = x - 5$, a pharth $x - 5$ yw'r holl rifau real (h.y. $(-\infty, \infty)$), ond am fod y parth wedi'i gyfyngu gan $g(x)$, y parth yw $D(fg) = [2, \infty)$.

Parth $f(x) = x^2 - 3$ fyddai'r holl rifau real (h.y. $(-\infty, \infty)$).

Y rheol ar gyfer bodolaeth ffwythiant cyfansawdd

Nid yw pob ffwythiant cyfansawdd yn bodoli. Er mwyn i'r ffwythiant cyfansawdd fg fodoli, gwiriwch fod amrediad g (o'i graff) yn is-set o barth f neu'n set hafal i barth f.

Enghreifftiau

1   Os yw $f(x) = x^2$ a $g(x) = x - 6$ darganfyddwch

(a) $fg(x)$

(b) $gf(x)$

Yn gyffredinol, mae parth ffwythiant cyfansawdd naill ai'r un peth â pharth y ffwythiant cyntaf, neu, fel arall, bydd yn gorwedd y tu mewn iddo. Felly ar gyfer ffwythiant cyfansawdd $fg(x)$, naill ai parth g fyddai'r parth, neu ran o barth g.

Ateb

(a) $fg(x) = (x - 6)^2$

(b) $gf(x) = x^2 - 6$

---

2 Mae gan y ffwythiannau f a g barthau $[-3, \infty)$ a $(-\infty, \infty)$ yn ôl eu trefn ac maen nhw wedi'u diffinio gan

$$f(x) = \sqrt{x + 4}$$

$$g(x) = 2x^2 - 3$$

(a) Ysgrifennwch amrediad f ac amrediad g.

(b) Darganfyddwch fynegiad ar gyfer $gf(x)$. Symleiddiwch eich ateb.

(c) Datryswch yr hafaliad $fg(x) = 17$.

Ateb

2 (a) Nawr $f(x) = \sqrt{x + 4}$

Pan fydd $x = -3$, $f(-3) = \sqrt{-3 + 4} = 1$

Wrth i $x \to \infty$, mae gwerth $f(x)$ yn cynyddu, felly $f(x) \to \infty$

Trwy hyn $R(f) = [1, \infty)$

Nawr $g(x) = 2x^2 - 3$

Pan fydd $x = 0$, $g(0) = 2(0)^2 - 3 = -3$

Wrth i $x \to \infty$, mae gwerth $g(x)$ yn cynyddu, felly $g(x) \to \infty$

$R(g) = [-3, \infty)$

> I ddarganfod gwerth lleiaf $f(x)$, rhaid i gynnwys yr ail isradd fod cyn lleied â phosibl. Drwy archwilio, gallwn ni weld bod hyn yn digwydd pan fydd $x = -3$. Sylwch fod gwerth lleiaf $\sqrt{x + 4}$ yn digwydd pan fydd $x = -4$, ond nid yw hyn ym mharth f, sy'n nodi bod yn rhaid i x fod yn fwy na neu'n hafal i -3.

> Mae gan $g(x)$ ei werth lleiaf pan fydd $x = 0$. Gallech chi gael y gwerth hwn drwy feddwl am y pwynt minimwm (isafbwynt) pe baech chi'n plotio'r graff. Gwiriwch bob tro fod gwerth x i'w gael o fewn y parth (h.y. $(-\infty, \infty)$ yn yr achos hwn).

(b) $gf(x) = 2\left(\sqrt{x + 4}\right)^2 - 3$

$= 2(x + 4) - 3$

$= 2x + 5$

> Yn hytrach na defnyddio nodiant cyfwng, byddai hefyd yn dderbyniol disgrifio'r amrediad gan ddefnyddio geiriau neu symbolau anhafaledd, e.e. amrediad g yw'r holl rifau sy'n fwy na neu'n hafal i -3, neu $x \geq -3$, neu $g(x) \geq -3$.

(c) $fg(x) = \sqrt{(2x^2 - 3 + 4)}$

$= \sqrt{(2x^2 + 1)}$

Nawr $fg(x) = 17$.

$$17 = \sqrt{(2x^2 + 1)}$$

$$289 = 2x^2 + 1$$

$$288 = 2x^2$$

$$144 = x^2$$

$$x = \pm 12$$

> Rydym ni'n sgwario'r ddwy ochr i ddiddymu'r ail isradd.

> Cofiwch gynnwys $\pm$ pan fyddwch chi'n darganfod ail isradd, ac yna gwiriwch a yw un o'r gwerthoedd neu'r ddau werth ym mharth fg, h.y. parth g. Yn yr achos hwn, mae angen y ddau werth.

2.7 Ffwythiannau gwrthdro a'u graffiau

I wirio bod gan ffwythiant ffwythiant gwrthdro, rydym ni'n edrych i weld a yw'r ffwythiant yn un-i-un. Os ydych chi'n braslunio graff y ffwythiant a bod llinell lorweddol yn torri'r graff mewn mwy nag un lle, nid yw'n un-i-un ac nid oes ganddo ffwythiant gwrthdro.

Mae ffwythiant f yn cynhyrchu un allbwn o fewnbwn. Mae ffwythiant gwrthdro f yn gwrthdroi'r broses: mae'n cael mewnbwn f o allbwn penodol. Rydym ni'n ysgrifennu gwrthdro'r ffwythiant f fel f^{-1}. Er mwyn i'r gwrthdro f^{-1} fodoli, rhaid i'r ffwythiant f fod yn un-i-un; fel arall byddai dau fewnbwn f yn cyfateb i allbwn penodol f a byddai'n amhosibl darganfod pa werth mewnbwn f (sy'n allbwn ar gyfer f^{-1}) fyddai'n briodol.

Mae parth f (h.y. set o fewnbynnau) yn unfath ag amrediad (h.y. set o allbynnau) y ffwythiant gwrthdro f^{-1}.

I ddarganfod gwrthdro ffwythiant, dilynwch y camau hyn:

1   Gadael i'r ffwythiant fod yn hafal i y.
2   Ad-drefnu'r hafaliad sy'n ganlyniad hyn fel y bydd x yn destun yr hafaliad.
3   Rhoi $f^{-1}(x)$ yn lle x a rhoi x yn lle y.

Mae'r camau hyn i'w gweld yn yr enghraifft ganlynol:

Mae gan y ffwythiant f barth $[0, \infty)$ ac mae wedi'i ddiffinio gan:

$$f(x) = 5x^2 + 3 \text{ ac mae gofyn i chi ddarganfod } f^{-1}(x).$$

Rydym ni'n ad-drefnu'r hafaliad sy'n ganlyniad hyn fel y bydd x yn destun yr hafaliad. Wrth ddarganfod ail isradd, fel arfer byddem ni'n rhoi ± cyn yr isradd. Fodd bynnag, dim ond y gwerth positif sy'n dderbyniol yma oherwydd mai parth f yw $[0, \infty)$.

Cam 1 Gadewch i $y = 5x^2 + 3$ Rydym ni'n gadael i'r ffwythiant fod yn hafal i y.

Cam 2 $x = \sqrt{\dfrac{y-3}{5}}$

Cam 3 $f^{-1}(x) = \sqrt{\dfrac{x-3}{5}}$ Rydym ni'n rhoi $f^{-1}(x)$ yn lle x ac yn rhoi x yn lle y.

Enghreifftiau

1   Mae gan y ffwythiant f barth $(-\infty, -1]$ ac mae wedi'i ddiffinio gan

$$f(x) = 2x^2 - 1$$

   (a)   Ysgrifennwch amrediad f.

   (b)   Darganfyddwch $f^{-1}(x)$.

Ateb

Os lluniadwn ni graff $y = 2x^2 - 1$, mae'r pwynt minimwm i'w gael yn $(0, -1)$. Nid yw $x = 0$ yn dderbyniol gan ei fod y tu allan i'r parth ar gyfer y ffwythiant (h.y. $D(f) = (-\infty, -1]$). Felly'r gwerth x mwyaf sy'n dderbyniol yw -1 a'r rhan dderbyniol o'r gromlin yw'r holl bwyntiau i'r chwith o'r gwerth hwn ac yn cynnwys y gwerth hwn (h.y. o -1 i $-\infty$). Rydym ni'n cael y gwerthoedd y cyfatebol (h.y. yr amrediad) drwy roi'r ddau werth hyn ar gyfer y parth i mewn i hafaliad y gromlin.

1   (a) $f(x) = 2x^2 - 1$

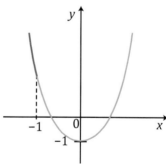

$f(-1) = 2(-1)^2 - 1 = 2 - 1 = 1$

Wrth i $x \rightarrow -\infty,\ f(x) \rightarrow \infty$

Trwy hyn, $R(f) = [1, \infty)$

(b) Gadewch i $y = 2x^2 - 1$

$$x^2 = \frac{y + 1}{2}$$

$$x = -\sqrt{\frac{y + 1}{2}}$$

$$f^{-1}(x) = -\sqrt{\frac{x + 1}{2}}$$

Mae angen defnyddio'r ail isradd negatif yma oherwydd mai parth f neu amrediad f^{-1} yw $(-\infty, -1]$.

---

2 Mae gan y ffwythiant f barth $(-\infty, -1]$ ac mae wedi'i ddiffinio gan

$$f(x) = 4x^2 - 3$$

(a) Ysgrifennwch amrediad f.

(b) Darganfyddwch fynegiad ar gyfer $f^{-1}(x)$ ac ysgrifennwch amrediad a pharth f^{-1}.

(c) (i) Enrhifwch $f^{-1}(6)$.

(ii) Drwy wneud cyfrifiad priodol yn ymwneud ag f, gwireddwch fod eich ateb i ran (i) yn gywir.

∙ ∙

Ateb

2 (a) Wrth i $x \rightarrow -\infty$, $f(x) \rightarrow \infty$

Pan fydd $x = -1$, $f(-1) = 4(-1)^2 - 3 = 1$

$R(f) = [1, \infty)$

Y gwerth lleiaf y gall $f(x)$ ei gymryd yw pan fydd $x = -1$. Sylwch fod y gwerth x hwn ym mharth y ffwythiant.

Lluniadwch neu dychmygwch y graff ar gyfer $y = 4x^2 - 3$. Bydd ganddo bwynt minimwm yn $(0, -3)$.

Fodd bynnag, nid yw $x = 0$ yn y parth.

(b) Gadewch i $y = 4x^2 - 3$

$$\frac{y + 3}{4} = x^2$$

$$x = \pm\frac{1}{2}\sqrt{(y + 3)}$$

Rydym ni'n ad-drefnu ar gyfer x^2 ac yna'n darganfod yr ail isradd ac yna'n penderfynu a ddylem ni ddefnydio'r arwydd + neu −.

Yn ôl parth f (h.y. amrediad f^{-1}), dim ond y gwerth negatif gallai x ei gymryd.

$$f^{-1}(x) = -\frac{1}{2}\sqrt{x + 3}$$

$$R(f^{-1}) = (-\infty, -1]$$

$$D(f^{-1}) = [1, \infty)$$

Mae amrediad $f^{-1}(x)$ yr un fath â pharth $f(x)$.

(c) (i) $f^{-1}(6) = -\frac{1}{2}\sqrt{6 + 3} = -\frac{3}{2}$

Rydym ni'n amnewid $x = 6$ i mewn i $f^{-1}(x)$.

(ii) $f\left(-\frac{3}{2}\right) = 4\left(-\frac{3}{2}\right)^2 - 3 = 4\left(\frac{9}{4}\right) - 3 = 6$

Sylwch fod y ffwythiant yn troi'r gwerth $\left(-\frac{3}{2}\right)$ yn 6 a bod y ffwythiant gwrthdro yn gwneud y gwrthwyneb, sef newid 6 yn $\left(-\frac{3}{2}\right)$.

Gallwn ni ddefnyddio hyn i wirio bod y gwrthdro yn gywir.

3   Mae gan y ffwythiant f barth $(-\infty, -1]$ ac mae wedi'i ddiffinio gan

$$f(x) = 6x^2 - 2$$

(a)   Ysgrifennwch amrediad f.

(b)   Darganfyddwch fynegiad ar gyfer $f^{-1}(x)$ ac ysgrifennwch amrediad a pharth f^{-1}.

(c)   (i)   Enrhifwch $f^{-1}(3)$.

(ii)   Drwy wneud cyfrifiad priodol yn ymwneud ag f, gwireddwch fod eich ateb i ran (i) yn gywir.

· ·

Ateb

Ystyriwch werthoedd x ym mharth f a fydd yn rhoi'r gwerth mwyaf a'r gwerth lleiaf ar gyfer $f(x)$.

3   (a)   Wrth i $x \to -\infty$, mae $f(x) \to \infty$

$f(-1) = 6(-1)^2 - 2 = 4$

Trwy hyn $R(f) = [4, \infty)$

Y gwerth lleiaf yn yr amrediad yw 4. Mae'n bosibl cael yr union werth ac felly rydym ni'n defnyddio cromfach sgwâr.

(b)   Gadewch i $y = 6x^2 - 2$

$$x^2 = \frac{y + 2}{6}$$

$$x = -\sqrt{\frac{y + 2}{6}}$$

$$f^{-1}(x) = -\sqrt{\frac{x + 2}{6}}$$

Mae'r ail isradd negatif yn cael ei gymryd oherwydd mai parth f (ac felly amrediad f^{-1}) yw $(-\infty, -1]$.

Mae amrediad f^{-1} yr un fath â pharth f.

Trwy hyn $R(f^{-1}) = (-\infty, -1]$

Mae parth f^{-1} yr un fath ag amrediad f.

Trwy hyn $D(f^{-1}) = [4, \infty)$

(c)   (i) $f^{-1}(x) = -\sqrt{\frac{x + 2}{6}}$

$$f^{-1}(3) = -\sqrt{\frac{3 + 2}{6}} = -\sqrt{\frac{5}{6}}$$

(ii)   Os byddwn ni'n rhoi $x = -\sqrt{\frac{5}{6}}$ yn ôl i mewn i'r ffwythiant gwreiddiol, dylai'r ateb fod yn 3.

Nawr $f(x) = 6x^2 - 2 = 6\left(-\sqrt{\frac{5}{6}}\right)^2 - 2 = 6 \times \frac{5}{6} - 2 = 3$

Felly mae'r ateb i ran (i) yn gywir.

4   Mae gan y ffwythiant f barth $x \leq 0$ ac mae wedi'i ddiffinio gan $f(x) = 5x^2 + 4$

(a)   Darganfyddwch fynegiad ar gyfer $f^{-1}(x)$.

(b)   Ysgrifennwch barth ac amrediad f^{-1}.

Ateb

4 (a) Gadewch i $y = 5x^2 + 4$

$$\frac{y-4}{5} = x^2$$

Trwy hyn $x = \pm\sqrt{\dfrac{y-4}{5}}$

Fodd bynnag, gan fod $x \leq 0$, $x = -\sqrt{\dfrac{y-4}{5}}$

Felly $f^{-1}(x) = -\sqrt{\dfrac{x-4}{5}}$

(b) Parth $f^{-1} = D(f^{-1}) = R(f) = [4, \infty)$ neu $x \geq 4$

Amrediad $f^{-1} = R(f^{-1}) = D(f) = (-\infty, 0]$ neu $f^{-1}(x) \leq 0$

> Rydym ni'n ad-drefnu'r hafaliad fel y bydd x yn destun.

> Wrth gyfrifo ail isradd, rhaid cofio cynnwys $\pm$.

> Gwiriwch barth f i weld pa un o'r gwerthoedd sy'n ofynnol. Sylwch mai dim ond gwerth x sy'n 0 neu'n negatif mae'r parth f yma yn ei ganiatáu. Felly ni allwn ddefnyddio'r arwydd positif.

> Mae parth f^{-1} yr un fath ag amrediad f, sef $[4, \infty)$.

2.8 Graffiau ffwythiannau gwrthdro

I gael graff ffwythiant gwrthdro, rydym ni'n adlewyrchu'r graff gwreiddiol yn y llinell $y = x$. Pan fyddwn ni'n lluniadu'r graff, rhaid defnyddio'r un raddfa ar y ddwy echelin. Fel arall byddai'r graff yn afluniedig.

Er enghraifft, mae'r graff isod yn dangos y ffwythiant gwreiddiol $y = 2x + 5$ a'r ffwythiant gwrthdro $y = \dfrac{x-5}{2}$ ynghyd â'r llinell $y = x$. Sylwch sut mae'r ffwythiant a'i wrthdro yn adlewyrchiadau yn y llinell $y = x$.

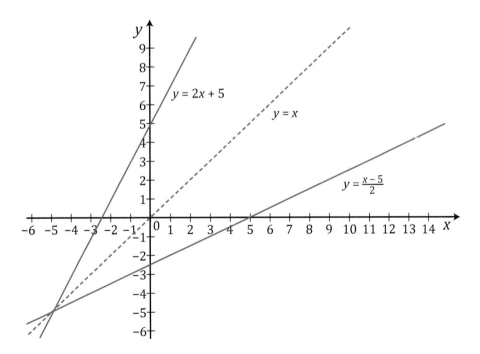

Felly i gael graff $y = f^{-1}(x)$, rydym ni'n adlewyrchu graff $y = f(x)$ yn y llinell $y = x$.

2.9 Y ffwythiant modwlws

Rydym ni'n ysgrifennu modwlws fel $|x|$ ac mae'n golygu gwerth rhifiadol x (gan anwybyddu'r arwydd).

Felly mae $|x|$ bob amser yn bositif (neu'n sero) – nid yw'n gwneud gwahaniaeth a yw x yn bositif neu'n negatif.

Felly $|5| = 5$ a $|-5| = 5$.

Mae graff $y = |x|$ yn cael ei ddangos yma.

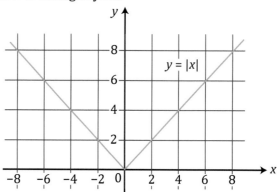

Er enghraifft

    Mae $|x| = 3$ yn golygu $x = \pm3$

    Mae $|x - 1| = 2$ yn golygu $x - 1 = \pm2$

    Felly $x = 2 + 1 = 3$ neu $x = -2 + 1 = -1$

    Trwy hyn $x = 3$ neu -1

Mae diddymu'r arwydd modwlws yn y ddwy enghraifft hyn yn golygu bod yn rhaid cynnwys arwydd $\pm$ fel sy'n cael ei ddangos.

Enghreifftiau

1   Datryswch y canlynol

$$3|x - 5| = 9$$

Ateb

1

$$3|x - 5| = 9$$
$$|x - 5| = 3$$
$$x - 5 = \pm3$$
$$x = 3 + 5 = 8 \quad \text{neu} \quad x = -3 + 5 = 2$$

Trwy hyn $x = 2$ neu 8

Rydym ni'n trin hyn fel hafaliad cyffredin ac yn gwneud $|x - 5|$ yn destun yr hafaliad.

Mae diddymu'r arwydd modwlws ar y chwith yn golygu bod yn rhaid rhoi arwydd $\pm$ i mewn ar y dde.

2   Datryswch $3|x + 1| - 4 = 8$

Ateb

2

$$3|x + 1| = 12$$
$$|x + 1| = 4$$
$$x + 1 = \pm4$$
$$x + 1 = 4, \text{ felly } x = 3$$

Ncu $x + 1 = -4, \text{ felly } x = -5$

Trwy hyn $x = 3$ neu -5

3 Datryswch y canlynol

$$\frac{3|x| - 1}{|x| + 1} = 2$$

....

Ateb

3

$$\frac{3|x| - 1}{|x| + 1} = 2$$

$$3|x| - 1 = 2|x| + 2$$

$$|x| = 3$$

$$x = \pm 3$$

Rydym ni'n lluosi'r ddwy ochr â'r enwadur, $|x| + 1$.

4 Datryswch y canlynol

(a) $2|x + 1| - 3 = 7$

(b) $|5x - 8| \geq 3$

....

Ateb

4 (a) $2|x + 1| - 3 = 7$

$$2|x + 1| = 10$$

$$|x + 1| = 5$$

$$x + 1 = \pm 5$$

$$x + 1 = 5 \text{ neu } x + 1 = -5$$

Trwy hyn $x = 4$ neu $x = -6$

(b) $\qquad |5x - 8| \geq 3$

Os oes gennych chi anhafaledd $|x| \geq a$, mae'r datrysiad bob amser yn dechrau drwy hollti'r anhafaledd yn ddau ddarn: $x \leq -a$ neu $x \geq a$. Trwy hyn, gallwn ni ysgrifennu'r anhafaledd fan hyn fel y ddau ddarn canlynol:

$$5x - 8 \geq 3 \text{ neu } 5x - 8 \leq -3$$

$$5x \geq 11 \text{ neu } 5x \leq 5$$

$$x \geq \frac{11}{5} \text{ neu } x \leq 1$$

(b) *Dull arall*

$$|5x - 8| \geq 3$$

Mae sgwario'r ddwy ochr yn rhoi:

$$(5x - 8)^2 \geq 9$$

$$25x^2 - 80x + 64 \geq 9$$

$$25x^2 - 80x + 55 \geq 0$$

$$5x^2 - 16x + 11 \geq 0$$

$$(5x - 11)(x - 1) \geq 0$$

Rydym ni'n rhannu drwodd â 5. Mae hynny'n ei gwneud hi'n haws ffactorio'r hafaliad sy'n ganlyniad hyn.

Gwerthoedd critigol x yw $x = \frac{11}{5}$ ac $x = 1$

Yr amrediad gofynnol yw $x \leq 1$ neu $x \geq \frac{11}{5}$

Pan fyddwn ni'n sgwario'r cynnwys sydd y tu mewn i'r arwydd modwlws gallwn ni ddiddymu'r arwydd modwlws.

Os plotiwn ni graff
$$y = (5x - 11)(x - 1)$$
bydd y gromlin ar siâp ∪ ac yn croestorri'r echelin-x yn $x = \frac{11}{5}$ ac $x = 1$.
Bydd yr adran o'r graff sydd ei hangen yn uwch na'r echelin-x a bydd yr amrediad gofynnol yn llai na neu'n hafal i'r gwreiddyn isaf (1), **neu'n** fwy na neu'n hafal i'r gwreiddyn uchaf $\left(\frac{11}{5}\right)$.

5   Datryswch y canlynol

$$7|x| - 2 = 8 - 3|x|$$

Ateb

5      $7|x| - 2 = 8 - 3|x|$

$10|x| = 10$

$1|x| = 1$

$x = \pm 1$

6   Datryswch y canlynol

$$|5x - 2| > 8$$

Ateb

6      $|5x - 2| > 8$

$5x - 2 > 8$ neu $5x - 2 < -8$

$5x > 10$ neu $5x < -6$

$x > 2$ neu $x < -\dfrac{6}{5}$

6 Dull arall

Gallwn ni ddefnyddio'r dull arall canlynol hefyd.

$$|5x - 2| > 8$$

Mae sgwario'r ddwy ochr yn rhoi:

$$(5x - 2)^2 > 64$$

$25x^2 - 20x + 4 > 64$

$25x^2 - 20x - 60 > 0$

$5x^2 - 4x - 12 > 0$

$(5x + 6)(x - 2) > 0$

Y gwerthoedd critigol yw $x = -\dfrac{6}{5}$ ac $x = 2$

Pe baem ni'n plotio graff $y = (5x + 6)(x - 2)$, byddai'r gromlin yn croestorri'r echelin-x yn $x = -\dfrac{6}{5}$ ac $x = 2$.

Byddai'r gromlin ar siâp ∪ a byddai'r rhan o'r graff sy'n uwch na'r echelin-x yn cynrychioli $(5x + 6)(x - 2) > 0$.

Trwy hyn $x < -\dfrac{6}{5}$ **neu** $x > 2$

> Gallwn ni ddiddymu'r arwydd modwlws drwy sgwario'r ddwy ochr.

> Yma rydym ni'n rhannu'r cwadratig â 5 i wneud y canlyniad yn haws ei ffactorio.

> Rydym ni'n darganfod y gwerthoedd critigol drwy roi $(5x + 6)(x - 2) = 0$ ac yna datrys.

> Byddwch chi'n colli marc os ysgrifennwch chi 'a' yn hytrach na 'neu' yma. Y rheswm dros hyn yw na all x fod yn llai na $-\dfrac{6}{5}$ ac yn fwy na 2.

7   Datryswch y canlynol

(a) $|9x - 7| \leq 3$

(b) $\sqrt{5|x| + 1} = 3$

Ateb

7   (a) $|9x - 7| \leq 3$

$9x - 7 \leq 3$ a $9x - 7 \geq -3$

$9x \leq 10$ a $9x \geq 4$

$x \leq \dfrac{10}{9}$ ac $x \geq \dfrac{4}{9}$

$\dfrac{4}{9} \leq x \leq \dfrac{10}{9}$

> Sylwch y dylech chi gynnwys y gair 'a/ac'.

7   (a) *Dull arall*

Gallwn ni ddefnyddio'r dull arall canlynol hefyd.

$$|9x - 7| \leq 3$$

Mae sgwario'r ddwy ochr yn rhoi:

$$81x^2 - 126x + 49 \leq 9$$

$$81x^2 - 126x + 40 \leq 0$$

$$(9x - 10)(9x - 4) \leq 0$$

Yn y pwyntiau critigol $x = \dfrac{10}{9}$ neu $x = \dfrac{4}{9}$

Trwy hyn, $\dfrac{4}{9} \leq x \leq \dfrac{10}{9}$

> Gallwn ni ddiddymu'r arwydd modwlws drwy sgwario'r ddwy ochr.

> Pe baem ni'n plotio'r gromlin
> $$y = (9x - 10)(9x - 4)$$
> byddai ar siâp ∪ a byddai'n croestorri'r echelin-x yn y ddau bwynt hyn. Gan ein bod ni eisiau'r gwerthoedd x lle mae $y \leq 0$, dyma'r rhan o'r gromlin sy'n is na'r echelin-x, h.y. y gwerthoedd x sydd rhwng y ddau wreiddyn.

(b) $\sqrt{5|x| + 1} = 3$

Mae sgwario'r ddwy ochr yn rhoi:

$$5|x| + 1 = 9$$

$$5|x| = 8$$

$$|x| = \dfrac{8}{5}$$

$$x = \pm\dfrac{8}{5}$$

2.10 Graffiau ffwythiannau modwlws

Graff $y = |f(x)|$ yw graff $y = f(x)$ gydag unrhyw rannau o'r graff sy'n is na'r echelin-x wedi'u hadlewyrchu yn yr echelin-x.

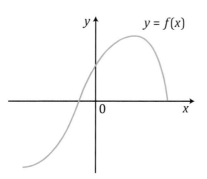

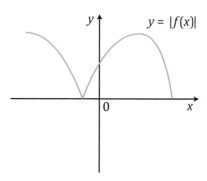

I luniadu graff $y = |x - 3|$, gallwn ni luniadu graff $y = x - 3$ drwy ddarganfod yn gyntaf gyfesurynnau'r croestorfannau â phob echelin ac yna adlewyrchu'r rhannau hynny sy'n is na'r echelin-x yn yr echelin-x.

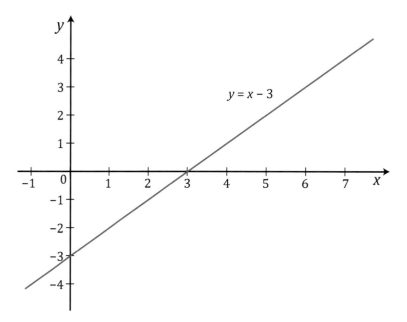

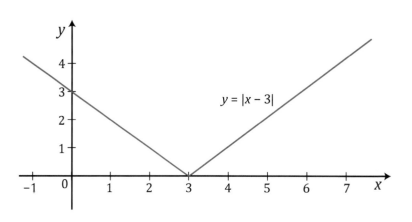

Enghreifftiau

1 O wybod bod $f(x) = 3x + 4$

(a) Darganfyddwch $f^{-1}(x)$

(b) Brasluniwch graff $f(x)$ ac $f^{-1}(x)$ ar yr un set o echelinau.

. . . .

Ateb

1 (a) Gadewch i $y = 3x + 4$

Mae ad-drefnu ar gyfer x yn rhoi $x = \dfrac{y - 4}{3}$

Felly, $f^{-1}(x) = \dfrac{x - 4}{3}$

(b)

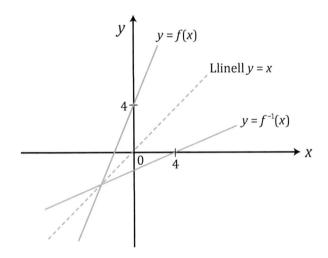

Lluniadwch y llinell ar gyfer y ffwythiant gwreiddiol $y = f(x)$ ac yna adlewyrchwch hi yn y llinell $y = x$.

---

2 Mae'r diagram yn dangos braslun o'r graff $y = a|x + b|$, lle mae a a b yn gysonion. Mae'r graff yn cwrdd â'r echelin-x yn y pwynt $(4, 0)$ a'r echelin-y yn y pwynt $(0, -8)$.

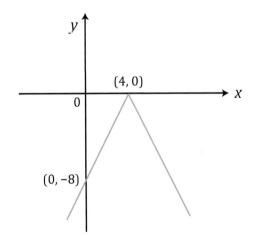

Darganfyddwch werth a a gwerth b.

35

Ateb

2   Gan fod $y = a|x + b|$ a bod holl werthoedd y yn sero neu'n negatif, gallwn ni weld bod yn rhaid bod a yn negatif.

$$y = a|x + b|$$

$$\frac{y}{a} = \pm(x + b)$$

Pan fydd $x = 4, y = 0$, felly $0 = \pm(4 + b)$ sy'n rhoi $b = -4$

Trwy hyn, gallwn ni ysgrifennu $\dfrac{y}{a} = \pm(x - 4)$

Pan fydd $x = 0$, $y = -8$, felly $\dfrac{-8}{a} = \pm(0 - 4)$ sy'n rhoi $-8 = \pm 4a$

felly $a = 2$ neu -2 a gan fod yn rhaid bod a yn negatif, $a = -2$.

Trwy hyn, $a = -2$ a $b = -4$.

2.11 Cyfuniadau o drawsffurfiadau graff $y = f(x)$

Daethoch chi ar draws trawsffurfiadau graff $y = f(x)$ yn UG Uned 1. Os ydych chi'n ansicr ynglŷn â thrawsffurfiadau cromliniau, dylech chi edrych eto ar eich nodiadau.

Ar gyfer U2 Uned 3, rhaid i chi gymhwyso sawl trawsffurfiad yn olynol.

Dyma grynodeb o drawsffurfiadau sengl bydd angen i chi eu hadolygu.

Trawsffurfiadau'r graff $y = f(x)$

Rydym ni'n gallu trawsffurfio graff $y = f(x)$ yn ffwythiant newydd gan ddefnyddio'r rheolau sydd i'w gweld yn y tabl hwn.

Ffwythiant gwreiddiol	Ffwythiant newydd	Trawsffurfiad
$y = f(x)$	$y = f(x) + a$	Trawsfudiad a uned yn baralel i'r echelin-y, h.y. trawsfudiad $\begin{pmatrix} 0 \\ a \end{pmatrix}$
$y = f(x)$	$y = f(x + a)$	Trawsfudiad a uned i'r chwith yn baralel i'r echelin-x, h.y. trawsfudiad $\begin{pmatrix} -a \\ 0 \end{pmatrix}$
$y = f(x)$	$y = f(x - a)$	Trawsfudiad a uned i'r dde yn baralel i'r echelin-x, h.y. trawsfudiad $\begin{pmatrix} a \\ 0 \end{pmatrix}$
$y = f(x)$	$y = -f(x)$	Adlewyrchiad yn yr echelin-x.
$y = f(x)$	$y = af(x)$	Estyniad unffordd gyda ffactor graddfa a yn baralel i'r echelin-y
$y = f(x)$	$y = f(ax)$	Estyniad unffordd gyda ffactor graddfa $\frac{1}{a}$ yn baralel i'r echelin-x

Ffwythiant gwreiddiol	Ffwythiant newydd	Trawsffurfiad
$y = f(x)$	$y = f(x) + a$	$y = f(x) + a$ $y = f(x)$ a
$y = f(x)$	$y = f(x + a)$	$y = f(x + a)$ $y = f(x)$ a
$y = f(x)$	$y = f(x - a)$	$y = f(x)$ $y = f(x - a)$ a
$y = f(x)$	$y = -f(x)$	$y = f(x)$ $y = -f(x)$
$y = f(x)$	$y - af(x)$ E.e. $y = 2f(x)$	$y = 2f(x)$ $y = f(x)$
$y = f(x)$	$y = f(ax)$ E.e. $y = f(2x)$	$y = f(x)$ $y = f(2x)$

Enghreifftiau

1 Mae'r diagram yn dangos braslun o graff $y = f(x)$. Mae'r graff yn mynd drwy'r pwyntiau $(-2, 0)$ a $(4, 0)$ ac mae ganddo bwynt macsimwm (uchafbwynt) yn $(1, 3)$.

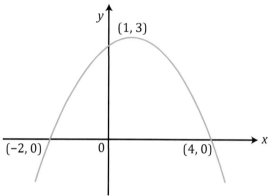

Brasluniwch graff $y = -3f(x + 2)$, gan nodi cyfesurynnau'r pwynt arhosol a chyfesurynnau croestorfannau'r graff â'r echelin-x.

Ateb

1   Mae tri thrawsffurfiad gwahanol:

Trawsffurfiad 1:
Mae $y = f(x)$ i $y = f(x + 2)$ yn cynrychioli trawsfudiad -2 uned yn baralel i'r echelin-x.

Trawsffurfiad 2:
Mae $y = f(x)$ i $y = 3f(x)$ yn cynrychioli estyniad unffordd gyda ffactor graddfa 3 yn baralel i'r echelin-y.

Trawsffurfiad 3:
Mae $y = f(x)$ i $y = -f(x)$ yn cynrychioli adlewyrchiad yn yr echelin-x.

Trwy hyn, mae $y = -3f(x + 2)$ yn gyfuniad o'r tri thrawsffurfiad.

Mae trawsffurfiad 1 yn golygu y byddwn ni'n symud y graff cyfan ddwy uned i'r chwith.

Bydd trawsffurfiad 2 yn achosi estyniad o 3 yn y cyfesurynnau-y (h.y. byddwn ni'n eu lluosi â 3) gan adael y cyfesurynnau-x heb eu newid.

Bydd trawsffurfiad 3 yn adlewyrchu'r graff cyfan yn yr echelin-x.

Bydd y tri thrawsffurfiad hyn yn cynhyrchu'r gromlin ganlynol.

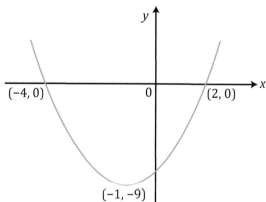

2 Mae'r ffwythiant f wedi'i ddiffinio gan $f(x) = |x|$.

   (a) Brasluniwch graff $y = f(x)$.

   (b) Ar set wahanol o echelinau, brasluniwch graff $y = f(x - 5) + 3$.
Marciwch ar eich braslun gyfesurynnau'r pwynt ar y graff lle mae gwerth y cyfesuryn-y leiaf a hefyd cyfesurynnau'r pwynt lle mae'r graff yn croesi'r echelin-y.

Ateb

2   (a)

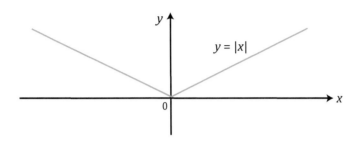

   (b) Gallwn ni gael graff $y = f(x - 5) + 3$ o'r graff yn rhan (a) drwy gymhwyso trawsfudiad 5 uned yn baralel i'r echelin-x ac yna trawsfudiad 3 uned yn baralel i'r echelin-y.

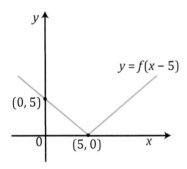
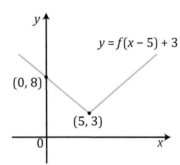

3   (a) Datryswch yr anhafaledd $|3x + 1| \leq 5$.

   (b) Mae'r ffwythiant f wedi'i ddiffinio gan $f(x) = |x|$.

     (i) Brasluniwch graff $y = f(x)$.

     (ii) Ar set wahanol o echelinau, brasluniwch graff $y = f(x - 3) + 2$.
Ar eich braslun, nodwch gyfesurynnau'r pwynt ar y graff lle mae gwerth y cyfesuryn-y leiaf a chyfesurynnau'r pwynt lle mae'r graff yn croesi'r echelin-y.

Ateb

3   (a) $|3x + 1| \leq 5$

       $3x + 1 \leq 5$ a $3x + 1 \geq -5$

        $3x \leq 4$ a $3x \geq -6$

    $x \leq \dfrac{4}{3}$ a $x \geq -2$, h.y. $-2 \leq x \leq \dfrac{4}{3}$

Pe baem ni'n plotio graff
$$y = (3x - 4)(x + 2),$$
byddai ar siâp ∪ a byddai'n croestorri'r echelin-x yn y gwerthoedd critigol. Y gwerthoedd x sy'n ofynnol fyddai'r holl werthoedd lle mae'r gromlin ar yr echelin-x neu'n is na hi, h.y. y gwerthoedd x rhwng y ddau wreiddyn.

(a) *Dull arall*

Gallwn ni ddefnyddio'r dull arall canlynol hefyd.

$$|3x + 1| \leq 5$$
$$(3x + 1)^2 \leq 25$$
$$9x^2 + 6x + 1 \leq 25$$
$$9x^2 + 6x - 24 \leq 0$$
$$3x^2 + 2x - 8 \leq 0$$
$$(3x - 4)(x + 2) \leq 0$$

Mae sgwario'r ddwy ochr yn golygu diddymu'r arwydd modwlws.

Rydym ni'n symleiddio'r hafaliad cwadratig drwy rannu'r ddwy ochr â 3.

Y gwerthoedd critigol yw $x = \dfrac{4}{3}$ ac $x = -2$

Trwy hyn $-2 \leq x \leq \dfrac{4}{3}$

(b) (i)

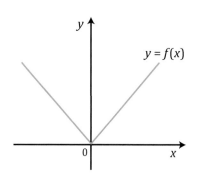

(ii)

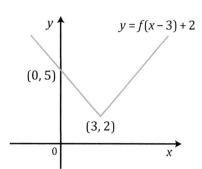

4

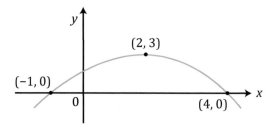

Mae'r diagram yn dangos braslun graff $y = f(x)$. Pwynt uchaf y graff yw $(2, 3)$ ac mae'r graff yn croestorri'r echelin-x yn y pwyntiau $(-1, 0)$ a $(4, 0)$.
Brasluniwch graff $y = 3f(x - 2)$, gan nodi cyfesurynnau'r tri phwynt ar y graff.

Bydd y trawsffurfiad cyntaf yn achosi cynnydd o 2 yn yr holl gyfesurynnau-x.
Bydd yr ail drawsffurfiad yn achosi i'r cyfesurynnau-y gael eu lluosi â 3.

Ateb

4   Mae $y = f(x)$ i $y = 3f(x - 2)$ yn cynrychioli dau drawsffurfiad. Mae trawsfudiad i'r dde o 2 uned ac estyniad unffordd o ffactor graddfa 3 yn baralel i'r echelin-y.

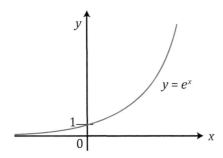

2.12 Ffwythiannau esbonyddol a logarithmig

Y ffwythiant e^x a'i graff

Mae gan y ffwythiant $y = e^x$ barth o'r holl rifau real. Mae'n ffwythiant un-i-un, sy'n golygu bod un gwerth y yn cyfateb i un gwerth x yn unig. Trwy hyn, mae gan e^x ffwythiant gwrthdro. Mae graff $y = e^x$ i'w weld isod.

Sylwch ar y canlynol:

- Mae graff $y = e^x$ yn croestorri'r echelin-y yn $y = 1$ (oherwydd pan fydd $x = 0$, $y - e^0 = 1$)

- Ar gyfer gwerthoedd x sy'n fawr a negatif, mae y yn agosáu at sero oddi uchod, h.y. mae'r echelin-x yn asymptot (oherwydd wrth i $x \rightarrow -\infty$, $y \rightarrow 0$)

- Ar gyfer gwerthoedd x sy'n fawr a phositif, mae y hefyd â gwerthoedd sy'n fawr a phositif (oherwydd wrth i $x \rightarrow \infty$, $y \rightarrow e^{\infty} = \infty$)

Pan fydd x yn negatif,

$$y = \frac{1}{e^{|x|}},$$

felly wrth i x fynd yn fawr ac yn negatif, mae y yn mynd yn agosach at sero.

Sylwch hefyd fod y canlynol yn wir os yw $f(x) = e^x$:

- Parth f yw'r set o'r holl rifau real, a gallwn ni ysgrifennu hyn fel $D(f) = (-\infty, \infty)$

- Amrediad f yw'r set o'r holl rifau real positif, (h.y. $f(x) > 0$), a gallwn ni ysgrifennu hyn fel $R(f) = (0, \infty)$

Cofiwch o'ch astudiaeth UG, fod y gosodiadau $y = a^x$ ac $x = \log_a y$ yn fersiynau pŵer a logarithm o'r un berthynas.

Os byddwn ni'n amnewid e am a, bydd y gosodiadau $y = e^x$ ac $x = \log_e y$ yn gywerth.

Cofiwch ddilyn y camau hyn i ddarganfod gwrthdro ffwythiant:

Gadael i'r ffwythiant fod yn hafal i y.

Ad-drefnu'r hafaliad sy'n ganlyniad hyn i wneud x yn destun.

Rhoi $f^{-1}(x)$ yn lle x a rhoi x yn lle y.

Os yw $y = f(x) = e^x$, yna i ddarganfod y gwrthdro rydym ni'n newid testun y fformiwla o y i fod yn x.

O reolau logarithmau mae gennym ni $x = \log_e y$.

Enw arall ar y logarithm i'r bôn e yw'r logarithm naturiol a gallwn ni ei ysgrifennu fel $\ln y$ yn hytrach na $\log_e y$.

Felly $x = \ln y$

Trwy hyn, $f^{-1}(x) = \ln x$

Cam wrth GAM

Mae'r ffwythiant f wedi'i ddiffinio gan $f(x) = e^x$.

(a) Brasluniwch graff $y = f(3x) - 4$, gan nodi sut mae eich graff yn ymddwyn ar gyfer gwerthoedd negatif mawr x.

(b) Ysgrifennwch gyfesurynnau pwynt croestoriad y graff â'r echelin-y.

(c) Darganfyddwch gyfesuryn-x pwynt croestoriad y graff â'r echelin-x. Rhowch eich ateb yn gywir i dri lle degol.

Camau i'w cymryd

1   Gwnewch fraslun o'r graff $y = e^x$, gan nodi ar y graff gyfesurynnau'r man lle mae'r gromlin yn torri'r echelin-y a hefyd unrhyw asymptotau sy'n bresennol.

2   Meddyliwch pa effaith mae pob rhan o'r hafaliad newydd yn ei chael ar gromlin $y = f(x)$.
    Mae $f(3x)$ yn estyniad ar ffactor graddfa $\left(\frac{1}{3}\right)$ yn baralel i'r echelin-x ac mae'r -4 yn cynrychioli trawsfudiad $\left(\begin{smallmatrix} 0 \\ -4 \end{smallmatrix}\right)$.

3   Cymhwyswch y ddau drawsffurfiad i'r graff cyntaf, ond lluniadwch hyn ar set o echelinau ar wahân.

4   Nodwch gyfesurynnau'r croestoriad â'r echelin-y.

5   Gall hafaliad y gromlin gael ei ysgrifennu fel $y = e^{3x} - 4$. Ar hyd yr echelin-x, $y = 0$, felly rhowch $y = 0$ i mewn i'r hafaliad a datryswch yr hafaliad dilynol ar gyfer x.

. . . .

Ateb

(a)

Pan fydd $x = 0$, $y = e^0 = 1$, felly mae'r gromlin yn torri'r echelin-x yn $(0, 1)$.

Mae'r echelin-x yn asymptot i'r gromlin.

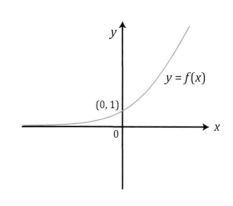

(b)

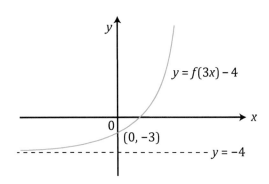

Mae $y = f(3x) - 4$ yn torri'r echelin-y yn $(0, -3)$

Sylwch fod y llinell $y = -4$ yn asymptot i'r gromlin.

(c) Yn $y = 0$, $e^{3x} - 4 = 0$, sy'n rhoi $e^{3x} = 4$

Mae cymryd ln y ddwy ochr yn rhoi $3x = \ln 4$

$$x = \tfrac{1}{3}\ln 4 = 0.462 \text{ (i 3 lle degol)}$$

Enghraifft

1 Mae gan y ffwythiannau f ac g barthau $[7, 60]$ a $[9, \infty)$ yn ôl eu trefn ac maen nhw wedi'u diffinio gan:

$$f(x) = 2\ln(4x + 5) + 3$$
$$g(x) = e^x.$$

(a) Darganfyddwch fynegiad ar gyfer $f^{-1}(x)$.

(b) Ysgrifennwch barth f^{-1}, gan roi pwyntiau terfyn eich parth yn gywir i'r cyfanrif agosaf.

(c) Ysgrifennwch fynegiad ar gyfer $gf(x)$ a symleiddiwch eich ateb.

· ·

Ateb

1 (a) Gadewch i $y = 2\ln(4x + 5) + 3$

$$y - 3 = 2\ln(4x + 5)$$
$$\frac{y - 3}{2} = \ln(4x + 5)$$

Mae cymryd esbonyddolion y ddwy ochr yn rhoi

$$e^{\frac{y-3}{2}} = 4x + 5$$
$$\frac{e^{\frac{y-3}{2}} - 5}{4} = x$$
$$f^{-1}(x) = \frac{e^{\frac{x-3}{2}} - 5}{4}$$

Cofiwch fod parth f^{-1} yn hafal i amrediad f, felly i ddarganfod amrediad f, bydd gwerthoedd y parth yn cael eu hamnewid am x yn y ffwythiant.

Caiff cromfachau sgwâr eu defnyddio yma gan fod y ddau bwynt terfyn yn cael eu caniatáu i'r cyfanrif agosaf.

(b) Pan fydd $x = 7$, $f(7) = 2\ln(4(7) + 5) + 3 = 9.99301\ldots$
$$= 10 \text{ (i'r cyfanrif agosaf)}$$

Pan fydd $x = 60$, $f(60) = 2\ln(4(60) + 5) + 3 = 14.00251\ldots$
$$= 14 \text{ (i'r cyfanrif agosaf)}$$

$D(f^{-1}) = [10, 14]$

(c) $gf(x) = e^{2\ln(4x+5)+3}$

$= e^{2\ln(4x+5)} \times e^3$

$= e^{\ln(4x+5)^2} \times e^3$

$= (4x+5)^2 \times e^3$

$= e^3(4x+5)^2$

Y ffwythiant ln x a'i graff

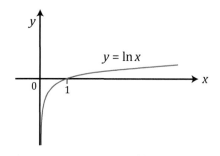

Sylwch ar y canlynol:

- Mae graff $y = \ln x$ yn croestorri'r echelin-x yn $x = 1$, oherwydd pan fydd $y = 0$, $\ln x = 0$ ac $\ln 1 = 0$.
- Ar gyfer gwerthoedd x sy'n fawr a phositif, mae'r gwerthoedd y yn dod yn fawr ac yn bositif (h.y. wrth i $x \rightarrow \infty$, $y = \ln x \rightarrow \infty$)
- Ar gyfer gwerthoedd x sy'n fach, mae'r gwerthoedd y yn dod yn fawr ac yn negatif (h.y. wrth i $x \rightarrow 0$, $y = \ln x \rightarrow -\infty$), ac felly mae'r echelin-y yn asymptot.

Sylwch hefyd fod y canlynol yn wir os yw $f(x) = \ln x$:

- Parth f yw'r set o'r holl rifau real positif, h.y. $x > 0$, a gallwn ni ysgrifennu hyn fel
$$D(f) = (0, \infty)$$
- Amrediad f yw'r set o'r holl rifau real, h.y. $-\infty < x < \infty$, a gallwn ni ysgrifennu hyn fel
$$R(f) = (-\infty, \infty).$$

ln x fel ffwythiant gwrthdro e^x

Bydd gwrthdro ffwythiant yn cynhyrchu gwerth y mewnbwn o werth yr allbwn. Gwrthdro $y = e^x$ yw $y = \ln x$.

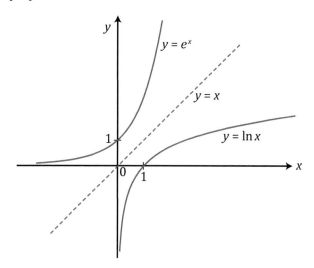

Gallwn ni gael graff $y = \ln x$ drwy adlewyrchu graff $y = e^x$ yn y llinell $y = x$.

Sylwch hefyd ar y canlynol:

- Mae'r echelin-x yn asymptot i'r gromlin $y = e^x$.

- Mae'r echelin-y yn asymptot i'r gromlin $y = \ln x$.

- Gan fod gweithred ffwythiant gwrthdro yn cildroi effaith y ffwythiant, mae dau ganlyniad defnyddiol yn dilyn: $e^{\ln x} = x$ ac $\ln e^x = x$.

> Pan fyddwn ni'n adlewyrchu yn y llinell $y = x$, mae angen sicrhau bod y graddfeydd ar y ddwy echelin yr un fath.

Enghreifftiau

1 Mae gan y ffwythiant f barth $(-\infty, \infty)$ ac mae wedi'i ddiffinio gan

$$f(x) = 3e^{2x}$$

Mae gan y ffwythiant g barth $(0, \infty)$ ac mae wedi'i ddiffinio gan

$$g(x) = \ln 4x$$

(a) Ysgrifennwch barth ac amrediad fg.

(b) Datryswch yr hafaliad $fg(x) = 12$

. . . .

Ateb

1   (a) Parth fg yw parth g, h.y. $(0, \infty)$

$$fg(x) = 3e^{2g(x)} = 3e^{2\ln 4x}$$

> Sylwch fod $e^{\ln g(x)} = g(x)$

$$fg(x) = 3e^{\ln (4x)^2}$$

$$fg(x) = 3e^{\ln 16x^2}$$

$$fg(x) = 3(16x^2)$$

$$fg(x) = 48x^2$$

Nawr $D(fg) = (0, \infty)$

$fg(0) = 48(0)^2 = 0$ ac wrth i $x \to \infty, fg(x) \to \infty$

Trwy hyn $R(fg) = (0, \infty)$

> Parth ffwythiant cyfansawdd fg yw parth g.

> Er mwyn darganfod amrediad fg, rydym ni'n darganfod y ffwythiant cyfansawdd ac yna, drwy amnewid gwerthoedd o'r parth, rydym ni'n darganfod ei werthoedd macsimwm a minimwm.

(b) $fg(x) = 48x^2$

Nawr $fg(x) = 12$

Felly $48x^2 = 12$

$$x^2 = \frac{1}{4}$$

$$x = \pm\frac{1}{2}$$

Fodd bynnag gan mai $(0, \infty)$ yw'r parth, $x \neq -\frac{1}{2}$

Trwy hyn, y datrysiad yw $x = \frac{1}{2}$

> Mae'n bwysig gwirio'r gwerthoedd hyn yn erbyn parth y ffwythiant cyfansawdd i weld a yw'r ddau werth yn dderbyniol.

2   O wybod bod $f(x) = \ln x$, brasluniwch, ar yr un diagram, graffiau $y = f(x)$ ac $y = -f(x + 1)$. Labelwch gyfesurynnau'r croestorfannau â'r echelin-x a dangoswch beth yw ffurf y graffiau ar gyfer gwerthoedd y sy'n fawr a phositif a mawr a negatif.

Ateb

2

> Mae angen i chi allu llunio graff $y = \ln x$, gan ddangos y croestorfan â'r echelin-x ($\ln 1 = 0$) a'r echelin-y fel asymptot.

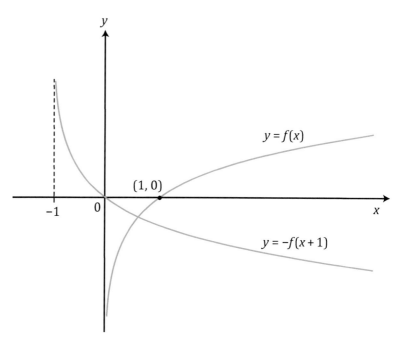

(Sylwch y byddai'r graff uchod yn cael ei luniadu â llaw yn yr arholiad.)

Ar gyfer $y = f(x) = \ln x$

Mae'r gromlin yn mynd drwy'r pwynt $(1, 0)$, gan fod $\ln 1 = 0$.

Ar gyfer gwerthoedd x sy'n fawr a phositif, mae gwerthoedd y sy'n fawr a phositif.

Ar gyfer gwerthoedd x sy'n negatif, nid yw'r ffwythiant $f(x) = \ln x$ yn bodoli.

Ar gyfer gwerthoedd x rhwng 0 ac 1, mae, $f(x) = \ln x$ yn negatif.

Wrth i x agosáu at 0 oddi uchod, mae'r gwerthoedd y negatif yn mynd yn fwy (h.y. wrth i $x \to 0$, $\ln x \to -\infty$), ac felly mae'r echelin-y yn asymptot.

> Mae $y = -f(x + 1)$ yn cynrychioli trawsfudiad $y = f(x)$ un uned i'r chwith ac yna adlewyrchiad yn yr echelin-x.

Ar gyfer $y = -f(x + 1)$

Mae'r gromlin yn mynd drwy'r pwynt $(0, 0)$.

Mae'r llinell $x = -1$ yn asymptot.

3   O wybod bod $f(x) = e^x$, brasluniwch, ar yr un diagram, graffiau $y = f(x)$ ac $y = -f(x) + 1$. Labelwch gyfesurynnau croestorfannau pob un o'r graffiau â'r echelinau. Dangoswch beth yw ffurf pob un o'r graffiau ar gyfer gwerthoedd x sy'n fawr a phositif a mawr a negatif.

Ateb

3   (Sylwch y byddai'r graff hwn yn cael ei luniadu â llaw yn yr arholiad.)

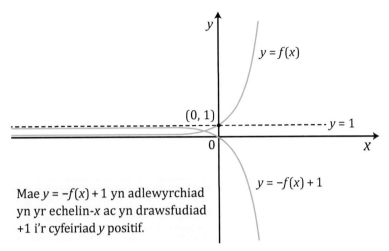

Mae $y = -f(x) + 1$ yn adlewyrchiad yn yr echelin-x ac yn drawsfudiad +1 i'r cyfeiriad y positif.

GWELLA
⇧⇧⇧⇧ **Gradd**

Gwnewch yn siŵr eich bod wedi labelu'r gromlin, unrhyw groestorfannau mae'r cwestiwn yn gofyn amdanyn nhw, unrhyw asymptotau a hefyd yr echelinau.

Mae $y = f(x) = e^x$ yn croestorri'r echelin-y yn $(0, 1)$, gan fod $e^0 = 1$.

Mae gan y gromlin asymptot $y = 0$ (neu'r echelin-x), oherwydd wrth i $x \rightarrow -\infty$,

$e^x \rightarrow 0$.

Pan fydd $x \rightarrow +\infty$, mae'r gwerthoedd y hefyd yn mynd yn fawr ac yn bositif (h.y. $y \rightarrow +\infty$).

Mae $y = -f(x) + 1$ yn croestorri'r echelin-y yn $(0, 0)$ ac mae ganddo asymptot $y = 1$ (h.y. wrth i $x \rightarrow -\infty$, $y \rightarrow 1$).

Pan fydd $x \rightarrow +\infty$, mae'r gwerthoedd y yn mynd yn fawr ac yn negatif (h.y. $y \rightarrow -\infty$).

---

4   Mae gan y ffwythiant f barth $(-\infty, \infty)$ ac mae wedi'i ddiffinio gan

   $f(x) = 3e^{2x}$

Mae gan y ffwythiant g barth $[1, \infty)$ ac mae wedi'i ddiffinio gan

   $g(x) = 2 \ln x$

   (a)   Esboniwch pam nad yw $gf(-1)$ yn bodoli.

   (b)   Darganfyddwch ar ei ffurf symlaf fynegiad ar gyfer $fg(x)$.

Ateb

4   (a) $f(-1) = 3e^{-2} < 1$ felly nid yw $f(-1)$ ym mharth g, h.y. nid yw yn $[1, \infty)$.
          Trwy hyn, nid yw $gf(-1)$ yn bodoli.

   (b) $fg(x) = 3e^{2g(x)}$

             $= 3e^{2(2 \ln x)}$

             $= 3e^{4 \ln x}$

             $= 3e^{\ln x^4}$

             $= 3x^4$

Rydym ni'n defnyddio'r ddeddf logarithmau hon:
   $k \log_a x = \log_a x^k$

Rydym ni'n defnyddio $e^{\ln a} = a$

47

Er mwyn gallu cyfrifo amrediadau pan fydd ffwythiant yn cael ei roi, mae'n rhaid i chi fod yn gyfarwydd â siapiau graffiau'r ffwythiannau ar gyfer parthau penodol. Mae hefyd angen i chi wybod beth yw siapiau cromliniau er mwyn creu trawsffurfiadau arnyn nhw.

Lluniwch daflen adolygu sy'n dangos siapiau'r cromliniau canlynol:

$$f(x) = 2x - 3$$

$$f(x) = (x - 3)(x + 1)$$

$$f(x) = e^x$$

$$f(x) = e^x - 2$$

$$f(x) = \ln(x)$$

Mae croeso i chi ychwanegu eich ffwythiannau eich hun a chofiwch eu gwirio gan ddefnyddio Google.

Gwiriwch siâp y gromlin drwy deipio hafaliad y gromlin i mewn i Google.

Defnyddio ffwythiannau wrth fodelu

Gall ffwythiannau gael eu defnyddio i fodelu sefyllfaoedd yn y byd go iawn. Er enghraifft, mae modd eu defnyddio i fodelu dadfeiliad esbonyddol (e.e. dadfeiliad ymbelydrol), twf esbonyddol (e.e. nifer yr algâu mewn pwll yn ystod tywydd poeth) neu sut mae llanw'r môr yn ymddwyn.

Enghraifft

1   Gall esgyniad a disgyniad y llanw mewn harbwr gydag amser gael ei fodelu gan ddefnyddio'r ffwythiant

$$f(t) = 3.2 \sin(2.7t + 8.5) \quad \text{lle mae'r ongl wedi'i fesur mewn radianau,}$$

lle $f(t)$ yw uchder fertigol y dŵr uwchben neu o dan lefel gymedrig y môr mewn metrau a t yw'r amser mewn oriau.

(a)   Darganfyddwch uchder y llanw uwchben lefel gymedrig y môr pan fydd $t = 0$. Rhowch eich ateb yn gywir i 2 ffigur ystyrlon.

(b)   Nodwch, gan roi rheswm, uchder mwyaf y llanw uwchben lefel y môr.

Ateb

1   (a)   Pan fydd $t = 0$, $f(0) = 3.2 \sin(2.7 \times 0 + 8.5)$

$$= 3.2 \sin 8.5$$

$$= 2.6 \text{ m}$$

(b)   Gwerth uchaf $\sin(2.7t + 8.5)$ yw 1. Felly'r uchder mwyaf uwchben lefel y môr = $3.2 \times 1 = 3.2$ m

Profi eich hun

1 Mae gan y ffwythiant f barth $x \leq -2$ ac mae wedi'i ddiffinio gan
$$f(x) = (x + 2)^2 - 1 \,.$$
(a) Darganfyddwch amrediad f. [2]
(b) Darganfyddwch fynegiad ar gyfer $f^{-1}(x)$. Nodwch barth ac amrediad f^{-1}. [3]

2 Mae'r diagram yn dangos braslun graff $y = f(x)$. Pwynt uchaf y graff yw $(3, 4)$ ac mae'r graff yn croestorri'r echelin-x yn y pwyntiau $(1, 0)$ a $(5, 0)$.

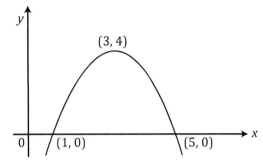

Brasluniwch graff $y = 2f(x - 1)$, gan nodi cyfesurynnau tri phwynt ar y graff. [4]

3 Datryswch y canlynol
(a) $3|x - 1| + 7 = 19$ [2]
(b) $6|x| - 3 = 2|x| + 5$ [2]

4 (a) Brasluniwch graff $x^2 + 6x + 13$, gan nodi'r pwynt arhosol. [2]
(b) Mae'r ffwythiant f wedi'i ddiffinio gan $f(x) = x^2 + 6x + 13$ gyda pharth (a, b).
  (i) Esboniwch pam nad yw f^{-1} yn bodoli pan fydd $a = -10$ a $b = 10$. [1]
  (ii) Ysgrifennwch werth ar gyfer a a gwerth ar gyfer b lle mae gwrthdro f yn bodoli a deilliwch fynegiad ar gyfer $f^{-1}(x)$. [5]

5 Mae gan y ffwythiant f barth $(-\infty, 10)$ ac mae wedi'i ddiffinio gan:
$$f(x) = e^{5 - \frac{x}{2}} + 6$$
(a) Darganfyddwch fynegiad ar gyfer $f^{-1}(x)$. [4]
(b) Ysgrifennwch barth f^{-1}. [2]

6 O wybod bod $f(x) = e^x$, brasluniwch, ar yr un diagram, graffiau $y = f(x)$ ac $y = 2f(x) - 2$. Labelwch gyfesurynnau croestorfannau pob un o'r graffiau â'r echelin-x. Dangoswch beth yw ffurf pob un o'r graffiau ar gyfer gwerthoedd x sy'n fawr a phositif a mawr a negatif. [6]

7 Mae gan y ffwythiant f barth $(-\infty, \infty)$ ac mae wedi'i ddiffinio gan
$$f(x) = 2e^{3x}$$
Mae gan y ffwythiant g barth $(0, \infty)$ ac mae wedi'i ddiffinio gan
$$g(x) = \ln 2x$$
(a) Ysgrifennwch barth ac amrediad fg. [2]
(b) Datryswch yr hafaliad $fg(x) = 128$. [3]

Crynodeb

Gwnewch yn siŵr eich bod yn gwybod y ffeithiau canlynol:

Ffracsiynau rhannol

$$\frac{\alpha x + \beta}{(cx + d)(ex + f)} \equiv \frac{A}{cx + d} + \frac{B}{ex + f}$$ (i)

$$\frac{\alpha x^2 + \beta x + \gamma}{(cx + d)(ex + f)^2} \equiv \frac{A}{cx + d} + \frac{B}{ex + f} + \frac{C}{(ex + f)^2}$$ (ii)

Yn y ddau achos, cliriwch y ffracsiynau a dewiswch werthoedd priodol ar gyfer x. Yn (ii), gall hafaliad sy'n cynnwys cyfernodau x^2 gael eu defnyddio.

Ffwythiannau

Perthynas rhwng set o fewnbynnau a set o allbynnau fel bod pob mewnbwn yn gysylltiedig ag un allbwn yn union yw ffwythiant.

Parth ac amrediad ffwythiant

Y set o werthoedd mewnbwn sy'n gallu cael eu rhoi i mewn i ffwythiant yw'r parth. Y set o werthoedd allbwn o ffwythiant yw'r amrediad.

Cyfansoddiad ffwythiannau

Mae cyfansoddiad ffwythiannau yn golygu cymhwyso dau ffwythiant neu fwy yn olynol. Mae'r ffwythiant cyfansawdd $fg(x)$ yn golygu $f(g(x))$ ac mae'n ganlyniad perfformio'r ffwythiant g yn gyntaf ac yna f.

Ffwythiannau un-i-un

Ffwythiant lle byddai un gwerth allbwn yn cyfateb i un gwerth mewnbwn posibl yn unig.

I ddarganfod $f^{-1}(x)$ o wybod $f(x)$

Yn gyntaf gwiriwch fod $f(x)$ yn ffwythiant un-i-un. Gadewch i y fod yn hafal i'r ffwythiant ac ad-drefnwch fel bod x yn destun yr hafaliad. Rhowch $f^{-1}(x)$ yn lle x ar y chwith a rhowch x yn lle pob y ar y dde.

Parth ac amrediad ffwythiannau gwrthdro

Mae amrediad $f^{-1}(x)$ yr un fath â pharth $f(x)$.

Mae parth $f^{-1}(x)$ yr un fath ag amrediad $f(x)$.

Graffiau ffwythiannau gwrthdro

Rydym ni'n cael graff $y = f^{-1}(x)$ drwy adlewyrchu graff $y = f(x)$ yn y llinell $y = x$.

Y ffwythiant modwlws

Rydym ni'n ysgrifennu modwlws x fel $|x|$ ac mae'n golygu gwerth rhifiadol x (gan anwybyddu'r arwydd).

Felly mae $|x|$ bob amser yn bositif (neu'n sero) – nid yw'n gwneud gwahaniaeth a yw x yn bositif neu'n negatif.

Graffiau ffwythiannau modwlws

Yn gyntaf rydym ni'n plotio graff $y = f(x)$ ac yn adlewyrchu unrhyw ran o'r graff sy'n is na'r echelin-x yn yr echelin-x. Y graff sy'n ganlyniad hyn fydd $y = |f(x)|$.

Cyfuniadau o drawsffurfiadau

Os bydd graff $y = f(x)$ yn cael ei luniadu, yna gallwn ni gael graff $y = f(x - a) + b$ drwy gymhwyso'r trawsfudiad $\binom{a}{b}$ at y graff gwreiddiol.

Os bydd graff $y = f(x)$ yn cael ei luniadu, yna gallwn ni gael graff $y = af(x - b)$ drwy gymhwyso'r ddau drawsffurfiad canlynol yn y naill drefn neu'r llall: estyniad yn baralel i'r echelin-y gyda ffactor graddfa a a thrawsfudiad $\binom{b}{0}$.

Os bydd graff $y = f(x)$ yn cael ei luniadu, yna gallwn ni gael graff $y = f(ax)$ drwy raddio'r gwerthoedd x yn ôl $\frac{1}{a}$.

Y ffwythiant e^x a'i graff

$y = e^x$

Mae e^x yn ffwythiant un-i-un ac mae ganddo wrthdro $\ln x$.
Mae graff $y = e^x$ yn croestorri'r echelin-y yn $y = 1$ ac mae ganddo'r echelin-x yn asymptot.

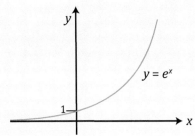

$D(f) = (-\infty, \infty)$
$R(f) = (0, \infty)$

Y ffwythiant $\ln x$ a'i graff

$y = \ln x$

Mae $\ln x$ yn ffwythiant un-i-un ac mae ganddo wrthdro e^x.
Mae graff $y = \ln x$ yn croestorri'r echelin-x yn $x = 1$ ac mae ganddo'r echelin-y yn asymptot.

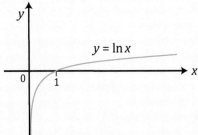

$D(f) = (0, \infty)$
$R(f) = (-\infty, \infty)$

Mae'r ffwythiannau $y = \ln x$ ac $y = e^x$ yn ffwythiannau gwrthdro.

Felly, mae graffiau $y = \ln x$ ac $y = e^x$ yn adlewyrchiadau o'i gilydd yn y llinell $y = x$.

Hefyd, $e^{\ln x} = x$ ac $\ln e^x = x$.

3 Dilyniannau a chyfresi

Cyflwyniad

Roedd rhywfaint o'r testun hwn wedi'i gynnwys yn Nhestun 4 y cwrs UG, felly byddai'n syniad da i chi edrych yn gyflym ar y testun hwnnw cyn dechrau ar y testun U2 hwn.

Yn y testun hwn, byddwch chi'n edrych ar ddilyniannau a chyfresi. Byddwch chi'n dysgu sut i ehangu mynegiadau llinol wedi'u codi i wahanol bwerau cyfanrifol a ffracsiynol a sut gall yr ehangiadau hyn gael eu defnyddio i symleiddio. Byddwch chi hefyd yn dysgu sut i gyfrifo termau mewn cyfres a sut i gyfrifo swm y termau mewn cyfres.

Mae'r testun hwn yn ymdrin â'r canlynol:

3.1 Ehangiad binomaidd ar gyfer indecsau cyfannol positif

Trafodwyd yr ehangiad binomaidd yn UG Uned 1, felly os ydych chi'n ansicr o'r pethau sylfaenol dylech chi edrych eto ar Destun 4 yn y llyfr UG.

Mae sawl fformiwla mae angen i chi eu defnyddio. Mae'r fformiwlâu hyn i gyd yn y llyfryn fformiwlâu.

Ehangiad binomaidd yw ehangiad y mynegiad $(a + b)^n$ lle mae *n* yn gyfanrif positif.

Bydd y fformiwla ar gyfer yr ehangiad yn y llyfryn fformiwlâu. Dyma hi:

$$(a + b)^n = a^n + \binom{n}{1}a^{n-1}b + \binom{n}{2}a^{n-2}b^2 + \dots + \binom{n}{r}a^{n-r}b^r + \dots + b^n$$

lle mae
$$\binom{n}{r} = {}^nC_r = \frac{n!}{r!(n-r)!}$$

Nid oes angen i chi gofio'r fformiwlâu hyn gan eu bod yn y llyfryn fformiwlâu.

Mae *n*! yn golygu ffactorial *n*. Os yw *n* = 5, yna mae 5! = 1 × 2 × 3 × 4 × 5. Gallwn ni ysgrifennu hyn hefyd fel 1.2.3.4.5

Sylwch fod 0! = 1.

3.2 Ehangiad binomaidd $(a + bx)^n$ ar gyfer unrhyw werth cymarebol *n*

Efallai bydd cwestiwn yn gofyn i chi ddarganfod ehangiad mynegiad fel $(4 + 2x)^3$.

Yma, byddech chi'n amnewid *a* = 4, *b* = 2*x* ac *n* = 3 i mewn i'r fformiwla ar gyfer ehangiad $(a + b)^n$.

Mae angen nodi bod ehangiad binomaidd mynegiad sydd â'r ffurf: $(a + bx)^n$ yn ddilys ar gyfer $\left|\frac{bx}{a}\right| < 1$.

Mae hyn yn golygu y byddai'r ehangiad $(3 + 2x)^6$ yn ddilys ar gyfer $\left|\frac{2x}{3}\right| < 1$, felly $|x| < \frac{3}{2}$.

Enghraifft

1 Ehangwch $(3 + 2x)^6$ mewn pwerau esgynnol o *x* hyd at ac yn cynnwys y term yn x^3.

Ateb

1 $(a + b)^n = a^n + \binom{n}{1}a^{n-1}b + \binom{n}{2}a^{n-2}b^2 + \dots + \binom{n}{r}a^{n-r}b^r + \dots + b^n$

$a = 3, b = 2x$ ac $n = 6$

$(3 + 2x)^6 = 3^6 + \binom{6}{1}(3^5)(2x) + \binom{6}{2}(3^4)(2x)^2 + \binom{6}{3}(3^3)(2x)^3 + \dots$

$= 729 + 2916x + 4860x^2 + 4320x^3$

GWELLA

⇧⇧⇧⇧ **Gradd**

Efallai byddwch chi'n meddwl bod rhai o'r rhifau'n mynd yn rhy fawr a'ch bod wedi gwneud rhywbeth yn anghywir. Mae'r rhifau mewn cwestiynau fel hyn yn aml yn fawr neu'n fach, felly daliwch ati.

GWELLA
⇧⇧⇧⇧ **Gradd**

Os ydych chi'n bwriadu defnyddio triongl Pascal, rhaid i chi gofio sut i'w lunio a hefyd sut i benderfynu pa linell y dylech chi ei defnyddio.

Ni fydd triongl Pascal yn y llyfryn fformiwlâu.

3.3 Defnyddio triongl Pascal i gyfrifo cyfernodau'r termau yn yr ehangiad binomaidd

Gallwch chi hefyd ddarganfod y cyfernodau yn ehangiad $(a + b)^n$ drwy ddefnyddio triongl Pascal.

Gallwch chi ehangu'r mynegiad, $(a + b)^4$ gan ddefnyddio triongl Pascal.

Dylech chi ysgrifennu triongl Pascal a chwilio am y llinell sy'n dechrau ag 1 ac yna 4 (oherwydd bod n yn 4 yma). Mae'r llinell 1, 4, 6, 4, 1 yn rhoi'r cyfernodau. Mae hyn yn osgoi'r cyfrifo sy'n cynnwys y ffactorialau ar gyfer pob cyfernod ond bydd angen i chi gofio sut i lunio triongl Pascal.

$$1$$
$$1 \quad 1$$
$$1 \quad 2 \quad 1$$
$$1 \quad 3 \quad 3 \quad 1$$
$$1 \quad 4 \quad 6 \quad 4 \quad 1$$
$$1 \quad 5 \quad 10 \quad 10 \quad 5 \quad 1$$

Felly, drwy roi'r cyfernodau 1, 4, 6, 4, 1 i mewn, mae gennym ni yr ehangiad canlynol:

$$(a + b)^4 = a^4 + 4a^3b + 6a^2b^2 + 4ab^3 + b^4$$

3.4 Yr ehangiad binomaidd lle mae $a = 1$

Pan fydd y term cyntaf yn y cromfachau (h.y. a) yn 1 a bod x yn lle b, yr ehangiad binomaidd pan fydd n yn gyfanrif positif yw:

$$(1 + x)^n = 1 + nx + \frac{n(n - 1)x^2}{2!} + \frac{n(n - 1)(n - 2)x^3}{3!} + \dots$$

Eto, mae'r fformiwla hon yn y llyfryn fformiwlâu ac felly nid oes angen i chi ei chofio.

3.5 Y theorem binomial ar gyfer gwerthoedd n eraill

Yn yr adran flaenorol, a gyfeiriodd at yr ehangiad binomaidd a astudiwyd yn UG Uned 1, dylech chi nodi bod yr indecs n yn gyfanrif positif.

Fodd bynnag, mae'r ehangiad

$$(1 + x)^n = 1 + nx + \frac{n(n - 1)x^2}{2!} + \frac{n(n - 1)(n - 2)x^3}{3!} + \dots$$

yn dal yn wir ar gyfer gwerthoedd n negatif neu ffracsiynol, **os yw x rhwng ±1, h.y. $|x| < 1$.**

Ar gyfer yr amrediad hwn o werthoedd x, mae'r gyfres yn gydgyfeiriol; oherwydd wrth i x gael ei chodi i bwerau cynyddol, mae gwerthoedd termau olynol yn lleihau'n gyflym. O ganlyniad, ar ôl i'r ychydig dermau cyntaf gael eu hadio, mae'r termau dilynol yn fach ac yn ddibwys ac mae swm y gyfres yn agosáu at werth terfynol sefydlog. Pe na bai $|x| < 1$, byddai'r termau dilynol yn mynd yn fwy ac yn fwy a byddai'n amhosibl darganfod brasamcan ar gyfer y gyfres.

Enghreifftiau

Dyma'r gwerthoedd *x* mae ehangiadau pob un o'r canlynol yn gydgyfeiriol ar eu cyfer.

1 $(1 + x)^{-1}$ mae'r ehangiad yn gydgyfeiriol ar gyfer $|x| < 1$.

2 $\left(1 + \dfrac{x}{3}\right)^{-1}$ $\left|\dfrac{x}{3}\right| < 1$, felly mae'r ehangiad yn gydgyfeiriol ar gyfer $|x| < 3$.

3 $(1 - x)^{-1}$ mae'r ehangiad yn gydgyfeiriol ar gyfer $|x| < 1$.

Yr amod ar gyfer cydgyfeiriant pan fydd dau ehangiad binomaidd yn cael eu cyfuno

Tybiwch fod y ddau ehangiad binomaidd canlynol yn cael eu hadio at ei gilydd:

$$(1 + 2x)^5 + \left(1 - \frac{x}{2}\right)^4$$

$(1 + 2x)^5$ Mae angen $|2x| < 1$, felly mae'r ehangiad hwn yn gydgyfeiriol ar gyfer $|x| < \dfrac{1}{2}$.

$\left(1 - \dfrac{x}{2}\right)^4$ Mae angen $\left|\dfrac{x}{2}\right| < 1$, felly mae'r ehangiad hwn yn gydgyfeiriol ar gyfer $|x| < 2$.

Nawr, rhaid i werth *x* fodloni'r ddau amod. Gan fod $|x| < \dfrac{1}{2}$ i'w gael y tu mewn i $|x| < 2$,

yr amod ar gyfer y cydgyfeiriant cyfunol yw $|x| < \dfrac{1}{2}$ neu $-\dfrac{1}{2} < x < \dfrac{1}{2}$.

Enghreifftiau

1   Ehangwch $(2 - x)^{\frac{1}{2}}$ mewn pwerau esgynnol o hyd at, ac yn cynnwys, y term yn x^2.

Nodwch amrediad gwerthoedd *x* fel bod yr ehangiad yn ddilys.

Ateb

1   $(2 - x)^{\frac{1}{2}} = \left[2\left(1 - \dfrac{x}{2}\right)\right]^{\frac{1}{2}}$

$= 2^{\frac{1}{2}}\left(1 - \dfrac{x}{2}\right)^{\frac{1}{2}}$

$= \sqrt{2}\left[1 + \left(\dfrac{1}{2}\right)\left(\dfrac{-x}{2}\right) + \dfrac{\left(\dfrac{1}{2}\right)\left(-\dfrac{1}{2}\right)\left(\dfrac{-x}{2}\right)^2}{2!} + \dots\right]$

$= \sqrt{2}\left(1 - \dfrac{x}{4} - \dfrac{x^2}{32} + \dots\right)$

Er mwyn i ehangiad $\left(1 - \dfrac{x}{2}\right)^{\frac{1}{2}}$ gydgyfeirio, mae angen $\left|\dfrac{x}{2}\right| < 1$,

h.y. $|x| < 2$ neu $-2 < x < 2$.

> Sylwch ar sut rydym ni'n tynnu'r 2 allan o'r cromfachau. Mae'n bwysig nodi ein bod yn codi'r 2 hwn i'r pŵer $\dfrac{1}{2}$.

> Rydym ni'n defnyddio'r fformiwla ar gyfer yr ehangiad binomaidd
> $$(1 + x)^n = 1 + nx + \frac{n(n - 1)x^2}{2!} + \dots$$
> sydd i'w chael yn y llyfryn formiwlâu gydag $n = \dfrac{1}{2}$ a $-\dfrac{x}{2}$ yn lle *x*.

2   Ehangwch $\left(1 - \dfrac{x}{4}\right)^{\frac{1}{2}}$ mewn pwerau esgynnol o x hyd at, ac yn cynnwys, y term yn x^2.

Nodwch amrediad gwerthoedd x fel bod eich ehangiad yn ddilys.

Trwy hyn, gan ysgrifennu $x = 1$ yn eich ehangiad, dangoswch fod

$$\sqrt{3} = \frac{111}{64}$$

Ateb

Mae'r fformiwla hon ar gyfer yr ehangiad binomaidd yn y llyfryn fformiwlâu ac felly nid oes angen i chi ei chofio.

2   Nawr $(1 + x)^n = 1 + nx + \dfrac{n(n - 1)x^2}{2!} + \dfrac{n(n - 1)(n - 2)x^3}{3!} + \dots$

Yma $n = \dfrac{1}{2}$ ac rydym ni'n rhoi $-\dfrac{x}{4}$ yn lle x, felly

$$\left(1 - \frac{x}{4}\right)^{\frac{1}{2}} = 1 + \left(\frac{1}{2}\right)\left(-\frac{x}{4}\right) + \frac{\left(\frac{1}{2}\right)\left(-\frac{1}{2}\right)}{1 \times 2}\left(\frac{x^2}{16}\right) + \dots$$

$$= 1 - \frac{x}{8} - \frac{x^2}{128} + \dots$$

Sylwch ar y +... yma. Mae'n golygu bod y gyfres yn parhau.

Mae hyn yn y llyfryn fformiwlâu.

Pan fydd n yn negatif neu'n ffracsiynol, mae ehangiad $(1 + x)^n$ yn ddilys ar gyfer $|x| < 1$.

Felly yn achos $\left(1 - \dfrac{x}{4}\right)^{\frac{1}{2}}$, mae'r ehangiad yn ddilys ar gyfer $\left|\dfrac{x}{4}\right| < 1$, neu

$$|x| < 4 \quad \text{h.y.} \quad -4 < x < 4.$$

Pan fydd $x = 1$, $\left(1 - \dfrac{x}{4}\right)^{\frac{1}{2}} = \left(1 - \dfrac{1}{4}\right)^{\frac{1}{2}} = \left(\dfrac{3}{4}\right)^{\frac{1}{2}} = \dfrac{\sqrt{3}}{2}$

Rydym ni nawr yn defnyddio'r arwydd 'yn hafal yn fras i' oherwydd mai dim ond yn hafal yn fras i'r ehangiad mae'r gyfres, gan mai dim ond y tri therm cyntaf sy'n cael eu defnyddio.

Trwy hyn

$$\frac{\sqrt{3}}{2} \approx 1 - \frac{1}{8} - \frac{1}{128} \approx \frac{111}{128}$$

$$\frac{\sqrt{3}}{2} \approx \frac{111}{128}$$

$$\sqrt{3} \approx \frac{111}{64}$$

3   (a)   Ehangwch $\dfrac{(1 + 3x)^{\frac{1}{3}}}{(1 + 2x)^2}$ mewn pwerau esgynnol o x hyd at, ac yn cynnwys, y term yn x^2.

Nodwch amrediad gwerthoedd x fel bod eich ehangiad yn ddilys.

(b)   Defnyddiwch eich ehangiad i ddarganfod bras werth ar gyfer x nad yw'n sero ac sy'n bodloni'r hafaliad $\dfrac{(1 + 3x)^{\frac{1}{3}}}{(1 + 2x)^2} = 1 - 4x - 2x^2$.

Ateb

3   (a) $\dfrac{(1 + 3x)^{\frac{1}{3}}}{(1 + 2x)^2} = (1 + 3x)^{\frac{1}{3}}(1 + 2x)^{-2}$

$$= \left[1 + \left(\frac{1}{3}\right)(3x) + \frac{\left(\frac{1}{3}\right)\left(-\frac{2}{3}\right)(3x)^2}{1.2} + \dots\right] \times \left[1 + (-2)(2x) + \frac{(-2)(-3)(2x)^2}{1.2} + \dots\right]$$

Sylwch: pan fyddwn ni'n lluogi'r cromfachau, dim ond termau hyd at, ac yn cynnwys, x^2 sydd wedi'u cynnwys.

$$= [1 + x - x^2 + \dots][1 - 4x + 12x^2 + \dots]$$

$$= 1 - 4x + 12x^2 + x - 4x^2 - x^2 + \dots$$

$= 1 - 3x + 7x^2 + \ldots$

Mae'r ehangiad yn ddilys ar gyfer $|3x| < 1$ a $|2x| < 1$,

h.y. yn ddilys ar gyfer $|x| < \dfrac{1}{3}$

(b) Yna wrth roi $1 - 3x + 7x^2$ yn lle $\dfrac{(1 + 3x)^{\frac{1}{3}}}{(1 + 2x)^2}$

mae gennym ni $1 - 3x + 7x^2 \approx 1 - 4x - 2x^2$

fel bod $\qquad 9x^2 = -x$

$\qquad\qquad x(9x + 1) = 0$

Trwy hyn $x = 0$ neu $x = -\dfrac{1}{9}$

Y bras werth gofynnol nad yw'n sero yw $x = -\dfrac{1}{9}$ neu -0.111

yn gywir i 3 lle degol

---

4 (a) Ehangwch $(4 - x)^{\frac{3}{2}}$ hyd at y term yn x^2.

(b) Defnyddiwch eich canlyniad yn rhan (a) i ehangu $\dfrac{(4 - x)^{\frac{3}{2}}}{(1 + 2x)}$ hyd at y term yn x^2.

Nodwch amrediad gwerthoedd x fel bod yr ehangiad yn ddilys.

. . . .

Ateb

4 (a) $(4 - x)^{\frac{3}{2}} = \left[4\left(1 - \dfrac{x}{4}\right)\right]^{\frac{3}{2}} = 4^{\frac{3}{2}} \times \left(1 - \dfrac{x}{4}\right)^{\frac{3}{2}} = 8\left(1 - \dfrac{x}{4}\right)^{\frac{3}{2}}$

Sylwch fod $4^{\frac{3}{2}} = \sqrt{4^3} = 8$

Gan ddefnyddio'r fformiwla ar gyfer yr ehangiad binomaidd:

$$(1 + x)^n = 1 + nx + \frac{n(n - 1)x^2}{2!} + \frac{n(n - 1)(n - 2)x^3}{3!} + \ldots$$

Mae hyn i'w gael yn y llyfryn fformiwlâu.

$$8\left(1 - \frac{x}{4}\right)^{\frac{3}{2}} = 8\left[1 + \left(\frac{3}{2}\right)\left(-\frac{x}{4}\right) + \frac{\left(\frac{3}{2}\right)\left(\frac{1}{2}\right)\left(-\frac{x}{4}\right)^2}{2!} + \ldots\right]$$

$$= 8\left[1 - \frac{3x}{8} - \frac{3x^2}{128} + \ldots\right]$$

$$= 8 - 3x + \frac{3x^2}{16} + \ldots$$

(b) $(1 + 2x)^{-1} = 1 + (-1)(2x) + \dfrac{(-1)(-2)(2x)^2}{2!} + \ldots$

$\qquad\qquad = 1 - 2x + 4x^2 + \ldots$

Sylwch: pan fyddwn ni'n lluosi'r cromfachau, dim ond termau hyd at, ac yn cynnwys, x^2 sydd wedi'u cynnwys.

Trwy hyn $\quad \dfrac{(4 - x)^{\frac{3}{2}}}{(1 + 2x)} = \left(1 - 2x + 4x^2 + \ldots\right)\left(8 - 3x + \dfrac{3x^2}{16} + \ldots\right)$

$$= 8 - 3x + \frac{3x^2}{16} - 16x + 6x^2 + 32x^2 + \ldots$$

$$= 8 - 19x + \frac{611}{16}x^2 + \ldots$$

Mae $\left(1 - \dfrac{x}{4}\right)^{\frac{3}{2}}$ yn ddilys ar gyfer $\left|\dfrac{x}{4}\right| < 1$, felly $|x| < 4$ neu $-4 < x < 4$

Sylwch fod yr ail amrediad y tu mewn i'r amrediad cyntaf. Gan fod yn rhaid i x fod yn ddilys ar gyfer y ddau ehangiad, mae'r ehangiadau'n ddilys ar gyfer

$|x| < \frac{1}{2}$, neu $-\frac{1}{2} < x < \frac{1}{2}$

Mae $(1 + 2x)^{-1}$ yn ddilys ar gyfer $|2x| < 1$, felly $|x| < \frac{1}{2}$ neu $-\frac{1}{2} < x < \frac{1}{2}$

Trwy hyn, mae $\dfrac{(4 - x)^{\frac{3}{2}}}{(1 + 2x)}$ yn ddilys ar gyfer $|x| < \frac{1}{2}$, neu $-\frac{1}{2} < x < \frac{1}{2}$

5 Ehangwch $\left(1 + \dfrac{x}{8}\right)^{-\frac{1}{2}}$ mewn pwerau esgynnol o x hyd at ac yn cynnwys y term yn x^2.

Nodwch amrediad gwerthoedd x lle mae eich ehangiad yn ddilys.

Trwy hyn, gan ysgrifennu $x = 1$ yn eich ehangiad, darganfyddwch fras werth ar gyfer $\sqrt{2}$ yn y ffurf $\frac{a}{b}$, lle mae a a b yn gyfanrifau mae angen darganfod eu gwerth.

Ateb

5 $\left(1 + \dfrac{x}{8}\right)^{-\frac{1}{2}} = 1 + \left(-\dfrac{1}{2}\right)\dfrac{x}{8} + \dfrac{\left(-\frac{1}{2}\right)\left(-\frac{3}{2}\right)\left(\frac{x}{8}\right)^2}{2} + \ldots = 1 - \dfrac{x}{16} + \dfrac{3x^2}{512} + \ldots$

Mae'r ehangiad yn ddilys ar gyfer $\left|\dfrac{x}{8}\right| < 1$ felly $|x| < 8$

Sylwch: yn lle defnyddio'r arwydd modwlws, gall hyn gael ei ysgrifennu fel $-8 < x < 8$

Pan fydd $x = 1$, $\left(\dfrac{9}{8}\right)^{-\frac{1}{2}} \approx 1 - \dfrac{x}{16} + \dfrac{3x^2}{512}$

Nawr $\left(\dfrac{9}{8}\right)^{-\frac{1}{2}} = \sqrt{\dfrac{8}{9}} = \dfrac{1}{3}\sqrt{8} = \dfrac{2\sqrt{2}}{3}$

Trwy hyn $\dfrac{2\sqrt{2}}{3} \approx 1 - \dfrac{1}{16} + \dfrac{3}{512}$

$\sqrt{2} \approx \dfrac{3}{2}\left(1 - \dfrac{1}{16} + \dfrac{3}{512}\right)$

$\approx \dfrac{1449}{1024}$

a yw 1449 a b yw 1024

Cam wrth CAM

Darganfyddwch frasamcan o werth ar gyfer un gwreiddyn yr hafaliad

$2(1 + 6x)^{\frac{1}{3}} = 2x^2 - 15x$

Camau i'w cymryd

1 Ehangwch $(1 + 6x)^{\frac{1}{3}}$ gan ddefnyddio'r ehangiad binomaidd mor bell â'r term yn x^2. Dim ond mor bell ag x^2 mae angen i ni fynd gan mai dyma'r pŵer uchaf o x ar ochr dde'r hafaliad.

2 Lluoswch yr ehangiad â 2.

3 Grwpiwch y termau i gyd un ochr i'r hafaliad ac yna datryswch yr hafaliad dilynol.

4 Gwiriwch fod pob gwerth x yn cael ei ganiatáu o ystyried amrediad y gwerthoedd mae'r ehangiad binomaidd yn ddilys ar ei gyfer.

Ateb

$$(1 + x)^n = 1 + nx + \frac{n(n-1)x^2}{2!} + \frac{n(n-1)(n-2)\,x^3}{3!} + \dots$$

$$(1 + 6x)^{\frac{1}{3}} = 1 + \left(\frac{1}{3}\right)(6x) + \frac{\left(\frac{1}{3}\right)\left(-\frac{2}{3}\right)(6x)^2}{2} + \dots$$

$$= 1 + 2x - 4x^2 + \dots$$

Trwy hyn

$$2(1 + 2x - 4x^2) = 2x^2 - 15x$$

$$2 + 4x - 8x^2 = 2x^2 - 15x$$

$$10x^2 - 19x - 2 = 0$$

$$(10x + 1)(x - 2) = 0$$

Trwy hyn $x = -\dfrac{1}{10}$ neu 2.

Nawr mae'r ehangiad binomaidd yn ddilys ar gyfer $|6x| < 1$ neu $|x| < \frac{1}{6}$ sy'n golygu $-\frac{1}{6} < x < \frac{1}{6}$.

Felly mae $x = 2$ y tu allan i'r amrediad hwn, ac mae'n cael ei anwybyddu.

Felly brasamcan o'r gwreiddyn yw $x = -\dfrac{1}{10}$

3.6 Y gwahaniaeth rhwng cyfres a dilyniant

Yn syml, rhestr o dermau yw dilyniant (e.e. 1, 3, 5, 7, ...). Mae cyfres yn swm nifer penodol o dermau mewn dilyniant (e.e. mae 1 + 3 + 5 + 7 yn gyfres wedi'i ffurfio o bedwar term cyntaf y dilyniant).

3.7 Dilyniannau a chyfresi rhifyddol

Mewn dilyniant rhifyddol, mae gan dermau olynol wahaniaeth cyffredin d rhyngddyn nhw.

Ystyriwch y dilyniant canlynol, er enghraifft: 2, 5, 8, 11, ...

Yn y dilyniant uchod, y term cyntaf yw 2 a'r gwahaniaeth cyffredin yw 3. Gallwn ni ddarganfod y gwahaniaeth cyffredin drwy gymryd unrhyw derm heblaw'r term cyntaf a thynnu'r term blaenorol.

Os yw'r dilyniant yn dechrau â'r term cyntaf a, yna mae'n parhau fel hyn

	a,	$a + d$,	$a + 2d$,	$a + 3d$,	...
Term:	1af	2il	3ydd	4ydd	

Gallwn ni ysgrifennu termau cyfres rifyddol yn y ffordd ganlynol:

$$t_1 = a, \quad t_2 = a + d, \quad t_3 = a + 2d, \quad \text{ac yn y blaen.}$$

O'r patrwm yn y termau, gallwn ni weld bod y $n$fed term,

$$t_n = a + (n - 1)d$$

3.8 Profi'r fformiwla ar gyfer swm cyfres rifyddol

Bydd cyfres rifyddol yn cael ffurfio pan fydd termau dilyniant rhifyddol yn cael eu hadio at ei gilydd.

Gallwn ni ysgrifennu swm n term cyfres rifyddol fel:

$$S_n = a + (a + d) + (a + 2d) + \ldots + (a + (n-1)d) \qquad (1)$$

Mae'r swm uchod yn dechrau o'r term cyntaf ac yn adio termau olynol hyd at y term olaf.

Wrth gildroi swm y gyfres gan ddechrau o'r term olaf, y gallwn ni ei alw yn l, mae hyn yn rhoi:

$$S_n = l + (l - d) + (l - 2d) + \ldots + (l - (n-1)d) \qquad (2)$$

Mae adio (1) a (2) at ei gilydd yn rhoi:

$$2S_n = (a + l) + (a + l) + (a + l) + \ldots + (a + l)$$

Sylwch yn yr uchod fod yr $(a + l)$ i'w weld n gwaith.

Trwy hyn, gallwn ni ysgrifennu:

$$2S_n = n(a + l)$$
$$S_n = \frac{n}{2}(a + l)$$

Gallwn ni ysgrifennu'r term olaf, l fel $l = a + (n-1)d$

Felly

$$S_n = \frac{n}{2}(a + a + (n-1)d)$$

$$\boxed{S_n = \frac{n}{2}[2a + (n-1)d]}$$

Mae'r fformiwla uchod yn y llyfryn fformiwlâu.

> Rhaid i chi gofio'r prawf hwn oherwydd efallai bydd gofyn i chi brofi'r fformiwla:
> $$S_n = \frac{n}{2}[2a + (n-1)d]$$
> yn yr arholiad. Mae'r fformiwla ar gyfer swm cyfres rifyddol,
> $$S_n = \frac{n}{2}(a + l)$$
> yn gallu bod yn fersiwn defnyddiol o'r fformiwla hon ar adegau.

Enghreifftiau

1 Darganfyddwch swm 20 term cyntaf y gyfres rifyddol sy'n dechrau

$$4 + 11 + 18 + 25 + \ldots$$

Ateb

1 Y term cyntaf $a = 4$ a'r gwahaniaeth cyffredin $d = 11 - 4 = 7$

$$S_n = \frac{n}{2}[2a + (n-1)d]$$

$$S_{20} = \frac{20}{2}[2 \times 4 + (20 - 1)7]$$

$$S_{20} = 1410$$

> Mae'r fformiwla hon yn y llyfryn fformiwlâu.

2 **(a)** Term cyntaf cyfres rifyddol yw a a'r gwahaniaeth cyffredin yw d. Profwch y bydd swm n term cyntaf y gyfres yn cael ei roi gan

$$S_n = \frac{n}{2}[2a + (n-1)d]$$

(b) Wythfed term cyfres rifyddol yw 28. Swm ugain term cyntaf y gyfres yw 710. Darganfyddwch derm cyntaf a gwahaniaeth cyffredin y gyfres rifyddol.

(c) Term cyntaf cyfres rifyddol arall yw −3 a'r pymthegfed term yw 67. Darganfyddwch swm pymtheg term cyntaf y gyfres rifyddol hon.

Ateb

2 (a) Ar gyfer yr ateb hwn, edrychwch ar yr adran 'Profi'r fformiwla ar gyfer swm cyfres rifyddol' ar dudalen 59.

(b)
$$t_n = a + (n − 1)d$$
$$t_8 = a + 7d$$
$$28 = a + 7d \qquad (1)$$
$$S_n = \frac{n}{2}[2a + (n − 1)d]$$
$$S_{20} = \frac{20}{2}[2a + 19d]$$
$$710 = 10(2a + 19d)$$
$$71 = 2a + 19d \qquad (2)$$

> Mae llawer o'r cwestiynau arholiad yn y testun hwn yn gofyn i chi greu hafaliadau gan ddefnyddio'r wybodaeth sy'n cael ei rhoi yn y cwestiwn ac yna eu datrys nhw'n gydamserol i ddarganfod a a d.

Rydym ni'n datrys hafaliadau (1) a (2) yn gydamserol.
$$71 = 2a + 19d$$
$$56 = 2a + 14d$$

Rydym ni'n tynnu $\quad \overline{15 = 5d}$

> Rydym ni'n rhannu'r ddwy ochr â 10.

> Rydym ni'n lluosi hafaliad (1) â 2 cyn tynnu.

sy'n rhoi $d = 3$

Mae amnewid $d = 3$ i mewn i hafaliad (1) yn rhoi: $28 = a + 21$

sy'n rhoi $a = 7$

Trwy hyn, y gwahaniaeth cyffredin yw 3 a'r term cyntaf yw 7.

(c)
$$t_n = a + (n − 1)d$$
$$15\text{fed term} = −3 + 14d$$
$$67 = −3 + 14d$$

Mae datrys yn rhoi $d = 5$
$$S_n = \frac{n}{2}[2a + (n − 1)d]$$
$$S_{15} = \frac{15}{2}[−6 + 14 × 5] = 480$$

> Drwy ddefnyddio'r fformiwla yn y ffurf
> $$S_n = \frac{n}{2}(a + l)$$
> gallwn ni ddarganfod yr ateb yn haws, h.y.
> $$S_{15} = \frac{15}{2}(−3 + 67) = 480$$

3.9 Yr arwydd symiant a'r defnydd ohono

Os ydych chi eisiau adio pedwar term cyntaf dilyniant rhifyddol i ffurfio cyfres rifyddol, gallwch chi ei ysgrifennu fel hyn: $t_1 + t_2 + t_3 + t_4$.

Gallwch chi ysgrifennu hyn yn y ffordd ganlynol gan ddefnyddio arwydd symiant Σ.

$$\sum_{n=1}^{4} t_n$$

Mae hyn yn golygu swm y termau o $n = 1$ i 4.

Ystyriwch yr enghraifft ganlynol. Yma rydym ni'n darganfod y termau drwy amnewid $n = 1$, $n = 2$, $n = 3$, $n = 4$ ac $n = 5$ i mewn i $(2n + 3)$.
Rydym ni'n adio'r termau at ei gilydd i ffurfio'r gyfres.

$$\sum_{n=1}^{5} (2n + 3) = 5 + 7 + 9 + 11 + 13 = 45$$

Enghreifftiau

1   Enrhifwch $\displaystyle\sum_{n=1}^{3} n(n + 1)$.

Ateb

1   $\displaystyle\sum_{n=1}^{3} n(n + 1) = 1 \times 2 + 2 \times 3 + 3 \times 4 = 2 + 6 + 12 = 20$

---

2   Enrhifwch $\displaystyle\sum_{n=1}^{100} (2n - 1)$.

Ateb

> Rydym ni'n dechrau drwy ysgrifennu'r termau cyntaf er mwyn darganfod a a d.

2   Y gyfres yw $1 + 3 + 5 + 7 + 9 \ldots$

Y term cyntaf $a = 1$ a'r gwahaniaeth cyffredin $d = 2$.

> Mae'r fformiwla hon yn y llyfryn fformiwlâu.

$$S_n = \frac{n}{2}\left[2a + (n - 1)d\right]$$

$$S_{100} = \frac{100}{2}\left[2 \times 1 + (100 - 1)2\right]$$

> Cofiwch wneud y lluosi cyn yr adio yn y cromfachau sgwâr.

$$S_{100} = 50\left[2 + 99 \times 2\right]$$

$$S_{100} = 10\,000$$

---

3   Mae $n$fed term dilyniant rhif yn cael ei ddynodi gan t_n. Mae $(n + 1)$fed term y dilyniant yn bodloni $t_{n+1} = 2t_n - 3$ ar gyfer pob cyfanrif positif n, a $t_4 = 33$.

(a)   Enrhifwch t_1.

(b)   Esboniwch pam na all 40 098 fod yn un o dermau'r dilyniant rhif hwn.

Ateb

> Rydym ni'n gweithio'n ôl drwy amnewid t_4 i mewn i'r hafaliad i ddarganfod t_3. Rydym ni'n gwneud hyn eto drwy amnewid t_3 i mewn i ddarganfod t_2. Yn olaf, rydym ni'n amnewid t_2 i mewn i ddarganfod yr ateb t_1.

3   (a) $t_{n+1} = 2t_n - 3$

$t_4 = 2t_3 - 3$

$33 = 2t_3 - 3$

Mae datrys yn rhoi $t_3 = 18$

$t_3 = 2t_2 - 3$

$18 = 2t_2 - 3$

Mae datrys yn rhoi $t_2 = \dfrac{21}{2}$

$t_2 = 2t_1 - 3$

$\dfrac{21}{2} = 2t_1 - 3$

Mae datrys yn rhoi $t_1 = \dfrac{27}{4}$

(b) $t_{n+1} = 2t_n - 3$

Bydd dyblu t_n bob amser yn arwain at eilrif pan fydd t_n yn rhif cyfan (h.y. o t_3 ymlaen).

Mae tynnu 3 o eilrif bob amser yn rhoi odrif.

Mae 40 098 yn eilrif ac felly ni all fod yn un o dermau'r dilyniant.

> Edrychwch yn ofalus ar yr hafaliad i weld beth fyddai'n digwydd pe bai t_n yn odrif neu'n eilrif.

3.10 Dilyniannau a chyfresi geometrig

Dyma enghraifft o ddilyniant geometrig: 1, 5, 25, 125, …

O'r ail derm ymlaen, os gwnewch chi rannu un term â'r term blaenorol, fe gewch chi'r un rhif. Yr enw ar hyn yw cymhareb gyffredin.

Yn y gyfres hon, y gymhareb gyffredin yw $\dfrac{25}{5} = 5$.

Os yw'r term cyntaf yn a a'r gymhareb gyffredin yn r, yna gallwn ni ysgrifennu dilyniant geometrig fel: $a, ar, ar^2, ar^3, …$

Felly mae'r term cyntaf $t_1 = a$, yr ail derm $t_2 = ar$, y trydydd term $t_3 = ar^2$, etc. Sylwch fod pŵer r un yn llai na rhif y term.

Gallwn ni weld bod yr | **nfed term, $t_n = ar^{n-1}$** |

Rydym ni'n darganfod y gymhareb gyffredin drwy rannu unrhyw derm heblaw'r term cyntaf â'i derm blaenorol.

Trwy hyn, $\dfrac{t_2}{t_1} = \dfrac{ar}{a} = r,$ $\dfrac{t_3}{t_2} = \dfrac{ar^2}{ar} = r,$ etc.

3.11 Y gwahaniaeth rhwng dilyniant a chyfres gydgyfeiriol a dargyfeiriol

Mae **dilyniant cydgyfeiriol** yn ddilyniant sydd â therfan sy'n rhif real. Hynny yw, mae'r dilyniant yn agosáu at werth penodol.

Mae'r dilyniant cydgyfeiriol 2.1, 2.01, 2.001, 2.0001, … yn agosáu at werth 2.

Mae **dilyniant dargyfeiriol** yn ddilyniant sydd â therfan o anfeidredd. Mae termau'r dilyniant yn mynd yn fwy ac yn fwy.

Bydd y dilyniant 1, 2, 3, 4, … yn y pen draw yn cyrraedd anfeidredd, ∞.

Mae **cyfres gydgyfeiriol** yn gyfres lle mae'r $n$fed term yn agosáu at rif penodol L wrth i n agosáu at anfeidredd. Felly, wrth i $n \to \infty$, $u_n \to L$

Gall hyn hefyd gael ei ysgrifennu fel $u_{n+1} = f(u_n)$ ac $f(L)$.

Mae **cyfres ddargyfeiriol** yn gyfres lle nad yw'r $n$fed term yn cyrraedd gwerth sefydlog.

> Sylwch fod u_n yn golygu'r $n$fed term.

> Mae hyn yn golygu, ar ôl i chi gyrraedd gwerth L, pan fydd hwn yn cael ei roi'n ôl i mewn i'r ffwythiant, bydd hefyd yn rhoi L.

Enghraifft

1 Mae dilyniant yn cael ei greu gan ddefnyddio'r berthynas ganlynol

$$a_n = \frac{n}{n+1}$$

(a) Profwch fod y dilyniant sy'n cael ei greu yn ddilyniant cydgyfeiriol.

(b) Mae'r dilyniant yn y pen draw yn cyrraedd gwerth sefydlog. Nodwch y gwerth hwn.

Ateb

1   (a) $n = 1$, $a_1 = \dfrac{1}{1+1} = \dfrac{1}{2}$

$n = 10$, $a_{10} = \dfrac{10}{10+1} = 0.9090\ldots$

$n = 100$, $a_{100} = \dfrac{100}{100+1} = 0.9900\ldots$

$n = 1000$, $a_{1000} = \dfrac{1000}{1000+1} = 0.9990\ldots$

(b)   Wrth i n agosáu at ∞, mae'r ffracsiwn $\dfrac{n}{n+1}$ yn agosáu at 1

Gwerth sefydlog = 1

> Sylwch fod adio 1 at anfeidredd yn dal i roi anfeidredd.

3.12 Profi'r fformiwla ar gyfer swm cyfres geometrig

Rydym ni'n darganfod cyfres geometrig drwy adio termau olynol dilyniant geometrig:

$$a + ar + ar^2 + ar^3 + \ldots + ar^{n-1}$$

Gallwn ni ysgrifennu swm n term cyfres geometrig fel:

$$S_n = a + ar + ar^2 + ar^3 + \ldots + ar^{n-1} \qquad (1)$$

Mae lluosi S_n ag r yn rhoi

$$rS_n = ar + ar^2 + ar^3 + ar^4 + \ldots + ar^n \qquad (2)$$

Mae tynnu hafaliad (2) o hafaliad (1) yn rhoi:

$$S_n - rS_n = a - ar^n$$

$$S_n(1 - r) = a(1 - r^n)$$

> Mae'r fformiwla hon yn y llyfryn fformiwlâu.

$$S_n = \frac{a(1 - r^n)}{1 - r} \qquad \text{ar yr amod bod } r \neq 1$$

Enghraifft

1   Pumed term dilyniant geometrig yw 96 a'r wythfed term yw 768. Darganfyddwch y gymhareb gyffredin a'r term cyntaf.

Ateb

$$t_5 = ar^4 = 96$$

$$t_8 = ar^7 = 768$$

> Sylwch: wrth rannu'r termau, mae a yn canslo gan adael mynegiad mewn r yn unig.

Rydym ni'n rhannu'r ddau derm hyn $\dfrac{ar^7}{ar^4} = r^3 = \dfrac{768}{96} = 8$

Trwy hyn, $r^3 = 8$, felly'r gymhareb gyffredin $r = 2$

$$ar^4 = 96$$

Felly $a(2)^4 = 96$

sy'n rhoi'r term cyntaf $a = 6$

3.13 Swm i anfeidredd cyfres geometrig gydgyfeiriol

Mae'r gyfres ganlynol yn gydgyfeiriol: $1 + \dfrac{1}{2} + \dfrac{1}{4} + \dfrac{1}{8} + ...$

Mae hyn yn golygu bod termau olynol yn mynd yn llai o ran maint a bod S_n yn agosáu at werth terfannol arbennig. Wrth i $n \to \infty$, rydym ni'n galw swm yr holl dermau yn S_∞, sef y swm i anfeidredd. Mae swm i anfeidredd cyfres geometrig yn cael ei roi gan:

$$S_\infty = \frac{a}{1-r} \quad \text{ar yr amod bod } |r| < 1$$

Ar gyfer cyfres geometrig, $S_n = \dfrac{a(1-r^n)}{1-r} = \dfrac{a}{1-r} - \dfrac{ar^n}{1-r}$

Os yw $|r| < 1$, mae r^n yn mynd yn fach iawn wrth i $n \to \infty$.

Mae hyn yn golygu bod $\dfrac{ar^n}{1-r} \to 0$ wrth i $n \to \infty$.

Trwy hyn $\qquad S_n \to \dfrac{a}{1-r}$ wrth i $n \to \infty$.

Os yw r â gwerth nad yw yn yr amrediad $|r| < 1$, mae termau olynol yn y gyfres yn mynd yn fwy, ac felly mae'r gyfres yn ddargyfeiriol ac nid yw gwerth terfannol terfynol yn cael ei gyrraedd. Yn yr achos hwn, ni fyddai S_∞ yn bodoli.

Enghreifftiau

1 (a) Darganfyddwch swm i anfeidredd y gyfres geometrig:

$$40 - 24 + 14.4 - ...$$

(b) Term cyntaf cyfres geometrig arall yw a a'r gymhareb gyffredin yw r. Pedwerydd term y gyfres geometrig hon yw 8. Swm trydydd, pedwerydd a phumed term y gyfres yw 28.

(i) Dangoswch fod r yn bodloni'r hafaliad: $2r^2 - 5r + 2 = 0$

(ii) O wybod bod $|r| < 1$, darganfyddwch werth r a gwerth cyfatebol a.

Ateb

1 (a) Mae termau cyfres geometrig fel hyn:

$$a + ar + ar^2 + ar^3 + ... + ar^{n-1}$$

Cymhareb gyffredin $r = \dfrac{\text{2il derm}}{\text{term 1af}}$

$$r = \frac{ar}{a} = -\frac{24}{40} = -\frac{3}{5}$$

$$S_\infty = \frac{a}{1-r}$$

$$= \frac{40}{1 - \left(-\frac{3}{5}\right)}$$

$$= 25$$

nfed term cyfres geometrig
$= ar^{n-1}$.

(b) (i)   4ydd term $= ar^3$

Trwy hyn $8 = ar^3$ felly $a = \dfrac{8}{r^3}$

3ydd term $= ar^2$

5ed term $= ar^4$

Nawr $ar^2 + ar^3 + ar^4 = 28$

Mae amnewid $a = \dfrac{8}{r^3}$ i mewn i'r hafaliad hwn yn rhoi'r canlynol:

$$\frac{8}{r^3}r^2 + \frac{8}{r^3}r^3 + \frac{8}{r^3}r^4 = 28$$

$$\frac{8}{r} + 8 + 8r = 28$$

Mae lluosi'r ddwy ochr ag r yn rhoi:

$$8 + 8r + 8r^2 = 28r$$

$$8r^2 - 20r + 8 = 0$$

Mae rhannu drwodd â 4 yn rhoi:

$$2r^2 - 5r + 2 = 0$$

(ii)   Rydym ni'n ffactorio $2r^2 - 5r + 2 = 0$

$$(2r - 1)(r - 2) = 0$$

Mae datrys yn rhoi $r = \dfrac{1}{2}$ neu $r = 2$

Rydym ni'n gwybod bod $|r| < 1$

Felly $r = \dfrac{1}{2}$

$$a = \frac{8}{r^3} = \frac{8}{\left(\frac{1}{2}\right)^3} = \frac{8}{\left(\frac{1}{8}\right)} = 64$$

---

2   Term cyntaf cyfres geometrig yw a a'r gymhareb gyffredin yw r. Swm dau derm cyntaf y gyfres geometrig yw 7.2. Swm i anfeidredd y gyfres yw 20. O wybod bod r yn bositif, darganfyddwch werthoedd r ac a.

· ·

Ateb

2   Term 1af $= a$, 2il derm $= ar$,

Felly $a + ar = 7.2$

$$a(1 + r) = 7.2$$

$$S_\infty = \frac{a}{1 - r}$$

$$20 = \frac{a}{1 - r}$$

$$a = 20(1 - r)$$

Mae'r fformiwla hon ar gyfer y swm i anfeidredd yn y llyfryn fformiwlâu.

Rydym ni'n amnewid $a = 20(1 - r)$ i mewn i $a(1 + r) = 7.2$

Mae hyn yn rhoi $20(1 - r)(1 + r) = 7.2$

$$20(1 - r^2) = 7.2$$
$$r^2 = 0.64$$
$$r = \pm 0.8 \quad \text{ond mae } r \text{ yn bositif, felly } r = 0.8$$

Nawr
$$a(1 + r) = 7.2$$
$$a(1 + 0.8) = 7.2$$
$$a = 4$$

---

3 (a) Ail derm cyfres geometrig yw 6 a'r pumed term yw 384.

  (i) Darganfyddwch gymhareb gyffredin y gyfres.

  (ii) Darganfyddwch swm wyth term cyntaf y gyfres geometrig.

(b) Term cyntaf cyfres geometrig arall yw 5 a'r gymhareb gyffredin yw 1.1.

  (i) $n$fed term y gyfres hon yw 170, yn gywir i'r cyfanrif agosaf. Darganfyddwch werth n.

  (ii) Mae Dafydd wedi bod yn defnyddio ei gyfrifiannell i ymchwilio i wahanol nodweddion y gyfres geometrig hon ac mae'n honni mai swm i anfeidredd y gyfres yw 940. Esboniwch pam nad yw'n bosibl bod y canlyniad hwn yn gywir.

· ·

Ateb

3 (a) (i)
$$t_2 = ar$$

Felly $6 = ar$ (1)

$$t_5 = ar^4$$

Felly, $384 = ar^4$ (2)

Mae rhannu hafaliad (2) â hafaliad (1) yn rhoi
$$\frac{384}{6} = \frac{ar^4}{ar}$$
$$64 = r^3$$

Mae hyn yn rhoi $r = 4$

(ii) Rydym ni'n amnewid $r = 4$ i mewn i hafaliad (1)

$$6 = 4a$$

Felly $a = \dfrac{3}{2}$

$$S_n = \frac{a(1 - r^n)}{1 - r}$$

$$S_8 = \frac{\frac{3}{2}\left(1 - 4^8\right)}{1 - 4}$$

$$= 32\,767.5$$

(b) (i) $t_n = ar^{n-1}$

Trwy hyn
$$170 = 5(1.1)^{n-1}$$
$$34 = (1.1)^{n-1}$$

> Yn aml, mae'n haws ysgrifennu'r fformiwla yn y ffurf
> $$S_n = \frac{a(r^n - 1)}{r - 1} \quad \text{pan fydd } r > 1,$$
> Mae hyn yn osgoi rhifiadur ac enwadur negatif.

> Mae'r fformiwla hon yn y llyfryn fformiwlâu.

> Rydym ni'n datrys hafaliadau sy'n cynnwys pwerau fel hyn drwy gymryd logiau'r ddwy ochr.

Edrychwch ar y testun blaenorol os ydych chi'n ansicr ynglŷn â chymryd log y ddwy ochr.

GWELLA

⇧⇧⇧⇧ **Gradd**

Dylech chi edrych eto ar y cwestiwn i weld a oes unrhyw amodau wedi'u gosod ar y gwerth rydych chi wedi'i ddarganfod. Yma rhaid iddo fod yn gyfanrif.

Rydym ni'n cymryd $\log_{10}$ y ddwy ochr: $\log_{10} 34 = \log_{10} (1.1)^{n-1}$

$$\log_{10} 34 = (n-1)\log_{10} 1.1$$

$$\frac{\log_{10} 34}{\log_{10} 1.1} = n - 1$$

$$36.9988 = n - 1$$

$$n = 37.9988$$

Rhaid i n fod yn gyfanrif, felly $n = 38$

(ii)   Y gymhareb gyffredin yw 1.1 . Er mwyn i swm i anfeidredd fodoli mae $|r| < 1$, felly yn yr achos hwn nid yw'r swm i anfeidredd yn bodoli.

3.14 Dilyniannau a gynhyrchir gan berthynas dychweliad syml yn y ffurf $x_{n+1} = f(x_n)$

Rydym ni'n galw'r berthynas ganlynol yn berthynas dychweliad,

$$x_{n+1} = x_n^3 + \frac{1}{9}$$

Gallwn ni ddefnyddio'r berthynas dychweliad hon i gynhyrchu dilyniant drwy amnewid gwerth cychwynnol, sy'n cael ei alw'n x_0, i mewn i'r berthynas i gyfrifo'r term nesaf yn y dilyniant, sy'n cael ei alw'n x_1. Yna rydym ni'n amnewid gwerth x_1 am x_n i mewn i'r berthynas i gyfrifo x_2. Rydym ni'n gwneud y broses hon dro ar ôl tro nes i ni ddarganfod y nifer gofynnol o dermau yn y dilyniant.

Enghraifft

1   Mae dilyniant yn cael ei gynhyrchu gan ddefnyddio'r berthynas dychweliad

$$x_{n+1} = x_n^3 + \frac{1}{9}$$

Gan ddechrau gydag $x_0 = 0.1$, darganfyddwch a chofnodwch x_1, x_2, x_3 .

....

Ateb

1    $x_0 = 0.1$

$$x_1 = x_0^3 + \frac{1}{9} = (0.1)^3 + \frac{1}{9} = 0.1121111111$$

$$x_2 = x_1^3 + \frac{1}{9} = (0.1121111111)^3 + \frac{1}{9} = 0.1125202246$$

$$x_3 = x_2^3 + \frac{1}{9} = (0.1125202246)^3 + \frac{1}{9} = 0.1125357073$$

Peidiwch â thalgrynnu dim o'ch gwerthoedd. Ysgrifennwch y dangosydd cyfrifiannell llawn.

3.15 Dilyniannau cynyddol

Mae dilyniant yn gynyddol os yw pob term yn fwy na'r un blaenorol.

Enghraifft

1   Mae termau dilyniant yn cael eu rhoi gan u_n lle mae u_n yn cael ei roi gan y fformiwla

$$u_n = \frac{n}{n+1}$$

(a)   Ysgrifennwch dri therm cyntaf y dilyniant hwn.

(b)   Profwch, gan ddefnyddio prawf drwy ddiddwytho, fod y dilyniant sy'n cael ei greu yn ddilyniant cynyddol.

Ateb

1 (a) $u_1 = \dfrac{1}{1+1} = \dfrac{1}{2}$

$u_2 = \dfrac{2}{2+1} = \dfrac{2}{3}$

$u_3 = \dfrac{3}{3+1} = \dfrac{3}{4}$

Y tri therm cyntaf yw $\dfrac{1}{2}, \dfrac{2}{3}, \dfrac{3}{4}$

> Cofiwch fod prawf drwy ddiddwytho yn defnyddio algebra fel rhan o'r prawf

(b) Os y term cyntaf yw $\dfrac{n}{n+1}$ yna y term nesaf fydd $\dfrac{n+1}{n+2}$.

Os yw'n ddilyniant cynyddol, bydd y gwahaniaeth rhwng term a'r term o'i flaen yn bositif.

Trwy hyn, gallwn ni ddweud $\dfrac{n+1}{n+2} - \dfrac{n}{n+1} > 0$

Felly $\dfrac{(n+1)^2 - n(n+2)}{(n+2)(n+1)} > 0$

$\dfrac{n^2 + 2n + 1 - n^2 - 2n}{(n+2)(n+1)} > 0$

$\dfrac{1}{(n+2)(n+1)} > 0$

Nawr, gan fod n yn gyfanrif positif, bydd $(n+2)(n+1)$ bob amser yn rhif positif sy'n golygu y bydd $\dfrac{1}{(n+2)(n+1)}$ bob amser yn ffracsiwn positif ac felly bydd bob amser yn fwy na sero.

Trwy hyn, mae wedi'i brofi bod y dilyniant yn ddilyniant cynyddol.

3.16 Dilyniannau gostyngol

Mae dilyniant yn ostyngol os yw pob term yn llai na'r un blaenorol.

3.17 Dilyniannau cyfnodol

Mae dilyniant cyfnodol yn ddilyniant sy'n ei ailadrodd ei hun ar ôl n term. Er enghraifft, mae'r canlynol yn ddilyniant cyfnodol:

$$1, 2, 3, 1, 2, 3, 1, 2, 3, \ldots$$

Cyfnod y dilyniant hwn yw nifer y termau yn yr uned sy'n ailadrodd (yr uned sy'n ailadrodd yn y dilyniant uchod yw 1, 2, 3), felly'r cyfnod ar gyfer y dilyniant hwn yw 3.

Er enghraifft, mae'r dilyniant sy'n cael ei greu gan y berthynas $u_n = (-1)^n$ ar gyfer $n > 0$ fel a ganlyn

$$(-1)^1, (-1)^2, (-1)^3, (-1)^4, \ldots$$

sy'n rhoi $-1, 1, -1, 1, \ldots$

Mae'r dilyniant hwn yn ddilyniant cyfnodol â chyfnod o 2.

1 Mae dilyniant yn cael ei greu gan ddefnyddio'r berthynas ganlynol:

$$a_n = \frac{n + 2}{2n - 1}$$

Nodwch, gan ddangos eich gwaith cyfrifo, a yw'r dilyniant hwn yn ddilyniant cynyddol, gostyngol neu gyfnodol.

* * *

Ateb

1 Pan fydd $n = 1$, $\quad a_1 = \dfrac{1 + 2}{2(1) - 1} = 3$

$n = 3$, $\quad a_3 = \dfrac{3 + 2}{2(3) - 1} = 1$

$n = 50$, $\quad a_{50} = \dfrac{50 + 2}{2(50) - 1} = 0.5252$

$n = 1000$, $\quad a_{1000} = \dfrac{1000 + 2}{2(1000) - 1} = 0.5012$

Mae'r dilyniant yn ddilyniant gostyngol.

3.18 Defnyddio dilyniannau a chyfresi wrth fodelu

Gall dilyniannau a chyfresi gael eu defnyddio i fodelu sefyllfaoedd mewn bywyd go iawn fel modelu sut mae arian yn cynyddu wrth ei fuddsoddi gan ddefnyddio adlog, neu'r ffordd y bydd arian yn cael ei dalu'n ôl am fenthyciad. Mae'r enghreifftiau canlynol yn dangos rhai o'r sefyllfaoedd hyn.

1 Mae Aled yn penderfynu buddsoddi £1000 mewn cynllun cynilo ar ddiwrnod cyntaf pob blwyddyn. Mae'r cynllun yn talu 8% o adlog bob blwyddyn, ac mae llog yn cael ei ychwanegu ar ddiwrnod olaf pob blwyddyn. Mae maint y cynilion, mewn punnoedd, ar ddiwedd y drydedd flwyddyn yn cael ei roi gan:

$$1000 \times 1.08 + 1000 \times 1.08^2 + 1000 \times 1.08^3$$

Cyfrifwch, i'r bunt agosaf, faint y cynilion ar ddiwedd 30 mlynedd.

* * *

Ateb

1 Ar ôl 30 mlynedd, mae'r cynilion yn cael eu cynrychioli gan y canlynol:

$$1000 \times 1.08 + 1000 \times 1.08^2 + \ldots + 1000 \times 1.08^{30}$$

Mae hwn yn ddilyniant geometrig gydag $a = 1000 \times 1.08$, $r = 1.08$ ac $n = 30$

$$S_n = \frac{a(r^n - 1)}{r - 1} \quad \text{cyhyd â bod } r \neq 1$$

$$S_{30} = \frac{1000 \times 1.08(1.08^{30} - 1)}{1.08 - 1} \approx £122\,346$$

2 Mae hyd ochrau ffigur plân 15 ochr yn ffurfio dilyniant rhifyddol. Perimedr y ffigur yw 270 cm ac mae hyd yr ochr fwyaf wyth gwaith hyd yr ochr leiaf. Darganfyddwch hyd yr ochr leiaf.

Ateb

2　　$n$fed term, $t_n = a + (n - 1)d$

Felly'r 15fed term $= a + 14d$

Ond y 15fed term $= 8a$ (h.y. 8 gwaith yr ochr leiaf, sef y term cyntaf a)

Felly $a + 14d = 8a$, sy'n rhoi $a = 2d$

Nawr　　　　$S_n = \dfrac{n}{2}\big[2a + (n - 1)d\big]$

$$S_{15} = \frac{15}{2}\big[2a + 14d\big]$$

$$270 = 15(a + 7d)$$

Gan fod $a = 2d$, gallwn ni amnewid hyn i mewn i'r hafaliad uchod i roi

$$270 = 15(2d + 7d)$$

Mae datrys yn rhoi $d = 2$

Gan fod $a = 2d$, $a = 4$

Trwy hyn, yr ochr leiaf $= 4$ cm

Profi eich hun

1. Ehangwch $\dfrac{1 + x}{\sqrt{1 - 4x}}$ mewn pwerau esgynnol o x hyd at, ac yn cynnwys, y term yn x^2.
   Nodwch amrediad gwerthoedd x fel bod yr ehangiad yn ddilys. [4]

2. Ehangwch $(1 + 4x)^{\frac{1}{2}}$ mewn pwerau esgynnol o x hyd at y term yn x^2.
   Nodwch ar gyfer pa amrediad o werthoedd x mae eich ehangiad yn ddilys.
   Ehangwch $(1 + 4k + 16k^2)^{\frac{1}{2}}$ mewn pwerau esgynnol o k hyd at y term yn k^2. [6]

3. Ehangwch $(1 + 2x)^{\frac{1}{2}}$ mewn pwerau esgynnol o x hyd at, ac yn cynnwys, y term yn x^3.
   Nodwch amrediad gwerthoedd x fel bod yr ehangiad yn ddilys.
   Trwy hyn, cyfrifwch $\sqrt{1.02}$ yn gywir i 6 lle degol. [5]

4. Darganfyddwch fynegiad, yn nhermau n, ar gyfer swm n term cyntaf y gyfres rifyddol: $4 + 10 + 16 + 22 + \dots$.
   Symleiddiwch eich ateb. [3]

5. Swm saith term cyntaf cyfres rifyddol yw 182. Swm pumed a seithfed term y gyfres yw 80. Darganfyddwch derm cyntaf a gwahaniaeth cyffredin y gyfres. [4]

6. Term cyntaf cyfres geometrig yw a a'r gymhareb gyffredin yw r. Swm dau derm cyntaf y gyfres geometrig yw 2.7. Swm i anfeidredd y gyfres yw 3.6. O wybod bod r yn bositif, darganfyddwch werthoedd r ac a. [4]

7. Mewn cyfres rifyddol, mae'r nawfed term yn ddwbl y pedwerydd term.
   Os 68 yw'r unfed term ar bymtheg, darganfyddwch y term cyntaf a gwahaniaeth cyffredin y gyfres rifyddol hon. [5]

8. Mae $n$fed term dilyniant rhif (*number sequence*) wedi'i ddynodi gan t_n.
   Mae $(n + 1)$fed term y dilyniant yn bodloni: $t_{n+1} = 2t_n + 1$ ar gyfer pob cyfanrif positif n.
   (a) O wybod bod $t_4 = 63$, enrhifwch t_1. [2]
   (b) Heb wneud unrhyw gyfrifo pellach, esboniwch pam na all 6 043 582 fod yn un o dermau'r dilyniant rhif hwn. [1]

9. Ehangwch $6\sqrt{1 - 2x} - \dfrac{1}{1 + 4x}$
   mewn pwerau esgynnol o x hyd at ac yn cynnwys y term yn x^2. Nodwch yr amrediad o werthoedd x mae eich ehangiad yn ddilys ar ei gyfer. [6]

Crynodeb

Gwnewch yn siŵr eich bod yn gwybod y ffeithiau canlynol:

Ehangiad binomaidd $(a + b)^n$ lle mae n yn gyfanrif positif yw

$$(a + b)^n = a^n + \binom{n}{1}a^{n-1}b + \binom{n}{2}a^{n-2}b^2 + \ldots + \binom{n}{r}a^{n-r}b^r + \ldots + b^n$$

$$\binom{n}{r} = {}^nC_r = \frac{n!}{r!(n-r)!}$$

Ehangiad binomaidd $(1 + x)^n$ ar gyfer n negatif neu ffracsiynol yw

$$(1 + x)^n = 1 + nx + \frac{n(n-1)}{2!}x^2 + \frac{n(n-1)(n-2)}{3!}x^3 + \ldots \qquad |x| < 1$$

Dilyniannau, cyfresi rhifyddol a chyfresi geometrig

nfed term dilyniant rhifyddol

nfed term $t_n = a + (n-1)d$

Yma, a yw'r term cyntaf, d yw'r gwahaniaeth cyffredin ac n yw nifer y termau.

Swm cyfres rifyddol i n term

$$S_n = \frac{n}{2}\left[2a + (n-1)d\right]$$

nfed term dilyniant geometrig

nfed term $t_n = ar^{n-1}$

Yma, a yw'r term cyntaf, r yw'r gymhareb gyffredin ac n yw nifer y termau.

Swm cyfres geometrig i n term

$$S_n = \frac{a(1 - r^n)}{1 - r} \quad \text{ar yr amod bod } r \neq 1$$

Swm i anfeidredd cyfres geometrig

$$S_\infty = \frac{a}{1 - r}$$

Sylwch: er mwyn i'r swm i anfeidredd fodoli, rhaid bod $|r| < 1$

4 Trigonometreg

Cyflwyniad

Roedd testun 5 y cwrs UG yn ymdrin â thrigonometreg, ac mae'r testun hwn yn adeiladu ar yr hyn rydych wedi'i ddysgu yn barod. Edrychwch eto ar destun 5 i'ch atgoffa eich hun cyn edrych ar y deunydd newydd hwn.

Mae'r testun hwn yn ymdrin â'r canlynol:

4.1 Mesur mewn radianau (hyd arc, arwynebedd sector ac arwynebedd segment)

4.2 Defnyddio brasamcanion ongl fach o sin, cosin a thangiad

4.3 Secant, cosecant a chotangiad a'u graffiau

4.4 Ffwythiannau trigonometrig gwrthdro $\sin^{-1}$, $\cos^{-1}$ a $\tan^{-1}$ a'u graffiau a'u parthau

4.5 Unfathiannau trigonometrig $\sec^2\theta = 1 + \tan^2\theta$ a $\mathrm{cosec}^2\theta = 1 + \cot^2\theta$

4.6 Gwybod fformiwlâu adio $\sin(A \pm B)$, $\cos(A \pm B)$, $\tan(A \pm B)$ a'u defnyddio, a phrofion geometrig o'r fformiwlâu adio hyn

4.7 Mynegiadau ar gyfer $a\cos\theta + b\sin\theta$ yn y ffurfiau cywerth $R\cos(\theta \pm \alpha)$ neu $R\sin(\theta \pm \alpha)$

4.8 Llunio profion sy'n cynnwys ffwythiannau ac unfathiannau trigonometrig

4.1 Mesur mewn radianau (hyd arc, arwynebedd sector ac arwynebedd segment)

Edrychwyd ar fesur mewn radianau ar dudalen 103 y llyfr UG. Mae onglau fel arfer yn cael eu mesur mewn graddau ond mae modd eu mesur mewn radianau hefyd. Dyma rai ffeithiau pwysig mae angen i chi eu cofio am radianau:

$$1 \text{ radian} = \frac{180}{\pi} = 57.3°$$

π radian = 180°

2π radian = 360°

$\frac{\pi}{2}$ radian = 90°

$\frac{\pi}{4}$ radian = 45°

$\frac{\pi}{3}$ radian = 60°

$\frac{\pi}{6}$ radian = 30°

Hyd arc

> Hyd arc sy'n gwneud ongl θ radian yn y canol $l = r\theta$

Mae l yn ffracsiwn o'r cylchedd ac mae'n cael ei roi gan:

$$l = \frac{\theta}{2\pi} \times 2\pi r = r\theta$$

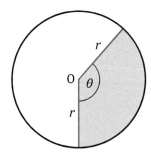

Cofiwch: ar gyfer hyd arcau ac arwynebedd sectorau, mae'r ongl yn y canol yn cael ei mesur mewn radianau.

Arwynebedd sector

> Arwynebedd sector sy'n gwneud ongl o θ radian yn y canol $= \frac{1}{2}r^2\theta$

Mae A yn ffracsiwn o arwynebedd y cylch cyflawn ac mae'n cael ei roi gan

$$A = \frac{\theta}{2\pi} \times \pi r^2 = \frac{1}{2}r^2\theta$$

Arwynebedd segment

Segment o gylch yw'r arwynebedd sydd â chord ac arc yn ffinio. Dyma'r arwynebedd sydd wedi'i dywyllu yn y diagram.

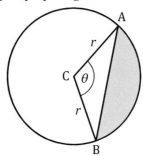

Arwynebedd sector ABC $= \frac{1}{2}r^2\theta$

Arwynebedd triongl ABC $= \frac{1}{2}ab \sin\theta$, ond gan fod $a = r$ a $b = r$ gallwn ni ysgrifennu

Arwynebedd triongl ABC $= \frac{1}{2}r^2 \sin\theta$

Arwynebedd y segment = arwynebedd sector ABC − arwynebedd triongl ABC

$$= \frac{1}{2}r^2\theta - \frac{1}{2}r^2 \sin\theta$$

Rhaid mesur θ mewn radianau.

$$\boxed{\text{Arwynebedd y segment} = \frac{1}{2}r^2(\theta - \sin\theta)}$$

Enghraifft

1

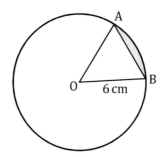

Mae'r diagram yn dangos dau bwynt A a B ar gylch â chanol O a radiws 6 cm. Hyd yr **arc** AB yw 5.4 cm.

(a) Dangoswch mai arwynebedd y **sector** AOB yw 16.2 cm²

(b) Darganfyddwch arwynebedd y rhanbarth sydd wedi'i dywyllu, gan roi eich ateb yn gywir i un lle degol.

. . . .

Ateb

1   (a) Hyd arc AB $= r\theta$

$$5.4 = 6\theta$$

$$\theta = 0.9 \text{ radian}$$

Nid yw'r ongl yn y canol wedi'i rhoi. Gallwn ni ddefnyddio fformiwla hyd arc i gyfrifo'r ongl yn y canol mewn radianau.

GWELLA
⇧⇧⇧⇧ **Gradd**

Edrychwch yn gyson ar y fformiwlâu yn y llyfryn fformiwlâu er mwyn gwybod pa rai mae angen i chi eu cofio. Sylwch nad yw'r fformiwlâu ar gyfer hyd arc ac arwynebedd sector yn y llyfryn fformiwlâu.

Arwynebedd sector AOB $= \frac{1}{2}r^2\theta$

$$= \frac{1}{2} \times 6^2 \times 0.9$$

$$= 16.2 \text{ cm}^2$$

(b) Arwynebedd triongl AOB $= \frac{1}{2}ab \sin C,$

$$= \frac{1}{2} \times 6 \times 6 \sin 0.9$$

$$= 14.10 \text{ cm}^2$$

> Sylwch fod a a b yn hafal i radiws r y cylch.

> Cofiwch osod eich cyfrifiannell i'r modd radianau cyn gwneud y gwaith cyfrifo hwn.

Arwynebedd y rhanbarth sydd wedi'i dywyllu (h.y. y segment)
$$= \text{arwynebedd y sector} - \text{arwynebedd y triongl}$$
$$= 16.2 - 14.10$$
$$= 2.1 \text{ cm}^2 \text{ (yn gywir i 1 lle degol)}$$

Cam wrth

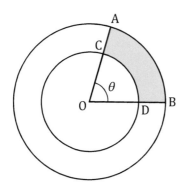

Mae'r diagram yn dangos dau gylch consentrig â chanol cyffredin O. Radiws y cylch mwyaf yw R cm a radiws y cylch lleiaf yw r cm. Mae'r pwyntiau A a B yn gorwedd ar y cylch mwyaf yn y fath fodd fel bod A$\hat{\text{O}}$B = θ radian. Mae'r cylch lleiaf yn torri OA ac OB ar bwyntiau C a D yn ôl eu trefn. Swm hydoedd yr arcau AB ac CD yw L cm. Arwynebedd y rhanbarth sydd wedi'i dywyllu ACDB yw K cm².

O wybod bod AC = x cm, darganfyddwch fynegiad ar gyfer K yn nhermau x ac L.

Camau i'w cymryd

1 Darganfyddwch hydoedd yr arcau AB ac CD ac yna adiwch nhw a'u rhoi nhw'n hafal i L. Bydd hyn wedyn yn rhoi L yn nhermau R, r a θ.

2 Darganfyddwch arwynebedd y sectorau OAB ac OCD. Tynnwch y naill o'r llall i gael arwynebedd y rhanbarth sydd wedi'i dywyllu. Bydd hyn yn hafal i K a bydd wedi'i roi yn nhermau R, r a θ.

3 Defnyddiwch y ddau hafaliad, ynghyd â'r ffaith bod $R - r = x$, i ddarganfod mynegiad ar gyfer K yn nhermau x ac L. Mae hyn yn golygu y bydd angen dileu'r newidynnau θ ac r.

....

Answer

Hyd arc AB = $R\theta$ a hyd arc CD = $r\theta$

$$L = R\theta + r\theta = \theta(R + r) \tag{1}$$

Arwynebedd sector OAB = $\dfrac{1}{2}R^2\theta$

Arwynebedd sector OCD = $\dfrac{1}{2}r^2\theta$

Arwynebedd y rhanbarth sydd wedi'i dywyllu, $K = \dfrac{1}{2}R^2\theta - \dfrac{1}{2}r^2\theta = \dfrac{1}{2}\theta(R^2 - r^2)$

$$= \dfrac{1}{2}\theta(R + r)(R - r) \tag{2}$$

O hafaliad (1) $\theta = \dfrac{L}{R + r}$ a gan amnewid hyn i mewn am θ yn hafaliad (2) cawn:

$$K = \dfrac{1}{2}\left(\dfrac{L}{R + r}\right)(R + r)(R - r)$$

$$= \dfrac{1}{2}L(R - r)$$

Nawr, $R - r = x$

Trwy hyn $K = \dfrac{1}{2}Lx$

> Sylwch y gall yr $(R + r)$ yn y rhifiadur a'r $(R + r)$ yn yr enwadur gael eu canslo.

Enghreifftiau

1   Mae'r diagram yn dangos dau gylch consentrig â chanol cyffredin O. Radiws y cylch mwyaf yw R cm a radiws y cylch lleiaf yw r cm. Mae'r pwyntiau A a B yn gorwedd ar y cylch mwyaf fel bod $A\hat{O}B = \theta$ radian. Mae'r cylch lleiaf yn torri OA ac OB yn y pwyntiau C a D yn ôl eu trefn. Mae hyd arc AB L cm yn **fwy** na hyd arc CD. Arwynebedd y rhanbarth sydd wedi'i dywyllu yw K cm².

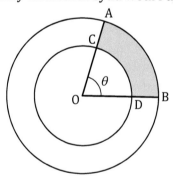

(a)   (i)   Ysgrifennwch fynegiad ar gyfer L yn nhermau R, r a θ.

  (ii)   Ysgrifennwch fynegiad ar gyfer K yn nhermau R, r a θ.

(b)   Defnyddiwch eich canlyniadau i ran (a) i ddarganfod mynegiad ar gyfer r yn nhermau R, K ac L.

> Cofiwch fod hyd arc = $r\theta$, lle r yw radiws y cylch a θ yw'r ongl yn y canol wedi'i mesur mewn radianau. Mae angen i chi gofio'r fformiwla hon.

....

Ateb

1   (a)   (i)   arc AB – arc CD = L

$$R\theta - r\theta = L$$

Trwy hyn $L = \theta(R - r)$

(ii) Arwynebedd wedi'i dywyllu = arwynebedd sector OAB
   – arwynebedd sector OCD

$$K = \frac{1}{2}R^2\theta - \frac{1}{2}r^2\theta$$

$$K = \frac{1}{2}\theta(R^2 - r^2)$$

(b) $K = \frac{1}{2}\theta(R^2 - r^2) = \frac{1}{2}\theta(R - r)(R + r)$

Nawr $\qquad\qquad L = \theta(R - r)$

Mae ad-drefnu yn rhoi $\quad \theta = \dfrac{L}{R - r}$

Mae amnewid hyn i mewn i'r hafaliad ar gyfer K yn rhoi

$$K = \frac{1}{2} \times \frac{L}{R - r} \times (R - r)(R + r)$$

Mae dileu $(R - r)$ ar y top a'r gwaelod yn rhoi

$$K = \frac{1}{2}L(R + r)$$

$$\frac{2K}{L} = R + r$$

Sy'n rhoi $\qquad\qquad r = \dfrac{2K}{L} - R$

> Mae $R^2 - r^2$ yn wahaniaeth rhwng dau sgwâr, ac mae modd ei ffactorio.

> Wrth ddileu $(R - r)$ mae'n ddilys oherwydd
> $$R - r \neq 0, \text{ neu } R \neq r$$
> oherwydd fel arall ni fyddai rhanbarth wedi'i dywyllu.

2

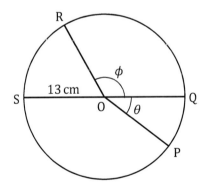

Mae'r diagram yn dangos pedwar pwynt P, Q, R ac S ar gylch â chanol O a radiws 13 cm. Mae'r llinell QS yn ddiamedr i'r cylch, mae PÔQ = θ radian ac mae QÔR = ϕ radian.

(a) Arwynebedd y sector PÔQ yw 60 cm².
   Darganfyddwch werth θ, gan roi eich ateb yn gywir i ddau le degol.

(b) Mae hyd yr arc QR 7 cm yn fwy na hyd yr arc RS.
   Darganfyddwch werth ϕ, gan roi eich ateb yn gywir i ddau le degol.

2   (a)   Arwynebedd sector POQ $= \frac{1}{2}r^2\theta$

$$60 = \frac{1}{2} \times 13^2\theta$$

$$60 = \frac{1}{2} \times 169\theta$$

$$\theta = \frac{120}{169} = 0.71 \text{ radian (i 2 le degol)}$$

(b)   Hyd arc QR $= 13\phi$

Hyd arc RS $= r(\pi - \phi) = 13(\pi - \phi)$

$$QR - RS = 7$$

$$13\phi - 13(\pi - \phi) = 7$$

$$13\phi - 40.841 + 13\phi = 7$$

$$26\phi = 47.841$$

$$\phi = \frac{47.841}{26} = 1.84 \text{ radian (i 2 le degol)}$$

> Cofiwch fod yn rhaid i'r onglau fod mewn radianau. Gofalwch eich bod yn defnyddio π radian yma yn hytrach nag 180°.

4.2   Defnyddio brasamcanion ongl fach o sin, cosin a thangiad

Mae'r brasamcan ongl fach o sin, cosin a thangiad yn symleiddiad defnyddiol o'r ffwythiannau trigonometrig sylfaenol sydd yn fras gywir yn y derfan lle mae'r ongl yn agosáu at sero.

Mae hyn yn golygu, os yw'r ongl yn fach ac wedi'i mesur mewn radianau y gall y brasamcanion canlynol gael eu defnyddio:

$$\sin\theta \approx \theta$$
$$\cos\theta \approx 1 - \frac{\theta^2}{2}$$
$$\tan\theta \approx \theta$$

> Mae pob un o'r rhain yn berthnasol pan fydd ongl θ wedi'i mesur mewn radianau yn unig.

Enghreifftiau

1   Dangoswch fod $\dfrac{\cos^2 x - 1}{x\sin 2x} \approx -\dfrac{1}{2}$ ar gyfer gwerthoedd bach o x wedi'i mesur mewn radianau.

> Yma, rydym ni'n defnyddio ad-drefniad o:
> $\sin^2 x + \cos^2 x = 1$
> i roi: $\cos^2 x - 1 = -\sin^2 x$ a hefyd bod:
> $\sin 2x = 2\sin x \cos x.$

1

$$\frac{\cos^2 x - 1}{x\sin 2x} = \frac{-\sin^2 x}{x\sin 2x}$$

$$= \frac{-\sin^2 x}{2x\sin x \cos x}$$

$$= \frac{-\sin x}{2x\cos x}$$

> $\dfrac{\sin x}{\cos x} = \tan x$

$$= -\frac{\tan x}{2x}$$

Gan fod x yn ongl fach wedi'i mesur mewn radianau, mae gennym ni tan $x \approx x$

Trwy hyn $\quad \dfrac{\cos^2 x - 1}{x \sin 2x} \approx -\dfrac{x}{2x}$

$$\approx -\frac{1}{2}$$

---

2 Darganfyddwch werth positif bach o x sy'n frasamcan o ddatrysiad yr hafaliad:

$$\cos x - 4 \sin x = x^2$$

Ateb

2 Ar gyfer onglau bach x, mae gennym ni $\sin x \approx x$ a $\cos x \approx 1 - \dfrac{x^2}{2}$

$$\cos x - 4 \sin x = x^2$$

$$1 - \frac{x^2}{2} - 4x \approx x^2$$

$$\frac{3}{2}x^2 + 4x - 1 \approx 0$$

$$3x^2 + 8x - 2 \approx 0$$

$$x = \frac{-b \pm \sqrt{b^2 - 4ac}}{2a} = \frac{-8 \pm \sqrt{64 + 24}}{6}$$

> Ni all yr hafaliad cwadratig hwn gael ei ffactorio, felly gall naill ai'r fformiwla neu gwblhau'r sgwâr gael eu defnyddio i ddarganfod y datrysiadau.

Trwy hyn $x = 0.230$ neu -2.897

Yr unig werth positif bach o x yw $x = 0.230$ radians

Union werthoedd sin a cos ar gyfer $0, \dfrac{\pi}{6}, \dfrac{\pi}{4}, \dfrac{\pi}{3}, \dfrac{\pi}{2}, \pi$ a'u lluosrifau

Graff sin lle mae θ wedi'i fynegi mewn radianau ($y = \sin \theta$)

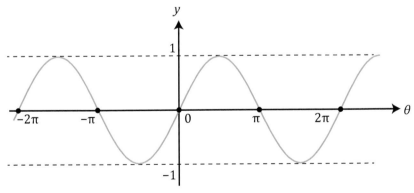

> Mae gan graff sin gyfnod o 2π, sy'n golygu bod y graff yn ei ailadrodd ei hun bob 2π radian.

Mae gan graff sin gyfnod o 2π oherwydd bydd gan werth penodol o θ yr un gwerth y ar ongl $\theta + 2\pi$, $\theta + 4\pi$, ac yn y blaen.

Mae gan graff cos gyfnod o 2π, sy'n golygu bod y graff yn ei ailadrodd ei hun bob 2π radian.

Graff cos lle mae θ wedi'i fynegi mewn radianau ($y = \cos \theta$)

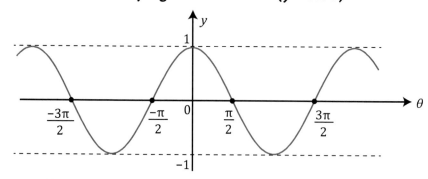

Mae gan graff cos gyfnod o 2π oherwydd bydd gan werth penodol o θ yr un gwerth y ar ongl o $\theta + 2\pi$, $\theta + 4\pi$, ac yn y blaen.

Graff tan lle mae θ wedi'i fynegi mewn radianau ($y = \tan \theta$)

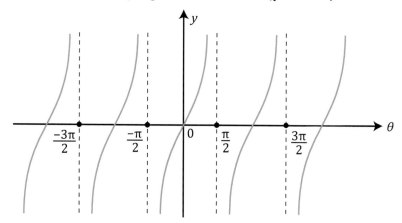

Cyfnod graff tan θ yw π radian.

Union werthoedd sin, cosin a thangiad $\frac{\pi}{4}$

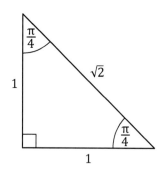

$$\sin \frac{\pi}{4} = \frac{\text{cyferbyn}}{\text{hypotenws}} = \frac{1}{\sqrt{2}}$$

$$\cos \frac{\pi}{4} = \frac{\text{agos}}{\text{hypotenws}} = \frac{1}{\sqrt{2}}$$

$$\tan \frac{\pi}{4} = \frac{\text{cyferbyn}}{\text{agos}} = \frac{1}{1} = 1$$

Union werthoedd sin, cos a tan $\frac{\pi}{6}$ a $\frac{\pi}{3}$

Gallwn ni gyfrifo'r union werthoedd gan ddefnyddio triongl hafalochrog sydd â hyd ei ochrau yn 2 ac yna tynnu un o'r llinellau cymesuredd i ffurfio dau driongl ongl sgwâr unfath:

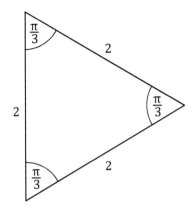

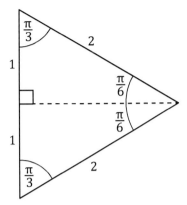

Dechrau gyda thriongl hafalochrog sydd â hyd ei ochrau = 2. Bydd pob ongl yn y triongl hwn yn $\frac{\pi}{3}$.

Mae'r hanerydd perpendicwlar yn rhannu'r triongl gwreiddiol yn ddau driongl ongl sgwâr. Sylwch fod yr ongl yn cael ei haneru yn ogystal ag ochr.

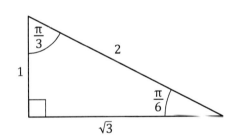

$$\sin\frac{\pi}{6} = \frac{1}{2}$$

$$\cos\frac{\pi}{6} = \frac{\sqrt{3}}{2}$$

$$\tan\frac{\pi}{6} = \frac{1}{\sqrt{3}}$$

$$\sin\frac{\pi}{3} = \frac{\sqrt{3}}{2}$$

$$\cos\frac{\pi}{3} = \frac{1}{2}$$

$$\tan\frac{\pi}{3} = \sqrt{3}$$

4.3 Secant, cosecant, cotangiad a'u graffiau

Sec θ

Cilydd cos θ yw sec θ felly

$$\sec\theta = \frac{1}{\cos\theta}$$

Mae graff $y = \sec\theta$ i'w weld isod.

GWELLA

Gradd ⇧⇧⇧⇧

Ymgyfarwyddwch â'r diagramau hyn a gwnewch yn siŵr eich bod yn gyfarwydd â chyfrifo unrhyw hyd sydd ar goll o'r trionglau onglau sgwâr sy'n cael eu ffurfio.

Rydym ni'n defnyddio hanner y triongl gwreiddiol. Rydym ni'n cyfrifo hyd sail y triongl hwn gan ddefnyddio theorem Pythagoras.

$$\text{Sail} = \sqrt{2^2 - 1^2} = \sqrt{3}$$

Os bydd cwestiwn yn gofyn i chi ddarganfod yr union werth, peidiwch â brasamcanu unrhyw ochr fel degolyn.

Gallwn ni weld o'r graff bod y gromlin $y = \sec\theta$ wedi'i diffinio ar gyfer holl werthoedd θ ar wahân i $\theta = \pm\frac{\pi}{2}, \pm\frac{3\pi}{2}$ etc., oherwydd yn achos y gwerthoedd θ hyn mae $\cos\theta = 0$. Sylwch: wrth i θ agosáu at y gwerthoedd hyn, mae gwerth y yn agosáu at $\pm\infty$ (anfeidredd). Yr enw ar y llinellau fertigol, $\theta = \pm\frac{\pi}{2}, \pm\frac{3\pi}{2}$ etc., yw asymptotau i'r gromlin.

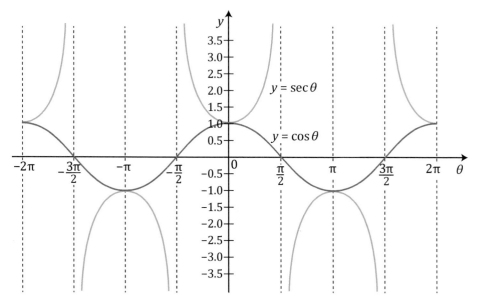

Cosec θ

Cilydd $\sin\theta$ yw $\operatorname{cosec}\theta$ felly

$$\operatorname{cosec}\theta = \frac{1}{\sin\theta}$$

Mae graff $y = \operatorname{cosec}\theta$ i'w weld isod. Mae'r gromlin $y = \operatorname{cosec}\theta$ wedi'i diffinio ar gyfer holl werthoedd θ ar wahân i'r rhai lle mae $\sin\theta = 0$, h.y. $\theta = 0, \pm\pi, \pm2\pi$, etc. Mae'r rhain yn asymptotau i'r gromlin.

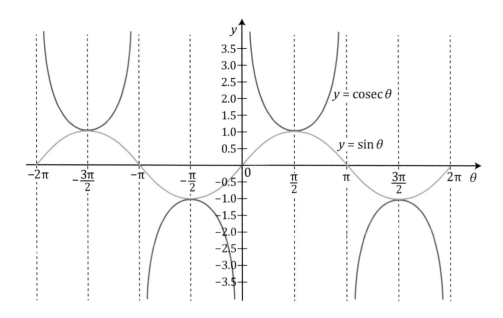

Cot θ

Cilydd tan θ yw cot θ felly $\boxed{\cot \theta = \dfrac{1}{\tan \theta}}$

Mae graff $y = \cot \theta$ i'w weld ar y dudalen nesaf. Mae'r gromlin $y = \cot \theta$ wedi'i diffinio ar gyfer holl werthoedd θ ar wahân i'r rhai lle mae tan $\theta = 0$, h.y. $\theta = 0, \pm\pi, \pm2\pi$, etc. Mae'r rhain yn asymptotau i'r gromlin.

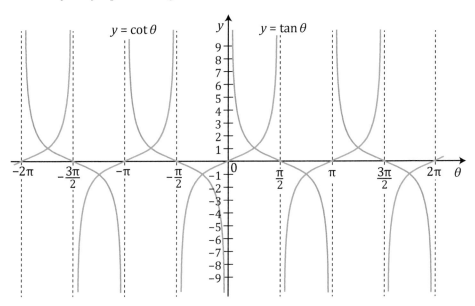

4.4 Ffwythiannau trigonometrig gwrthdro sin⁻¹, cos⁻¹ a tan⁻¹ a'u graffiau a'u parthau

Graff y = sin⁻¹ θ

I gael graff $y = \sin^{-1} \theta$, rydym ni'n gyntaf yn cymryd graff $y = \sin \theta$ yn y rhanbarth rhwng $\theta = -\dfrac{\pi}{2}$ a $\theta = \dfrac{\pi}{2}$ ac yn adlewyrchu hyn yn y llinell $y = \theta$.

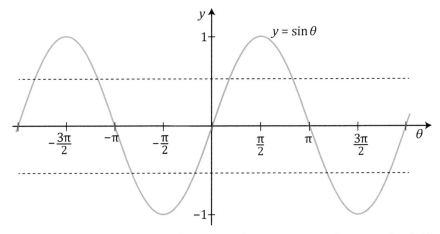

Os edrychwn ni ar y gromlin ar gyfer $y = \sin \theta$, mae un gwerth y yn cyfateb i lawer o werthoedd θ. Fodd bynnag, i ddarganfod gwrthdro mae angen i un gwerth y gyfateb i un gwerth θ yn unig. Yr enw ar hyn yw **un-i-un**.

Am y rheswm hwn, rydym ni'n cyfyngu gwerthoedd θ i'r cyfwng rhwng $-\frac{\pi}{2}$ a $\frac{\pi}{2}$

Rydym ni'n cael y graff ar gyfer $y = \sin^{-1}\theta$ drwy adlewyrchu graff $y = \sin\theta$ yn y llinell $y = \theta$.

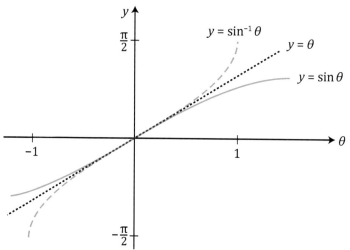

Edrychwch ar y graff a sylwch ar y canlynol: ar gyfer $y = \sin^{-1}\theta$, mae'r unig werthoedd θ sy'n dderbyniol i'w cael yn y cyfwng [–1, 1], h.y. $-1 \le \theta \le 1$. Yr enw ar y set o werthoedd derbyniol y gallwn ni eu rhoi i mewn i ffwythiant yw parth.

Yr amrediad yw'r set gyfatebol o werthoedd y mae'r ffwythiant yn gallu eu cael.

Yr amrediad yma yw $-\frac{\pi}{2} \le \theta \le \frac{\pi}{2}$.

Graff $y = \cos^{-1}\theta$

I gael graff $y = \cos^{-1}\theta$, rydym ni'n gyntaf yn cymryd graff $y = \cos\theta$ yn y rhanbarth rhwng $\theta = 0$ a $\theta = \pi$ ac yn adlewyrchu hyn yn y llinell $y = \theta$.

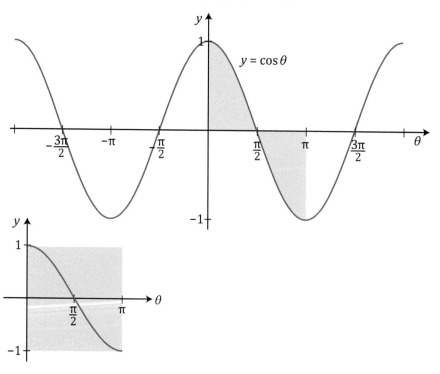

Er mwyn i'r ffwythiant gwreiddiol fod yn un-i-un, rydym ni'n cyfyngu'r parth i $0 \leq \theta \leq \pi$.

Pan fyddwn ni'n adlewyrchu'r ffwythiant ($y = \cos\theta$) yn y llinell $y = \theta$, byddwn ni'n cael graff y ffwythiant gwrthdro $y = \cos^{-1}\theta$ fel sydd i'w weld yma:

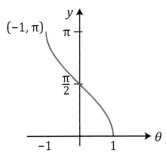

Parth y ffwythiant gwreiddiol (h.y. $0 \leq \theta \leq \pi$) yw amrediad y ffwythiant gwrthdro, ac amrediad y ffwythiant gwreiddiol (h.y. $-1 \leq \cos\theta \leq 1$) yw parth y ffwythiant gwrthdro.

Parth $y = \cos^{-1}\theta$ yw $[-1, 1]$, h.y. $-1 \leq \cos\theta \leq 1$.

Amrediad $y = \cos^{-1}\theta$ yw $[0, \pi]$, h.y. $0 \leq \cos^{-1}\theta \leq \pi$.

Graff $y = \tan^{-1}\theta$

Yma rydym ni'n adlewyrchu graff $y = \tan\theta$ yn y llinell $y = \theta$ i gael graff y ffwythiant gwrthdro $y = \tan^{-1}\theta$.

Eto, dim ond rhan o'r graff sy'n cael ei defnyddio fel mai dim ond un gwerth x posibl sydd i bob gwerth y.

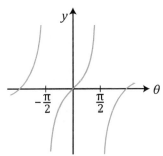

Mae graff $y = \tan^{-1}\theta$ i'w weld yma:

Parth $y = \tan^{-1}\theta$ yw'r set o'r holl rifau real.

Amrediad $y = \tan^{-1}\theta$ yw $\left(-\frac{\pi}{2}, \frac{\pi}{2}\right)$, h.y. $-\frac{\pi}{2} < \tan^{-1}\theta < \frac{\pi}{2}$.

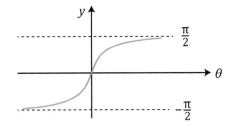

4.5 Unfathiannau trigonometrig $\sec^2 \theta = 1 + \tan^2 \theta$ a $\csc^2 \theta = 1 + \cot^2 \theta$

Dyma ddau unfathiant trigonometrig arall mae angen i chi eu cofio a'u defnyddio:

$$\sec^2 \theta = 1 + \tan^2 \theta$$
$$\csc^2 \theta = 1 + \cot^2 \theta$$

Rhaid cofio'r ddwy fformiwla gan nad ydyn nhw yn y llyfryn fformiwlâu.

Efallai gwelwch chi symbol unfathiant $\equiv$ yn cael ei ddefnyddio yn hytrach na'r arwydd 'yn hafal i'.

Prawf o'r ddau unfathiant trigonometrig $\sec^2 \theta = 1 + \tan^2 \theta$ a $\csc^2 \theta = 1 + \cot^2 \theta$

Gallwn ni brofi'r ddau unfathiant trigonometrig hyn yn y ffyrdd canlynol:

Rydym ni'n defnyddio $\tan \theta = \dfrac{\sin \theta}{\cos \theta}$ a $\sin^2 \theta + \cos^2 \theta = 1$

Mae rhannu drwodd â $\cos^2 \theta$ yn rhoi:

$$\frac{\sin^2 \theta}{\cos^2 \theta} + 1 = \frac{1}{\cos^2 \theta}$$

$$\left(\frac{\sin \theta}{\cos \theta}\right)^2 + 1 = \left(\frac{1}{\cos \theta}\right)^2$$

$$\tan^2 \theta + 1 = \sec^2 \theta$$

Yn yr un modd, mae rhannu drwodd â $\sin^2 \theta$ yn rhoi:

$$\frac{\cos^2 \theta}{\sin^2 \theta} + 1 = \frac{1}{\sin^2 \theta}$$

$$\left(\frac{\cos \theta}{\sin \theta}\right)^2 + 1 = \left(\frac{1}{\sin \theta}\right)^2$$

$$\cot^2 \theta + 1 = \csc^2 \theta$$

Datrys hafaliadau trigonometrig gan ddefnyddio'r unfathiannau $\sec^2 \theta = 1 + \tan^2 \theta$ a $\csc^2 \theta = 1 + \cot^2 \theta$

Yn aml, bydd gofyn i chi ddatrys hafaliadau lle mae'n rhaid i chi ddefnyddio'r unfathiannau trigonometrig $\sec^2 \theta = 1 + \tan^2 \theta$ a $\csc^2 \theta = 1 + \cot^2 \theta$. Mewn llawer o'r cwestiynau hyn, bydd angen llunio hafaliad cwadratig yn nhermau un ffwythiant trigonometrig yn unig cyn ei ddatrys, gan ddefnyddio ffactorio lle mae hynny'n bosibl.

Bydd yr enghreifftiau canlynol yn esbonio'r dechneg hon.

Enghreifftiau

1   Darganfyddwch werthoedd θ yn yr amrediad $0° \leq \theta \leq 360°$ sy'n bodloni'r hafaliad

$$\sec^2 \theta + 5 = 5 \tan \theta$$

gan roi eich atebion i 1 lle degol.

Yn y math hwn o gwestiwn, rydym ni'n cadw'r term sydd i'r pŵer 1 (h.y. $\tan \theta$).

Ateb

1

$$\sec^2 \theta + 5 = 5 \tan \theta$$

$$(1 + \tan^2 \theta) + 5 = 5 \tan \theta$$

$$\tan^2 \theta - 5 \tan \theta + 6 = 0$$

$$(\tan \theta - 3)(\tan \theta - 2) = 0$$

Rydym ni'n llunio hafaliad cwadratig yn nhermau $\tan \theta$ ac yna'n ei ffactorio a'i ddatrys i ddarganfod gwerthoedd θ yn yr amrediad sydd wedi'i nodi yn y cwestiwn.

Mae datrys yn rhoi $\tan \theta = 3$ neu $\tan \theta = 2$

$$\theta = \tan^{-1}(3)$$

sy'n rhoi $\theta = 71.6°$ neu $251.6°$ (yn gywir i 1 lle degol)

neu $\qquad \theta = \tan^{-1}(2)$

sy'n rhoi $\theta = 63.4°$ neu $243.4°$ (yn gywir i 1 lle degol)

$\theta = 63.4°, 71.6°, 243.4°$ neu $251.6°$ (i gyd yn gywir i 1 lle degol)

Dylech chi bob amser restru eich holl ddatrysiadau yn y drefn rifiadol fel ateb terfynol.

Rydym ni'n defnyddio $\sec^2 \theta = 1 + \tan^2 \theta$ i roi'r hafaliad yn nhermau $\tan \theta$ yn unig.

Mae gan graff $y = \tan \theta$ gyfnod o $180°$, felly pan fyddwn ni'n darganfod datrysiad, gallwn ni ddarganfod datrysiad arall drwy adio $180°$.

Ffordd arall o ddarganfod gwerthoedd θ yw defnyddio'r dull CAST. Mae $\tan \theta$ yn bositif yn y pedrant cyntaf a'r trydydd pedrant.

---

2   Darganfyddwch werthoedd θ yn yr amrediad $0° \leq \theta \leq 360°$ sy'n bodloni'r hafaliad

$$2 \tan^2 \theta = 6 \sec \theta - 6$$

Ateb

2

$$2(\sec^2 \theta - 1) = 6 \sec \theta - 6$$

$$2 \sec^2 \theta - 2 = 6 \sec \theta - 6$$

$$2 \sec^2 \theta - 6 \sec \theta + 4 = 0$$

$$\sec^2 \theta - 3 \sec \theta + 2 = 0$$

$$(\sec \theta - 2)(\sec \theta - 1) = 0$$

$$\sec \theta = 2 \text{ neu } \sec \theta = 1$$

$$\frac{1}{\cos \theta} = 2 \text{ neu } \frac{1}{\cos \theta} = 1$$

$\cos \theta = \dfrac{1}{2}$ sy'n rhoi $\theta = 60°$ neu $300°$

$\cos \theta = 1$ sy'n rhoi $\theta = 0°$ neu $360°$

Trwy hyn $\theta = 0°, 60°, 300°$ neu $360°$

Rydym ni'n cadw'r term sydd i'r pŵer 1 (h.y. $\sec \theta$).

Rydym ni'n defnyddio'r fformiwla
$$\sec \theta = \frac{1}{\cos \theta}$$
Rhaid i chi gofio'r fformiwla hon.

Rydym ni'n defnyddio graff $y = \cos \theta$ neu'r dull CAST i ddarganfod yr onglau yn yr amrediad gofynnol.

Gan ddefnyddio'r dull CAST, mae $\cos \theta$ bositif yn y pedrant 1af a'r 4ydd pedrant.

Gan fod $\cos^{-1}\left(\dfrac{1}{2}\right) = 60°$

a bod hyn yn y pedrant 1af, yr ongl arall yn yr amrediad fydd $360° - 60° = 300°$.

Gallwn ni gyfrifo'r onglau sy'n rhoi $\cos \theta = 1$, mewn modd tebyg.

4.6 Gwybodaeth am $\sin(A \pm B)$, $\cos(A \pm B)$ a $\tan(A \pm B)$ a'u defnyddio

Rydym ni'n defnyddio nifer o unfathiannau trigonometrig pan fyddwn ni'n datrys hafaliadau trigonometrig neu'n integru ffwythiant trigonometrig.

Unfathiannau trigonometrig

$$\sin(A \pm B) = \sin A \cos B \pm \cos A \sin B$$

$$\cos(A \pm B) = \cos A \cos B \mp \sin A \sin B$$

$$\tan(A \pm B) = \frac{\tan A \pm \tan B}{1 \mp \tan A \tan B}$$

Fformiwlâu ongl ddwbl

$$\sin 2A = 2\sin A \cos A$$

$$\cos 2A = \cos^2 A - \sin^2 A$$
$$= 1 - 2\sin^2 A$$
$$= 2\cos^2 A - 1$$

$$\tan 2A = \frac{2\tan A}{1 - \tan^2 A}$$

Ad-drefniadau pwysig

Dyma rai ad-drefniadau pwysig o'r fformiwlâu uchod. Maen nhw'n ddefnyddiol ar gyfer profi rhai unfathiannau a hefyd pan fyddwn ni'n integru mynegiadau.

Rydym ni'n cael yr ad-drefniadau hyn drwy gyfuno'r fformiwlâu ongl ddwbl â'r unfathiant

$$\sin^2 A + \cos^2 A = 1$$

$$\sin^2 A = \frac{1}{2}\left(1 - \cos 2A\right)$$

$$\cos^2 A = \frac{1}{2}\left(1 + \cos 2A\right)$$

Dyma enghraifft o sut gallwn ni ddefnyddio un o'r ad-drefniadau hyn:

Tybiwch fod yn rhaid darganfod $\int(2 + \cos^2 \theta)d\theta$

Rydym ni'n newid o $\cos^2 \theta$ i $\dfrac{1 + \cos 2\theta}{2}$ oherwydd ei bod hi'n haws integru $\cos 2\theta$ o'i gymharu â $\cos^2 \theta$.

$$\int(2 + \cos^2 \theta)d\theta = \int\left(2 + \frac{1}{2}\left(1 + \cos 2\theta\right)\right)d\theta$$

$$= \frac{1}{2}\int\left(5 + \cos 2\theta\right)d\theta$$

$$= \frac{1}{2}\left(5\theta + \frac{1}{2}\sin 2\theta\right) + c$$

Enghreifftiau

1 Gan ddangos eich holl waith cyfrifo, darganfyddwch werthoedd θ yn yr amrediad $0° \leq \theta \leq 360°$ sy'n bodloni'r hafaliad $\cos 2\theta = \sin \theta$.

> Rydym ni'n newid o $\cos 2\theta$ i $1 - 2\sin^2 \theta$ fel y bydd yr hafaliad yn cynnwys sin yn unig.

Ateb

1
$$1 - 2\sin^2 \theta = \sin \theta$$
$$2\sin^2 \theta + \sin \theta - 1 = 0$$
$$(2\sin \theta - 1)(\sin \theta + 1) = 0$$

Trwy hyn, $\sin \theta = \frac{1}{2}, -1$

Pan fydd $\sin \theta = \frac{1}{2}$, $\theta = 30°, 150°$

Pan fydd $\sin \theta = -1$, $\theta = 270°$

> Rydym ni'n defnyddio'r dull graffigol neu'r dull CAST i ddarganfod yr onglau yn yr amrediad gofynnol.

> Sylwch fod hwn yn hafaliad cwadratig mewn $\sin \theta$ y gallwn ni ei ffactorio a thrwy hynny ei ddatrys.

> **GWELLA**
> ⇧⇧⇧⇧ **Gradd**
> Gwiriwch bob tro mai dim ond y datrysiadau yn yr amrediad sy'n cael ei nodi yn y cwestiwn y byddwch chi'n eu cynnwys.

2 O wybod bod $2\cos 2\theta + 3\sin \theta = 3$, dangoswch fod
$$4\sin^2 \theta - 3\sin \theta + 1 = 0$$

Ateb

2
$$2\cos 2\theta + 3\sin \theta = 3$$
$$2(1 - 2\sin^2 \theta) + 3\sin \theta = 3$$
$$2 - 4\sin^2 \theta + 3\sin \theta = 3$$
$$4\sin^2 \theta - 3\sin \theta + 1 = 0$$

> Sylwch ar yr ongl ddwbl yma. Rydym ni'n defnyddio $\cos 2\theta = 1 - 2\sin^2 \theta$ Y rheswm dros ddefnyddio'r unfathiant hwn, yn hytrach nag un o'r lleill ar gyfer $\cos 2\theta$ yw y gallwn ni greu hafaliad cwadratig mewn $\sin \theta$.

3 (a) Profwch yr unfathiant $\cos 3\theta = 4\cos^3 \theta - 3\cos \theta$.

(b) Datryswch yr hafaliad
$$\cos 3\theta + \cos^2 \theta = 0$$
gan ddarganfod gwerthoedd θ yn yr amrediad $0° \leq \theta \leq 360°$.

Ateb

3 (a)
$$\cos 3\theta = \cos(2\theta + \theta)$$

> Yma, rydym ni'n defnyddio'r unfathiant $\cos(A + B) = \cos A \cos B - \sin A \sin B$

$$= \cos 2\theta \cos \theta - \sin 2\theta \sin \theta$$
$$= (2\cos^2 \theta - 1)\cos \theta - 2\sin \theta \cos \theta \sin \theta$$
$$= (2\cos^2 \theta - 1)\cos \theta - 2\sin^2 \theta \cos \theta$$
$$= (2\cos^2 \theta - 1)\cos \theta - 2(1 - \cos^2 \theta)\cos \theta$$
$$= 4\cos^3 \theta - 3\cos \theta$$

(b)
$$\cos 3\theta + \cos^2 \theta = 0$$
$$4\cos^3 \theta - 3\cos \theta + \cos^2 \theta = 0$$
$$\cos \theta(4\cos^2 \theta + \cos \theta - 3) = 0$$
$$\cos \theta = 0 \text{ neu } 4\cos^2 \theta + \cos \theta - 3 = 0$$

$$\cos\theta = 0 \quad \text{neu}(4\cos\theta - 3)(\cos\theta + 1) = 0$$

$$\cos\theta = 0 \quad \text{neu} \quad \cos\theta = \frac{3}{4} \quad \text{neu} \quad \cos\theta = -1$$

$$\theta = 41.4°, 90°, 180°, 270°, 318.6°$$

---

4   Profwch yr unfathiant $\dfrac{1 - \cos 2\theta}{\sin 2\theta} = \tan\theta$

Ateb

Rydym ni'n defnyddio'r fformiwla ongl ddwbl i ddiddymu'r onglau dwbl.

4    $\dfrac{1 - \cos 2\theta}{\sin 2\theta} = \dfrac{1 - \cos 2\theta}{2\sin\theta\cos\theta}$

$= \dfrac{1 - (1 - 2\sin^2\theta)}{2\sin\theta\cos\theta}$

Rydym ni'n rhannu'r rhifiadur a'r enwadur â 2 sin θ.

$= \dfrac{2\sin^2\theta}{2\sin\theta\cos\theta}$

$= \dfrac{\sin\theta}{\cos\theta}$

$= \tan\theta$

---

5   Darganfyddwch $\int\cos^2 x \, dx$

Ateb

Rydym ni'n mynegi $\cos^2 x$ yn nhermau'r ongl ddwbl $\cos 2x$ gan ddefnyddio fformiwla ongl ddwbl.

5    $\int\cos^2 x \, dx = \int\dfrac{\cos 2x + 1}{2} \, dx$

$= \dfrac{1}{2}\int\left(\cos 2x + 1\right) dx$

Mae fel arfer yn well tynnu unrhyw gysonion y tu allan i'r arwydd integru cyn integru gan fod hynny'n gwneud yr integru'n haws.

$= \dfrac{1}{2}\left(\dfrac{1}{2}\sin 2x + x\right) + c$

$= \dfrac{1}{4}\sin 2x + \dfrac{x}{2} + c$

---

6   Dangoswch fod $\displaystyle\int_0^{\frac{\pi}{2}}\sin^2\theta \, d\theta = \dfrac{\pi}{4}$

Ateb

6    $\displaystyle\int_0^{\frac{\pi}{2}}\sin^2\theta \, d\theta = \int_0^{\frac{\pi}{2}}\dfrac{1 - \cos 2\theta}{2} \, d\theta$

$= \dfrac{1}{2}\int_0^{\frac{\pi}{2}}\left(1 - \cos 2\theta\right) d\theta$

$= \dfrac{1}{2}\left[\theta - \dfrac{\sin 2\theta}{2}\right]_0^{\frac{\pi}{2}}$

$$= \frac{1}{2}\left[\left(\frac{\pi}{2} - \frac{1}{2}\sin \pi\right) - \left(0 - \frac{1}{2}\sin 0\right)\right]_0^{\frac{\pi}{2}}$$

$$= \frac{1}{2}\left[\left(\frac{\pi}{2} - 0\right) - \left(0 - 0\right)\right]$$

$$= \frac{\pi}{4}$$

---

7 Gan ddangos eich holl waith cyfrifo, darganfyddwch werthoedd θ yn yr amrediad $0° \leq \theta \leq 360°$ sy'n bodloni'r hafaliad $\sin 2\theta = \sin \theta$.

Ateb

7

$$\sin 2\theta = \sin \theta$$
$$2\sin \theta \cos \theta = \sin \theta$$
$$2\sin \theta \cos \theta - \sin \theta = 0$$
$$\sin \theta (2\cos \theta - 1) = 0$$

Trwy hyn, naill ai $\sin \theta = 0$ neu $\cos \theta = \frac{1}{2}$

Pan fydd $\sin \theta = 0$, $\theta = 0°, 180°, 360°$

Pan fydd $\cos \theta = \frac{1}{2}$, $\theta = 60°, 300°$

Trwy hyn $\theta = 0°, 60°, 180°, 300°, 360°$

Rydym ni'n defnyddio'r fformiwla ongl ddwbl: $\sin 2A = 2\sin A \cos A$.

Peidiwch â rhannu drwodd â $\sin \theta$ neu byddwch chi'n colli un o'r datrysiadau. Yn hytrach, tynnwch $\sin \theta$ allan o'r cromfachau fel ffactor.

---

8 (a) Dangoswch fod $3\sin \theta - \cos 2\theta \equiv 2\sin^2 \theta + 3\sin \theta - 1$ ar gyfer holl werthoedd θ.

(b) Darganfyddwch werthoedd θ yn yr amrediad $0° \leq \theta \leq 360°$ sy'n bodloni'r hafaliad
$$3\sin \theta - \cos 2\theta + 2 = 0.$$

Ateb

8 (a) $3\sin \theta - \cos 2\theta = 3\sin \theta - (\cos^2 \theta - \sin^2 \theta)$
$$= 3\sin \theta - \cos^2 \theta + \sin^2 \theta$$
$$= 3\sin \theta - (1 - \sin^2 \theta) + \sin^2 \theta$$
$$= 2\sin^2 \theta + 3\sin \theta - 1$$

Rydym ni'n defnyddio $\cos^2 \theta = 1 - \sin^2 \theta$

(b) $3\sin \theta - \cos 2\theta \equiv 2\sin^2 \theta + 3\sin \theta - 1$
$$3\sin \theta - \cos 2\theta + 2 = 2\sin^2 \theta + 3\sin \theta - 1 + 2$$
$$0 = 2\sin^2 \theta + 3\sin \theta + 1$$
$$(2\sin \theta + 1)(\sin \theta + 1) = 0$$
$$\sin \theta = -\frac{1}{2}, -1$$
$$\theta = 210°, 270°, 330°$$

Rydym ni'n defnyddio'r fformiwla ongl ddwbl $\cos 2A = \cos^2 A - \sin^2 A$. Sylwch nad yw hon i'w chael yn uniongyrchol yn y llyfryn fformiwlâu.

Profion geometrig o'r fformiwlâu adio

Bydd gofyn i chi ddeall y profion ar gyfer y fformiwlâu adio canlynol:

$$\sin(A \pm B) = \sin A \cos B \pm \cos A \sin B$$

$$\cos(A \pm B) = \cos A \cos B \mp \sin A \sin B$$

$$\tan(A \pm B) = \frac{\tan A \pm \tan B}{1 \mp \tan A \tan B}$$

Yma, fe brofwn ni'r fformiwla ar gyfer $\sin(A + B)$ yn unig.

Yn gyntaf, fe ddechreuwn ni â'r diagram canlynol.

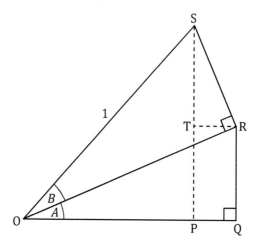

Yn y diagram, hyd OS = 1 a sylwch fod trionglau OSR ac ORQ yn drionglau ongl sgwâr.

Sylwch, os ydym ni eisiau darganfod $\sin(A + B)$, mae angen i ni ddarganfod PS, ac i ddarganfod PS bydd angen i ni ddarganfod PT a TS.

Yn nhriongl OSR, $\dfrac{OR}{1} = \cos B$ felly OR $= \cos B$

Yn nhriongl ORQ, $\dfrac{QR}{OR} = \sin A$ felly QR $=$ OR $\sin A = \cos B \sin A$

Nawr　　　　　PT = QR felly PT $= \cos B \sin A$

Yn nhriongl TSR, ongl TRO = ongl A (onglau eiledol) ac ongl TRS = $90 - A$.

Trwy hyn　　ongl RST = ongl A

$$\frac{RS}{1} = \sin B \text{ felly RS} = \sin B$$

$$\frac{TS}{RS} = \cos RST, \text{ ond } \cos RST = \cos A$$

Trwy hyn　　　TS = RS $\cos A = \sin B \cos A$

Nawr　　　　　PS = PT + TS $= \cos B \sin A + \sin B \cos A$

$$\sin(A + B) = \frac{PS}{1} = \sin A \cos B + \cos A \sin B$$

Dysgu Gweithredol　　Rhowch gynnig i weld a allwch chi gyfrifo'r profion ar gyfer y fformiwlâu adio eraill. Os ewch chi i drafferth, edrychwch ar fideos YouTube neu gwnewch ychydig o ymchwil ar y we.
Gwnewch yn siŵr eich bod chi'n astudio'r profion ar gyfer pob un o'r fformiwlâu.

4.7 Mynegiadau ar gyfer $a\cos\theta + b\sin\theta$ yn y ffurfiau cywerth, $R\cos(\theta \pm \alpha)$ neu $R\sin(\theta \pm \alpha)$

Gallwn ni fynegi mynegiadau sydd yn y ffurf $a\cos\theta + b\sin\theta$ yn y ffurfiau eraill $R\cos(\theta \pm \alpha)$ neu $R\sin(\theta \pm \alpha)$.

I fynegi $4\cos\theta + 2\sin\theta$ yn y ffurf $R\cos(\theta - \alpha)$, rydym ni'n cymryd y camau canlynol.

$$4\cos\theta + 2\sin\theta \equiv R\cos(\theta - \alpha)$$

$$4\cos\theta + 2\sin\theta \equiv R\cos\theta\cos\alpha + R\sin\theta\sin\alpha$$

> Rydym ni'n defnyddio'r unfathiant trigonometrig
> $\cos(A - B) = \cos A \cos B + \sin A \sin B$

Rhaid i gyfernodau $\cos\theta$ fod yr un fath ar y ddwy ochr, felly

$$R\cos\alpha = 4$$

Yn yr un modd, mae cyfernodau $\sin\theta$ yr un fath ar y ddwy ochr, felly

$$R\sin\alpha = 2$$

Mae rhannu'r ddau hafaliad hyn yn rhoi $\dfrac{R\sin\alpha}{R\cos\alpha} = \tan\alpha = \dfrac{1}{2}$

> Mae'r berthynas yn unfathiant, h.y. mae'n wir am holl werthoedd θ.
> Trwy hyn, rydym ni'n defnyddio $\equiv$ yn hytrach na $=$.

$$\alpha = \tan^{-1}\frac{1}{2} = 26.6°$$

$$R^2\sin^2\alpha + R^2\cos^2\alpha = 2^2 + 4^2$$

$$R^2(\sin^2\alpha + \cos^2\alpha) = 2^2 + 4^2$$

$$R^2 = 2^2 + 4^2$$

$$R = \sqrt{2^2 + 4^2} = \sqrt{20}$$

> Cofiwch fod
> $\sin^2\alpha + \cos^2\alpha = 1$

Rydym ni wedi darganfod y ddau werth R ac α felly

$$4\cos\theta + 2\sin\theta = \sqrt{20}\cos(\theta - 26.6°)$$

Darganfod gwerthoedd mwyaf a lleiaf ffwythiant trigonometrig

Gwerth mwyaf neu werth lleiaf $\sin\theta$ neu $\cos\theta$ yw 1 neu −1 yn ôl eu trefn.

Ar gyfer y mynegiad $5\cos\theta$, y gwerth mwyaf fyddai 5 a'r gwerth lleiaf fyddai −5.

Ar gyfer y mynegiad $5\cos(\theta - 30°)$, y gwerth mwyaf fyddai 5 a'r gwerth lleiaf fyddai −5.

Enghreifftiau

1 Darganfyddwch werthoedd mwyaf a lleiaf $\dfrac{1}{6 + 5\sin(x + 30°)}$

· ·

Ateb

1 Gwerthoedd mwyaf a lleiaf $5\sin(x + 30°)$ yw 5 a −5.

Gwerth lleiaf $\dfrac{1}{6 + 5\sin(x + 30°)}$ fyddai $\dfrac{1}{6 + 5} = \dfrac{1}{11}$

Gwerth mwyaf $\dfrac{1}{6 + 5\sin(x + 30°)}$ fyddai $\dfrac{1}{6 - 5} = 1$

> Sylwch fod y gwerth lleiaf i'w gael pan fydd yr enwadur ar ei fwyaf a bod y gwerth mwyaf i'w gael pan fydd yr enwadur ar ei leiaf.

2   O wybod bod $5\cos x + 12\sin x = 13\cos(x - 67.4°)$, darganfyddwch werthoedd mwyaf a lleiaf $5\cos x + 12\sin x$ ac ysgrifennwch werth ar gyfer x lle mae'r gwerth lleiaf i'w gael.

Ateb

2    $5\cos x + 12\sin x = 13\cos(x - 67.4°)$

Gwerthoedd mwyaf a lleiaf $\cos(x - 67.4°)$ yw 1 a −1.

Trwy hyn gwerth mwyaf $5\cos x + 12\sin x = 13 \times 1 = 13$

     gwerth lleiaf $5\cos x + 12\sin x = 13 \times -1 = -13$

Mae'r gwerth lleiaf i'w gael pan fydd $\cos(x - 67.4°) = -1$

Nawr $\cos 180 = -1$

Trwy hyn $x - 67.4° = 180°$

Felly $x = 247.4°$

> Gwerthoedd eraill posibl yw 540°, 900°, etc.

3   Os yw $\sqrt{3}\cos\theta + \sin\theta = 2\cos(\theta - 30°)$, darganfyddwch werthoedd mwyaf a lleiaf

$$\frac{1}{\sqrt{3}\cos\theta + \sin\theta - 3}$$

Ysgrifennwch werth ar gyfer θ lle mae'r gwerth mwyaf i'w gael.

Ateb

3    $$\frac{1}{\sqrt{3}\cos\theta + \sin\theta - 3} = \frac{1}{2\cos(\theta - 30°) - 3}$$

Gwerthoedd macsimwm a minimwm $\cos(\theta - 30°)$ yw 1 a −1 yn ôl eu trefn.

Trwy hyn gwerth minimwm $\dfrac{1}{\sqrt{3}\cos\theta + \sin\theta - 3}$ yw $\dfrac{1}{2 - 3} = -1$

     gwerth macsimwm $\dfrac{1}{\sqrt{3}\cos\theta + \sin\theta - 3}$ yw $\dfrac{1}{-2 - 3} = -\dfrac{1}{5}$

Ar gyfer gwerth macsimwm $\dfrac{1}{\sqrt{3}\cos\theta + \sin\theta - 3}$

lle mae $\cos(\theta - 30°) = -1$

felly $\theta - 30° = 180°$

a $\theta = 210°$

4   Os yw $\sin\theta + \sqrt{3}\cos\theta = 2\sin(\theta + 60°)$, darganfyddwch werthoedd mwyaf a lleiaf

$$\frac{1}{\sin\theta + \sqrt{3}\cos\theta + 5}$$

Ateb

4 $\dfrac{1}{\sin\theta + \sqrt{3}\cos\theta + 5} = \dfrac{1}{2\sin(\theta + 60°) + 5}$

Gwerthoedd macsimwm a minimwm $\cos(\theta + 60°)$ yw 1 a −1 yn ôl eu trefn.

Trwy hyn gwerth minimwm $\dfrac{1}{\sin\theta + \sqrt{3}\cos\theta + 5}$ yw $\dfrac{1}{2 + 5} = \dfrac{1}{7}$

gwerth macsimwm $\dfrac{1}{\sin\theta + \sqrt{3}\cos\theta + 5}$ yw $\dfrac{1}{-2 + 5} = \dfrac{1}{3}$

---

5 (a) Mynegwch $3\cos\theta + 4\sin\theta$ yn y ffurf $R\cos(\theta - \alpha)$, lle mae R ac α yn gysonion gyda $R > 0$ a $0° \le \alpha \le 90°$.

(b) Defnyddiwch eich canlyniadau i ran (a) i ddarganfod gwerth lleiaf

$$\dfrac{1}{3\cos\theta + 4\sin\theta + 10}$$

Ysgrifennwch werth ar gyfer θ fel bod y gwerth lleiaf hwn yn digwydd.

Ateb

5 (a) $3\cos\theta + 4\sin\theta = R\cos(\theta - \alpha)$

$= R\cos\theta\cos\alpha + R\sin\theta\sin\alpha$

$R\cos\alpha = 3$ a $R\sin\alpha = 4$

$\dfrac{R\sin\alpha}{R\cos\alpha} = \tan\alpha = \dfrac{4}{3}$

$\tan\alpha = \dfrac{4}{3}$ felly $\alpha = 53.1°$

$R = \sqrt{3^2 + 4^2} = \sqrt{25} = 5$

Trwy hyn $3\cos\theta + 4\sin\theta = 5\cos(\theta - 53.1°)$

Dim ond y gwerthoedd positif ar gyfer R rydym ni'n eu defnyddio yma oherwydd bod y cwestiwn yn nodi bod $R > 0$.

(b) $\dfrac{1}{3\cos\theta + 4\sin\theta + 10} = \dfrac{1}{5\cos(\theta - 53.1°) + 10}$

Mae'r gwerth lleiaf i'w gael pan fydd yr enwadur ar ei fwyaf. Gwerth mwyaf y ffwythiant cos yw +1.

Trwy hyn, y gwerth lleiaf yw $\dfrac{1}{5 + 10} = \dfrac{1}{15}$

Mae'r gwerth hwn i'w gael pan fydd $\cos(\theta - 53.1°) = 1$

$\cos^{-1} 1 = 0°$

Trwy hyn $\theta - 53.1° = 0$

Felly $\theta = 53.1°$

---

6 (a) Mynegwch $\cos\theta + \sqrt{3}\sin\theta$ yn y ffurf $R\sin(\theta + \alpha)$, lle mae $R > 0$ a $0° < \alpha < 90°$.

(b) Darganfyddwch holl werthoedd θ yn yr amrediad $0° < \theta < 360°$ sy'n bodloni'r hafaliad

$$\cos\theta + \sqrt{3}\sin\theta = 1$$

Ateb

6 (a) $\cos \theta + \sqrt{3} \sin \theta \equiv R \sin (\theta + \alpha)$

$\cos \theta + \sqrt{3} \sin \theta \equiv R \sin \theta \cos \alpha + R \cos \theta \sin \alpha$

$R \sin \alpha = 1, \; R \cos \alpha = \sqrt{3}$

$\therefore \tan \alpha = \dfrac{1}{\sqrt{3}}$ felly $\alpha = 30°$

$R = \sqrt{1 + 3} = 2$

Trwy hyn, $\cos \theta + \sqrt{3} \sin \theta \equiv 2 \sin (\theta + 30°)$

(b) $\cos \theta + \sqrt{3} \sin \theta = 1$

$2 \sin (\theta + 30°) = 1$

$\sin (\theta + 30°) = \dfrac{1}{2}$

$\theta + 30° = 30°, 150°, 390°$

$\theta = 0°, 120°, 360°$

4.8 Llunio profion sy'n cynnwys ffwythiannau ac unfathiannau trigonometrig

Dangos drwy wrthenghraifft

Er mwyn profi bod gosodiad penodol yn anghywir, *dim ond un achos* lle nad yw'r gosodiad yn gywir mae angen ei ddarganfod. Yr enw ar hyn yw gwrthenghraifft. Er mwyn dangos drwy wrthenghraifft nad yw dau fynegiad trigonometrig yn gywerth â'i gilydd, gallwn ni amnewid gwerth i mewn i bob mynegiad. Os na fydd y ddau fynegiad yn hafal, yna byddwn ni wedi profi nad ydyn nhw'n gywerth. Gallwn ni amnewid unrhyw werth, ond mae'n haws defnyddio gwerth sy'n rhoi canlyniad hysbys syml. Er enghraifft, pan fyddwn ni'n amnewid am θ i mewn i unrhyw un o'r ffwythiannau trigonometrig, $\sin \theta$, $\cos \theta$ neu $\tan \theta$, dylem ni ddewis gwerth fel $0, \pi, \frac{\pi}{2}, \frac{\pi}{4}$, etc.

Dylech chi nodi nad yw cwestiynau gwrthenghraifft bob amser yn cynnwys mynegiadau trigonometrig.

Enghreifftiau

1 Drwy ddefnyddio gwrthenghraifft, dangoswch fod y gosodiad
$$\csc^2 \theta \equiv 1 + \sec^2 \theta$$
yn anghywir.

Ateb

1 Gadewch i $\theta = \dfrac{\pi}{3}$

$\sin \dfrac{\pi}{3} = \dfrac{\sqrt{3}}{2}$ felly $\sin^2 \dfrac{\pi}{3} = \left(\dfrac{\sqrt{3}}{2}\right)^2 = \dfrac{3}{4}$

Ochr chwith $= \csc^2 \theta = \dfrac{1}{\sin^2 \theta} = \dfrac{1}{\sin^2 \frac{\pi}{3}} = \dfrac{1}{\frac{3}{4}} = \dfrac{4}{3}$

Ochr dde $= 1 + \sec^2 \theta = 1 + \dfrac{1}{\cos^2 \theta} = 1 + \dfrac{1}{\cos^2 \frac{\pi}{3}} = 1 + \dfrac{1}{\frac{1}{4}} = 5$

$\dfrac{4}{3} \neq 5$ felly mae'r gosodiad $\csc^2 \theta \equiv 1 + \sec^2 \theta$ yn anghywir.

2   Dangoswch fod y gosodiad $|a + b| \equiv |a| + |b|$ yn anghywir.

Ateb

2   Gadewch i $a = 1$, $b = -1$

Ochr chwith = $|1 - 1| = |0| = 0$

Ochr dde = $|1| + |-1| = 1 + 1 = 2$

$0 \neq 2$ felly mae'r gosodiad $|a + b| \equiv |a| + |b|$ yn anghywir.

---

3   Drwy ddefnyddio gwrthenghraifft, dangoswch fod y gosodiad

$\sin 2\theta \equiv 2 \sin^2 \theta - \cos \theta$

yn anghywir.

> Gallwn ni adael i θ fod yn unrhyw werth, ond mae'n gwneud synnwyr defnyddio gwerth lle rydym ni'n gwybod sin a cos θ.

Ateb

3   Gadewch i $\theta = \dfrac{\pi}{2}$

Ochr chwith = $\sin 2\theta = \sin\left(2 \times \dfrac{\pi}{2}\right) = \sin \pi = 0$

Ochr dde = $2 \sin^2 \theta - \cos \theta = 2 \sin^2 \dfrac{\pi}{2} - \cos \dfrac{\pi}{2} = 2 - 0 = 2$

> Sylwch fod
> $$\sin \frac{\pi}{2} = 1 \text{ a } \cos \frac{\pi}{2} = 1$$

$0 \neq 2$ felly mae'r gosodiad $\sin 2\theta \equiv 2 \sin^2 \theta - \cos \theta$ yn anghywir.

---

4   (a)   Drwy ddefnyddio gwrthenghraifft, dangoswch fod y gosodiad

$\sec^2 \theta \equiv 1 - \operatorname{cosec}^2 \theta$

yn anghywir.

(b)   Darganfyddwch holl werthoedd θ yn yr amrediad $0° \leq \theta \leq 360°$ sy'n bodloni

$3 \operatorname{cosec}^2 \theta = 11 - 2 \cot \theta$

Ateb

4   (a)   Gadewch i $\theta = \dfrac{\pi}{4}$

Ochr chwith = $\sec^2 \theta = \dfrac{1}{\cos^2 \theta} = \dfrac{1}{\cos^2 \frac{\pi}{4}} = \dfrac{1}{\left(\frac{1}{\sqrt{2}}\right)^2} = 2$

Ochr dde = $1 - \operatorname{cosec}^2 \theta = 1 - \dfrac{1}{\sin^2 \theta} = 1 - \dfrac{1}{\sin^2 \frac{\pi}{4}} = 1 - \dfrac{1}{\left(\frac{1}{\sqrt{2}}\right)^2} = 1 - 2 = -1$

$2 \neq -1$ felly mae'r gosodiad $\sec^2 \theta \equiv 1 - \operatorname{cosec}^2 \theta$ yn anghywir.

(b)
$$3 \operatorname{cosec}^2 \theta = 11 - 2 \cot \theta$$
$$3(1 + \cot^2 \theta) = 11 - 2 \cot \theta$$
$$3 + 3 \cot^2 \theta = 11 - 2 \cot \theta$$
$$3 \cot^2 \theta + 2 \cot \theta - 8 = 0$$
$$(3 \cot \theta - 4)(\cot \theta + 2) = 0$$

Trwy hyn $\cot \theta = \dfrac{4}{3}$ neu $\cot \theta = -2$

> Rydym ni'n defnyddio $\operatorname{cosec}^2 \theta = 1 + \cot^2 \theta$ i ysgrifennu'r hafaliad yn nhermau $\cot \theta$.

> Cofiwch fod cyfnod o $180°$ (h.y. π) gan y ffwythiant tan. Felly o'r ongl gyntaf (e.e. $36.9°$), gallwn ni ddarganfod yr ongl arall drwy adio $180°$ ati (h.y. $180 + 36.9 = 216.9°$).

Mae $\tan \theta$ yn negatif yn yr ail bedrant a'r pedwerydd pedrant, felly
$$\theta = 180 - 26.6 = 153.4°$$
neu $\theta = 360 - 26.6 = 333.4°$.

Gwiriwch fod yr holl onglau rydych chi wedi'u darganfod i'w cael yn yr amrediad $0° \leq \theta \leq 360°$ sydd wedi'i nodi yn y cwestiwn.

Rhaid i chi ddysgu'r fformiwla hon ar eich cof am nad yw wedi'i chynnwys yn y llyfryn fformiwlâu.

$\cot \theta = \dfrac{1}{\tan \theta}$ felly $\tan \theta = \dfrac{3}{4}$ sy'n rhoi $\theta = 36.9°$ neu $216.9°$

$\cot \theta = \dfrac{1}{\tan \theta}$ felly $\tan \theta = -\dfrac{1}{2}$ sy'n rhoi $\theta = 153.4°$ neu $333.4°$

---

5   (a)   Datryswch yr hafaliad
$$\csc^2 x + \cot^2 x = 5$$
ar gyfer $0° \leq x \leq 360°$.

(b)   (i)   Mynegwch $4 \sin \theta + 3 \cos \theta$ yn y ffurf $R \sin(\theta + \alpha)$ lle mae $R > 0$ a $0° \leq \alpha \leq 90°$

(ii)   Datryswch yr hafaliad
$$4 \sin \theta + 3 \cos \theta = 2$$
ar gyfer $0° \leq \theta \leq 360°$, gan roi eich ateb yn gywir i'r radd agosaf.

Ateb

5   (a)   Nawr $\csc^2 x = 1 + \cot^2 x$

Mae amnewid hyn i mewn i $\csc^2 x + \cot^2 x = 5$

Yn rhoi $1 + 2 \cot^2 x = 5$

$$\cot^2 x = 2$$

Nawr $\cot x = \dfrac{1}{\tan x}$ felly $\tan x = \dfrac{1}{\cot x}$

Trwy hyn, $\tan x = \pm \dfrac{1}{\sqrt{2}}$

$x = 35.3°, 144.7°, 215.3°, 324.7°$

(b)   (i) $4 \sin \theta + 3 \cos \theta \equiv R(\sin \theta \cos \alpha + \cos \theta \sin \alpha)$

$R \cos \alpha = 4$

$R \sin \alpha = 3$

$R = \sqrt{3^2 + 4^2} = 5$

$\dfrac{R \sin \alpha}{R \cos \alpha} = \tan \alpha = \dfrac{3}{4}$

sy'n rhoi $\tan \alpha = \dfrac{3}{4}$ sy'n rhoi $\alpha = 36.87°$

Trwy hyn $4 \sin \theta + 3 \cos \theta \equiv 5 \sin(\theta + 36.87°)$

(ii) $5 \sin(\theta + 36.87°) = 2$

$\sin(\theta + 36.87°) = 0.4$

$\theta + 36.87° = 23.58°, 156.42°, 383.58°$

$\theta - 119.55°, 346.71°$

$\theta = 120°, 347°$ (i'r radd agosaf)

Mae llawer o fformiwlâu yn y testun hwn. Mae rhai ohonyn nhw wedi'u cynnwys yn y llyfryn fformiwlâu ac eraill heb eu cynnwys. Defnyddiwch gopi o'r llyfryn fformiwlâu i ysgrifennu rhestr o'r fformiwlâu mae angen i chi fod yn gyfarwydd â nhw ond nad oes angen i chi eu cofio. Ac ysgrifennwch restr arall o fformiwlâu y gallai fod eu hangen arnoch chi sydd heb eu cynnwys yn y llyfryn fformiwlâu.

Tynnwch lun o'r rhestr ar eich ffôn a'i defnyddio i'ch helpu i gofio'r fformiwlâu hynny nad ydyn nhw'n cael eu rhoi.

Profi eich hun

1   (a)   Mynegwch $3\cos\theta + 2\sin\theta$ yn y ffurf $R\cos(\theta - \alpha)$, lle mae $R > 0$
       a $0° < \alpha < 90°$.   [2]
    (b)   Darganfyddwch holl werthoedd θ yn yr amrediad $0° < \theta < 360°$
       sy'n bodloni $3\cos\theta + 2\sin\theta = 1$ [3]

2   Gan ddangos eich holl waith cyfrifo, darganfyddwch werthoedd θ yn yr
 amrediad $0° \le \theta \le 360°$ sy'n bodloni'r hafaliad $3\cos 2\theta = 1 - \sin\theta$.   [6]

3   Gan ddangos eich holl waith cyfrifo, darganfyddwch werthoedd θ
 rhwng $0°$ a $360°$ sy'n bodloni $4\sin\theta + 5\cos\theta = 2$.   [5]

4   Drwy ddefnyddio gwrthenghraifft, dangoswch fod y gosodiad
 $$\cos 4\theta \equiv 4\cos^3\theta - 3\cos\theta$$
 yn anghywir.   [3]

5   Darganfyddwch holl werthoedd θ yn yr amrediad $0° \le \theta \le 360°$ sy'n
 bodloni $2\sec^2\theta + \tan\theta = 8$.   [5]

6   (a)   Drwy ddefnyddio gwrthenghraifft, dangoswch fod y gosodiad
 $$\tan 2\theta \equiv \frac{2\tan\theta}{1 + \tan^2\theta} \qquad \text{yn anghywir.} \qquad [3]$$
    (b)   Darganfyddwch holl werthoedd θ yn yr amrediad $0° \le \theta \le 360°$
       sy'n bodloni
 $$2\sec\theta + \tan^2\theta = 7. \qquad [5]$$

7   Mae Gwyn eisiau troi rhan o'i ardd yn wely blodau siâp cylch. Er mwyn
 gwneud hyn, mae'n palu twll bas siâp cylch sydd â radiws r m ac yna
 mae'n ei rannu'n ddau segment gan ddefnyddio astell denau AB, fel mae'r
 diagram yn ei ddangos. Mae'n plannu rhosod coch yn y segment lleiaf a
 rhosod gwyn yn y segment mwyaf.

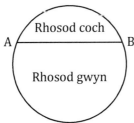

 Gadewch i ganol y gwely blodau gael ei ddynodi ag O. Pan fydd yr ongl
 AOB yn hafal i 2.6 radian, dangoswch fod arwynebedd y gwely blodau sy'n
 cynnwys rhosod gwyn tua dwywaith arwynebedd y gwely blodau sy'n
 cynnwys rhosod coch.   [5]

Crynodeb

Gwnewch yn siŵr eich bod yn gwybod y ffeithiau canlynol:

Mesur mewn radianau, hyd arc, arwynebedd sector ac arwynebedd segment

$$\pi \text{ radian} = 180° \qquad\qquad 2\pi \text{ radian} = 360°$$

$$\frac{\pi}{2} \text{ radian} = 90° \qquad\qquad \frac{\pi}{4} \text{ radian} = 45°$$

$$\frac{\pi}{3} \text{ radian} = 60° \qquad\qquad \frac{\pi}{6} \text{ radian} = 30°$$

Hyd arc sy'n gwneud ongl o θ radian yn y canol $l = r\theta$

Arwynebedd sector sy'n gwneud ongl o θ radian yn y canol $= \frac{1}{2}r^2\theta$

Arwynebedd segment $= \frac{1}{2}r^2(\theta - \sin\theta)$

sec, cosec a cot

$$\sec\theta = \frac{1}{\cos\theta}$$

$$\operatorname{cosec}\theta = \frac{1}{\sin\theta}$$

$$\cot\theta = \frac{1}{\tan\theta}$$

Unfathiannau trigonometrig

$$\sec^2\theta = 1 + \tan^2\theta$$

$$\operatorname{cosec}^2\theta = 1 + \cot^2\theta$$

$$\sin(A \pm B) = \sin A \cos B \pm \cos A \sin B$$

$$\cos(A \pm B) = \cos A \cos B \mp \sin A \sin B$$

$$\tan(A \pm B) = \frac{\tan A \pm \tan B}{1 \mp \tan A \tan B}$$

Fformiwlâu ongl ddwbl

$$\sin 2A = 2\sin A \cos A$$

$$\cos 2A = \cos^2 A - \sin^2 A$$

$$= 1 - 2\sin^2 A$$

$$= 2\cos^2 A - 1$$

$$\tan 2A = \frac{2\tan A}{1 - \tan^2 A}$$

Ad-drefniadau pwysig o'r fformiwlâu ongl ddwbl

$$\sin^2 A = \frac{1}{2}\left(1 - \cos 2A\right)$$

$$\cos^2 A = \frac{1}{2}\left(1 + \cos 2A\right)$$

5 Differu

Cyflwyniad

Mae'r testun hwn yn adeiladu ar y deunydd a astudiwyd ym Mhwnc 7 y llyfr UG ac mae'n cyflwyno differu ffwythiannau trigonometrig a thechnegau uwch ar gyfer differu.

Mae'r testun hwn yn ymdrin â'r canlynol:

5.1 Differu o egwyddorion sylfaenol ar gyfer $\sin x$ a $\cos x$

Differu $\sin x$

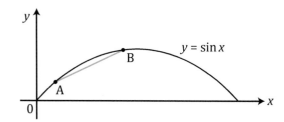

Mae'r fformiwla ar gyfer
$$\sin(x + \delta x) - \sin x$$
i'w weld yn y llyfryn fformiwlâu.

Mae'r graff uchod yn dangos rhan o'r graff $y = \sin x$. Mae gan y pwynt A gyfesurynnau $(x, \sin x)$ ac mae gan bwynt B, sydd bellter bach i ffwrdd, gyfesurynnau $(x + \delta x, y + \delta y)$ neu $(x + \delta x, \sin(x + \delta x))$.

Graddiant y llinell AB yw $\quad \dfrac{\delta y}{\delta x} = \dfrac{\sin(x + \delta x) - \sin x}{\delta x}$

Bydd newid bach yn y cyfesuryn-x, δx, yn golygu newid bach yn y cyfesuryn-y, δy.

Gall hafaliad y gromlin gael ei ddefnyddio i gael δy yn nhermau δx.

$$= \dfrac{2\cos\left(\frac{2x + \delta x}{2}\right)\sin\left(\frac{\delta x}{2}\right)}{\delta x}$$

$$= \cos\left(x + \dfrac{\delta x}{2}\right)\dfrac{\sin\left(\frac{\delta x}{2}\right)}{\frac{\delta x}{2}}$$

Gadewch i $\delta x \to 0$ felly $\dfrac{\delta y}{\delta x} \to \dfrac{dy}{dx}$ a $\cos\left(x + \dfrac{\delta x}{2}\right) \to \cos x$ a $\dfrac{\sin\left(\frac{\delta x}{2}\right)}{\frac{\delta x}{2}} \to 1$

Trwy hyn, $\dfrac{dy}{dx} = \cos x$

Differu $\cos x$

Gan ddefnyddio dull tebyg, gallwn ni ddifferu $\cos x$. Tybiwch fod gan bwynt A gyfesurynnau $(x, \cos x)$ a bod gan bwynt B, sydd bellter bach i ffwrdd, gyfesurynnau $(x + \delta x, y + \delta y)$ neu $(x + \delta x, \cos(x + \delta x))$.

Graddiant y llinell AB yw $\quad \dfrac{\delta y}{\delta x} = \dfrac{\cos(x + \delta x) - \cos x}{\delta x}$

Bydd newid bach yn y cyfesuryn-x, δx, yn golygu newid bach yn y cyfesuryn-y, δy.

Gall hafaliad y gromlin gael ei ddefnyddio i gael δy yn nhermau δx.

$$= \dfrac{-2\sin\left(\frac{2x + \delta x}{2}\right)\sin\left(\frac{\delta x}{2}\right)}{\delta x}$$

$$= -\sin\left(x + \dfrac{\delta x}{2}\right)\dfrac{\sin\left(\frac{\delta x}{2}\right)}{\frac{\delta x}{2}}$$

Gadewch i $\delta x \to 0$ felly $\dfrac{\delta y}{\delta x} \to \dfrac{dy}{dx}$ a $-\sin\left(x + \dfrac{\delta x}{2}\right) \to -\sin x$ a $\dfrac{\sin\left(\frac{\delta x}{2}\right)}{\frac{\delta x}{2}} \to 1$

Trwy hyn, $\dfrac{dy}{dx} = -\sin x$

5.2 Defnyddio'r ail ddeilliad i ddarganfod pwyntiau arhosol a phwyntiau ffurfdro

Byddwch wedi dod ar draws pwyntiau arhosol a phwyntiau ffurfdro yn Nhestun 7 y llyfr UG. Edrychwch eto ar dudalennau 136 i 138 y llyfr UG ar yr adrannau ar bwyntiau arhosol, pwyntiau ffurfdro a deilliad trefn dau.

Yr ail ddeilliad

Er mwyn darganfod yr ail ddeilliad $\left(\text{h.y. } \frac{d^2y}{dx^2} \text{ neu } f''(x)\right)$ rydych chi'n differu'r deilliad cyntaf $\left(\text{hynny yw } \frac{dy}{dx} \text{ neu } f'(x)\right)$.

Mae'r ail ddeilliad yn rhoi'r wybodaeth ganlynol am y pwyntiau arhosol:

Os yw $\frac{d^2y}{dx^2}$ neu $f''(x) < 0$ mae'r pwynt yn bwynt macsimwm.

Os yw $\frac{d^2y}{dx^2}$ neu $f''(x) > 0$ mae'r pwynt yn bwynt minimwm.

Os yw $\frac{d^2y}{dx^2}$ neu $f''(x) = 0$ nid yw hyn yn rhoi unrhyw wybodaeth bellach am natur y pwynt ac mae angen ymchwilio ymhellach.

Gan fod y deilliad cyntaf yn cael ei ddifferu eto i roi'r ail ddeilliad, yr ail ddeilliad yw cyfradd newid y graddiant.

Edrychwch ar yr adrannau canlynol o gromliniau.

Mae'r graff yn dangos y gromlin $y = x^2$.

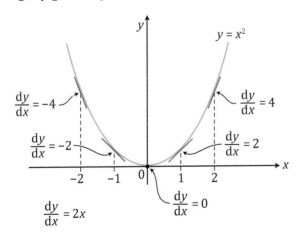

Deilliad cyntaf $y = x^2$ yw $\frac{dy}{dx} = 2x$. Rydym ni'n darganfod y graddiannau ar y pwyntiau sydd â chyfesurynnau-x −2, −1, 0, 1 a 2 a'r graddiannau yw −4, −2, 0, 2 a 4 yn ôl eu trefn.

Mae hyn yn golygu bod y graddiant yn cynyddu wrth i werth x gynyddu. Mae hyn yn golygu bod yr ail ddeilliad, sy'n cynrychioli newid y graddiant gydag x, yn cynyddu, felly mae gwerth $\frac{d^2y}{dx^2}$ neu $f''(x)$ yn bositif.

Felly ar gyfer pwynt minimwm, $\frac{d^2y}{dx^2}$ neu $f''(x) > 0$ (h.y. mae'r ail ddeilliad yn bositif).

Mewn ffordd debyg, gallwn ni ddangos, ar gyfer pwynt macsimwm, fod gwerth $\frac{d^2y}{dx^2}$ neu $f''(x)$ yn negatif.

105

Adrannau ceugrwm ac amgrwm cromliniau

Mae'n bwysig gallu gwahaniaethu rhwng adrannau ceugrwm ac amgrwm cromliniau. Edrychwch ar y canlynol, sy'n esbonio sut i ddweud a yw adran benodol o gromlin yn amgrwm neu'n geugrwm.

Adran geugrwm cromlin

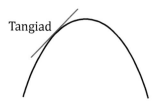

Lle bynnag mae'r tangiad yn cael ei luniadu, mae llinell y tangiad uwchben y gromlin
Ceugrwm = ∩ (meddyliwch am rywun yn gwgu)

Adran amgrwm cromlin

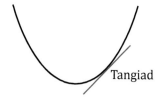

Lle bynnag mae'r tangiad yn cael ei luniadu, mae llinell y tangiad o dan y gromlin
Amgrwm = ∪ (meddyliwch am rywun yn gwenu)

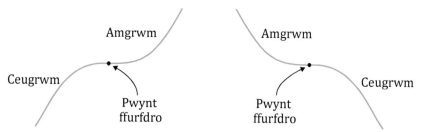

Mae pwynt ffurfdro yn bodoli pan fydd cromlin yn newid o fod yn amgrwm i fod yn geugrwm, neu'r ffordd arall.

Yn y graff isod, wrth i werth x gynyddu, mae'r graff yn newid o fod yn amgrwm (gwenu) i fod yn geugrwm (gwgu).
Pan fydd hyn yn digwydd, mae pwynt ffurfdro rhwng y ddwy adran ac mae arwydd yr ail ddeilliad $\left(\frac{d^2y}{dx^2} \text{ neu } f''(x)\right)$ yn newid bob ochr i'r pwynt ffurfdro.

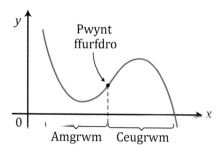

Pan fyddwch chi'n meddwl eich bod wedi dod o hyd i bwynt ffurfdro, bydd bob amser angen i chi wirio a yw $\frac{d^2y}{dx^2}$ yn newid arwydd bob ochr i'r pwynt ffurfdro posibl.

5.2 Defnyddio'r ail ddeilliad i ddarganfod pwyntiau arhosol a phwyntiau ffurfdro

Er enghraifft, yma mae gennym ni graff $y = x^3$. Gallwch chi weld yn glir fod pwynt ffurfdro yn y tarddbwynt. Ond efallai na fydd gennych chi fraslun o'r graff oherwydd efallai eich bod chi'n dod o hyd i'r pwynt ffurfdro er mwyn lluniadu'r graff.

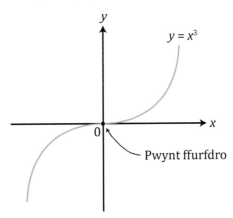

I ddarganfod cyfesurynnau'r pwynt ffurfdro, mae angen i chi ddarganfod yr ail ddeilliad a'i roi yn hafal i sero ac yna datrys yr hafaliad dilynol.

Deilliad cyntaf $y = x^3$ yw $\frac{dy}{dx} = 3x^2$ a'r ail ddeilliad yw $\frac{d^2y}{dx^2} = 6x$

Ar bwynt ffurfdro, $\frac{d^2y}{dx^2} = 0$, trwy hyn $6x = 0$, felly'r cyfesuryn-x yw $x = 0$. Mae amnewid y gwerth hwn i mewn i'r hafaliad yn rhoi $y = 0$. Trwy hyn, y pwynt yw $(0, 0)$.

I wirio arwydd $\frac{d^2y}{dx^2}$ bob ochr i'r pwynt hwn, gallwch chi amnewid $x = -0.1$ ac $x = 0.1$ yn eu tro i mewn i $\frac{d^2y}{dx^2} = 6x$. Pan fydd $x = -0.1$, mae $\frac{d^2y}{dx^2}$ yn negatif a phan fydd $x = 0.1$, mae $\frac{d^2y}{dx^2}$ yn bositif.

Gan fod yr arwydd yn newid, mae'r pwynt $(0, 0)$ yn bwynt ffurfdro.

Dyma graff $y = x^4$.

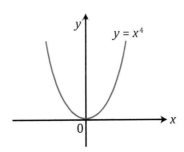

Deilliad cyntaf $y = x^4$ yw $\frac{dy}{dx} = 4x^3$ a'r ail ddeilliad yw $\frac{d^2y}{dx^2} = 12x^2$.

Mae'r ail ddeilliad yn sero yn $(0,0)$.

Ond, pan fydd $x = -0.1$, mae $\frac{d^2y}{dx^2}$ yn bositif, a phan fydd $x = 0.1$, mae $\frac{d^2y}{dx^2}$ yn bositif, felly nid yw'r pwynt hwn yn bwynt ffurfdro er bod $\frac{d^2y}{dx^2} = 0$. Mae hyn yn dangos yr angen i archwilio arwydd yr ail ddeilliad cyn penderfynu a yw pwynt sydd â $\frac{d^2y}{dx^2} = 0$ yn bwynt ffurfdro.

GWELLA
⇧⇧⇧⇧ **Gradd**

Os yw'r ail ddeilliad yn sero, peidiwch â thybio bod y pwynt yn bwynt ffurfdro. Mae angen i chi wirio a yw arwydd yr ail ddeilliad yn newid wrth i'r gwerthoedd x sy'n agos iawn i'r pwynt ffurfdro gael eu hamnewid i mewn i'r ail ddeilliad.

Darganfod pwyntiau ffurfdro

Ar bwynt ffurfdro, nid yw'r graddiant (h.y. $\frac{dy}{dx}$) yn newid arwydd bob ochr i'r pwynt ffurfdro.

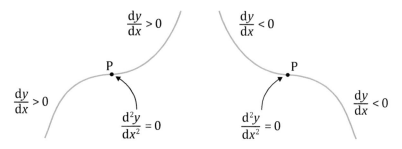

Nid yw'r graddiant yn newid cyfeiriad
bob ochr i bwynt ffurfdro, P.

Ar bwynt ffurfdro P(x, y), mae'r ail ddeilliad $\frac{d^2y}{dx^2}$ neu $f''(x) = 0$ ac mae hefyd yn newid arwydd bob ochr i x.

Cam wrth CAM

Darganfyddwch gyfesurynnau'r holl bwyntiau ffurfdro ar y gromlin

$$y = x^4 - 24x^2 + 11$$

Camau i'w cymryd

1 Darganfyddwch y deilliad cyntaf drwy ddifferu hafaliad y gromlin.

2 Darganfyddwch yr ail ddeilliad drwy ddifferu'r deilliad cyntaf.

3 Rhowch yr ail ddeilliad yn hafal i sero a datryswch yr hafaliad dilynol ar gyfer gwerthoedd x.

4 Gwiriwch a yw arwydd yr ail ddeilliad yn newid wrth amnewid gwerthoedd x bob ochr i bob pwynt ffurfdro posibl.

5 Amnewidiwch gyfesurynnau-x y pwyntiau ffurfdro yn hafaliad y gromlin i ddarganfod y cyfesurynnau-y cyfatebol.

· ·

Ateb

$$y = x^4 - 24x^2 + 11$$

$$\frac{dy}{dx} = 4x^3 - 48x$$

$$\frac{d^2y}{dx^2} = 12x^2 - 48$$

Ar y pwyntiau ffurfdro, $\frac{d^2y}{dx^2} = 0$, felly $12x^2 - 48 = 0$

Felly, $x^2 - 4 = 0$, felly $x^2 = 4$ felly $x = \pm 2$

Gwiriwch a yw $x = 2$ yn bwynt ffurfdro drwy wirio arwydd $\frac{d^2y}{dx^2}$ bob ochr i $x = 2$.

Pan fydd $x = 1$, $\frac{d^2y}{dx^2} = 12 - 48 = -36$ (h.y. negatif)

Pan fydd $x = 3$, $\frac{d^2y}{dx^2} = 108 - 48 = 60$ (h.y. positif)

Mae'r arwydd yn newid ar gyfer $\frac{d^2y}{dx^2}$, felly mae $x = 2$ yn bwynt ffurfdro.

Gwiriwch fod $x = -2$ yn bwynt ffurfdro drwy wirio arwydd $\frac{d^2y}{dx^2}$ bob ochr i -2

Pan fydd $x = -1$, $\frac{d^2y}{dx^2} = 12 - 48 = -36$ (h.y. negatif)

Pan fydd $x = -3$, $\frac{d^2y}{dx^2} = 108 - 48 = 60$ (h.y. positif)

Mae'r arwydd yn newid ar gyfer $\frac{d^2y}{dx^2}$ felly mae $x = -2$ yn bwynt ffurfdro.

Pan fydd $x = 2$, $y = 2^4 - 24(2)^2 + 11 = -69$

Pan fydd $x = -2$, $y = (-2)^4 - 24(-2)^2 + 11 = -69$

Felly mae'r pwyntiau ffurfdro yn $(-2, -69)$ a $(2, -69)$

Enghraifft

1 Os yw $f(x) = x^3 - 3x^2 - 9x + 22$

(a) Dangoswch fod $(x - 2)$ yn ffactor o $x^3 - 3x^2 - 9x + 22$ a darganfyddwch y pwyntiau lle mae'r gromlin yn torri'r echelin-x.

(b) Darganfyddwch gyfesurynnau'r pwyntiau arhosol a'r pwynt ffurfdro ar graff $f(x)$.

(c) Nodwch y graddiant yn y pwynt ffurfdro.

. . . .

Ateb

1 (a) $f(2) = 2^3 - 3(2)^2 - 9(2) + 22 = 0$
     (gan fod $f(2) = 0$, mae $(x - 2)$ yn ffactor)

   $x^3 - 3x^2 - 9x + 22 = (x - 2)(x^2 + bx + c)$.

   Mae rhoi cyfernodau x^2 yn hafal yn rhoi $-3 = b - 2$, felly $b = -1$

   Mae rhoi cyfernodau x yn hafal yn rhoi $-9 = c - 2b$, felly $c = -11$

   Trwy hyn, $x^3 - 3x^2 - 9x + 22 = (x - 2)(x^2 - x - 11)$

   Nawr, yn y pwyntiau lle mae'r gromlin yn torri'r echelin-x, $f(x) = 0$, felly $(x - 2)(x^2 - x - 11) = 0$

   Gallwn ni ddefnyddio'r fformiwla (neu gwblhau'r sgwâr) i ffactorio rhan gwadratig yr hafaliad ciwbig. Datrysiadau $(x - 2)(x^2 - x - 11) = 0$ yw

   $$x = 2 \text{ neu } \frac{1 \pm \sqrt{45}}{2}$$

   Felly mae'r gromlin yn torri'r echelin-x yn $x = \frac{1 - \sqrt{45}}{2}$, 2 a $\frac{1 + \sqrt{45}}{2}$

(b) $f'(x) = 3x^2 - 6x - 9 = 3(x^2 - 2x - 3) = 3(x + 1)(x - 3)$

   Yn y pwyntiau arhosol, $f'(x) = 0$ felly $3(x + 1)(x - 3) = 0$

   Felly $x = -1, 3$

   Pan fydd $x = -1, y = 27$ a phan fydd $x = 3, y = -5$.

   Felly mae'r pwyntiau arhosol yn $(-1, 27)$ a $(3, -5)$

Opsiwn arall fyddai defnyddio rhannu hir i rannu $(x - 2)$ i mewn i $x^3 - 3x^2 - 9x + 22$ i ddarganfod y ffactor gwadratig.

Mae'r graddiant yn sero yn y pwyntiau arhosol, felly mae $f'(x)$ yn cael ei roi yn hafal i sero.

$f''(x) = 6x - 6 = 6(x - 1)$

Yn $x = -1$, $f''(x) = -12$ felly mae hwn yn bwynt macsimwm.

Yn $x = 3$, $f''(x) = 12$ felly mae hwn yn bwynt minimwm

Yn y pwynt ffurfdro, $f''(x) = 0$, felly $6(x - 1) = 0$, sy'n rhoi $x = 1$.

Yn $x = 0$, $f''(x) = -6$

Yn $x = 2$, $f''(x) = 6$

Mae'r arwydd yn newid ar gyfer $f''(x)$, felly mae $x = 1$ yn bwynt ffurfdro.

Pan fydd $x = 1$, $y = 1^3 - 3(1)^2 - 9(1) + 22 = 11$

Trwy hyn, mae'r pwynt ffurfdro yn $(1, 11)$

(c) Pan fydd $x = 1$, $f'(1) = 3(1)^2 - 6(1) - 9 = -12$

5.3 Differu e^{kx}, a^{kx}, $\sin kx$, $\cos kx$ a $\tan kx$ a symiau, gwahaniaethau a lluosrifau cysylltiedig

Bydd y deilliadau canlynol yn cael eu defnyddio yn y testun hwn a bydd angen i'r rhain gael eu cofio am **nad** ydyn nhw wedi'u cynnwys yn y llyfryn fformiwlâu:

$$\frac{d(e^{kx})}{dx} = ke^{kx}$$

$$\frac{d(a^{kx})}{dx} = ka^{kx} \ln a$$

$$\frac{d(\sin kx)}{dx} = k \cos kx$$

$$\frac{d(\cos kx)}{dx} = -k \sin kx$$

Nid oes angen cofio'r deilliad canlynol am ei fod wedi'i gynnwys yn y llyfryn fformiwlâu:

$$\frac{d(\tan kx)}{dx} = k \sec^2 kx$$

Mae dau ddeilliad arall mae angen i chi eu gwybod ac mae'r ddau wedi'u cynnwys yn y llyfryn fformiwlâu:

$$\frac{d(\sec x)}{dx} = \sec x \tan x$$

$$\frac{d(\operatorname{cosec} x)}{dx} = -\operatorname{cosec} x \cot x$$

Sylwch: ym mhob canlyniad sy'n cael ei ddangos yma, mae'n rhaid i k fod yn rhif arferol.

Enghreifftiau

1 Os yw $y = e^{4x}$, darganfyddwch $\frac{dy}{dx}$.

Ateb

1 $y = e^{4x}$, $\frac{dy}{dx} = 4e^{4x}$

Defnyddiwch $\frac{d(e^{kx})}{dx} = ke^{kx}$

2 Os yw $y = 3^{2x}$, darganfyddwch $\frac{dy}{dx}$.

Ateb

2 $y = 3^{2x}$ $\frac{dy}{dx} = 2 \times 3^{2x} \ln 3$

Defnyddiwch $\frac{d(a^{kx})}{dx} = ka^{kx} \ln a$

3 Os yw $y = \sin 2x$, darganfyddwch $\frac{dy}{dx}$.

Ateb

3 $y = \sin 2x$, $\frac{dy}{dx} = 2 \cos 2x$

Defnyddiwch $\frac{d(\sin kx)}{dx} = k \cos kx$

4 Os yw $y = \tan \frac{x}{2}$, darganfyddwch $\frac{dy}{dx}$.

Ateb

4 $y = \tan \frac{x}{2}$, $\frac{dy}{dx} = \frac{1}{2} \sec^2 \frac{x}{2}$.

Defnyddiwch $\frac{d(\tan kx)}{dx} = k \sec^2 kx$

5.4 Deilliad ln x

Nid yw deilliad ln x wedi'i gynnwys yn y llyfryn fformiwlâu a bydd angen ei gofio.

$$\frac{d(\ln x)}{dx} = \frac{1}{x}$$

Enghreifftiau

1 Differwch $y = \ln 2x$.

Ateb

1 $y = \ln 2x$

$$y = \ln x + \ln 2$$
$$\frac{dy}{dx} = \frac{1}{x}$$

Cofiwch, os ydych chi'n differu cysonyn, mae'r term yn newid i sero.

Trwy hyn, $\frac{d(\ln 2)}{dx} = 0$.

2 Differwch $y = \ln x^2$.

Ateb

2 $y = \ln x^2$

$$y = \ln x + \ln x$$
$$\frac{dy}{dx} = \frac{1}{x} + \frac{1}{x}$$
$$= \frac{2}{x}$$

5.5 Differu gan ddefnyddio rheol y Gadwyn, rheol y Lluoswm a rheol y Cyniferydd

Mae rheolau'r Gadwyn, y Lluoswm a'r Cyniferydd yn rheolau sy'n cael eu defnyddio i ddifferu mathau penodol o ffwythiant.

Rheol y Gadwyn

Gan ddefnyddio rheol y Gadwyn, gallwn ni ddifferu ffwythiant cyfansawdd (sydd weithiau'n cael ei alw'n ffwythiant o ffwythiant). Tybiwch fod y yn ffwythiant o u, a bod u yn ffwythiant o x. Yn ôl rheol y Gadwyn:

$$\frac{dy}{dx} = \frac{dy}{du} \times \frac{du}{dx}$$

> Er enghraifft, os yw
> $$y = \sin(x^9 + 2 + 1)$$
> yna $y = \sin u$
> lle mae $u = x^9 + 2 + 1$.

Enghraifft

1   Differwch bob un o'r canlynol:

(a) $y = (4x^2 - 1)^3$

(b) $y = \sqrt{3x^2 + 1}$

(c) $y = \ln(5x^2 + 3)$

(ch) $y = \cos(x^3 + x + 5)$

(d) $y = \tan 3x$

- -

Ateb

1   (a) $y = (4x^2 - 1)^3$

> Yma rydym ni'n rhoi'r newidyn u yn hafal i'r cynnwys sydd yn y cromfachau.

Gadewch i $u = 4x^2 - 1$ $\left(\dfrac{du}{dx} = 8x\right)$

fel bod $y = u^3$ $\left(\dfrac{dy}{du} = 3u^2\right)$

> Rydym ni'n amnewid $u = 4x^2 - 1$ yn ôl i mewn i'r hafaliad fel y bydd y canlyniad yn cynnwys x yn unig.

Yna $\dfrac{dy}{dx} = \dfrac{dy}{du} \times \dfrac{du}{dx} = 3u^2 \times 8x$

> Rydym ni'n defnyddio rheol y Gadwyn yma. Rhaid i chi ei chofio gan na fydd yn cael ei rhoi yn y llyfryn fformiwlâu.

$= 3(4x^2 - 1)^2 \times 8x$

$= 24x(4x^2 - 1)^2$

(b) $y = \sqrt{3x^2 + 1} = (3x^2 + 1)^{\frac{1}{2}}$

Gadewch i $u = 3x^2 + 1$ $\left(\dfrac{du}{dx} = 6x\right)$

fel bod $y = u^{\frac{1}{2}}$ $\left(\dfrac{dy}{du} = \dfrac{1}{2}u^{-\frac{1}{2}}\right)$

Yna $\dfrac{dy}{dx} = \dfrac{dy}{du} \times \dfrac{du}{dx} = \dfrac{1}{2}u^{-\frac{1}{2}} \times 6x$

> Rhaid cofio bod
> $u^{-\frac{1}{2}} = \dfrac{1}{\sqrt{u}}$ ac yna rydym ni'n amnewid u yn ôl fel $3x^2 + 1$.

$= \dfrac{1}{2\sqrt{3x^2 + 1}} \times 6x$

$= \dfrac{3x}{\sqrt{3x^2 + 1}}$

(c) $y = \ln(5x^2 + 3)$

Gadewch i $u = 5x^2 + 3$ $\left(\dfrac{du}{dx} = 10x\right)$

fel bod $y = \ln u$ $\left(\dfrac{dy}{du} = \dfrac{1}{u}, \quad \begin{array}{l}\text{gweler differu'r ffwythiant}\\ \text{ln ar dudalen 111}\end{array}\right)$

Yna $\dfrac{dy}{dx} = \dfrac{dy}{du} \times \dfrac{du}{dx}$

$= \dfrac{1}{u} \times 10x$

$= \dfrac{10x}{5x^2 + 3}$

> Rydym ni'n amnewid am u yn y canlyniad terfynol.

(ch) $y = \cos(x^3 + x + 5)$

Gadewch i $u = x^3 + x + 5$ $\left(\dfrac{du}{dx} = 3x^2 + 1\right)$

fel bod $y = \cos u$ $\left(\dfrac{dy}{du} = -\sin u\right)$

Yna $\dfrac{dy}{dx} = \dfrac{dy}{du} \times \dfrac{du}{dx} = -\sin u \times (3x^2 + 1)$

$= -(3x^2 + 1)\sin(x^3 + x + 5)$

> Rydym ni'n amnewid am u i gael y canlyniad terfynol.

(d) $y = \tan 3x$

Gadewch i $u = 3x$ $\left(\dfrac{du}{dx} = 3\right)$

fel bod $y = \tan u$ $\left(\dfrac{dy}{du} = \sec^2 u\right)$

Yna $\dfrac{dy}{dx} = \dfrac{dy}{du} \times \dfrac{du}{dx} = \sec^2 u \times 3$

$= 3\sec^2 3x$

> Rydym ni'n amnewid am u i gael y canlyniad terfynol.

Gallwn ni grynhoi'r gwaith yn yr enghraifft hon drwy lunio ffurf gyffredinol o'r tabl sydd ar dudalen gyntaf y testun hwn.

Gallwn ni gael y canlyniadau ym mhob achos drwy ysgrifennu:

$u = f(x)$ a nodi bod $\dfrac{du}{dx} = f'(x)$

$\dfrac{d}{dx}\left(\left(f(x)\right)^n\right) = n\left(f(x)\right)^{n-1} \times f'(x)$ $\boxed{\dfrac{d}{dx}\left(\left(\sin x\right)^n\right) = n\sin^{n-1}x \times \cos x}$

$\dfrac{d}{dx}\left(e^{f(x)}\right) = e^{f(x)}f'(x)$ $\boxed{\dfrac{d}{dx}\left(e^{x^3+1}\right) = e^{x^3+1} \times 3x^2}$

$\dfrac{d}{dx}\left(\ln\left(f(x)\right)\right) = \dfrac{1}{f(x)} \times f'(x)$ $\boxed{\dfrac{d}{dx}\left(\ln(x^5 + x)\right) = \dfrac{1}{x^5 + x} \times (5x^4 + 1)}$

$\dfrac{d}{dx}\left(\sin\left(f(x)\right)\right) = \cos f(x) \times f'(x)$ $\boxed{\dfrac{d}{dx}(\sin 3x) = \cos 3x \times 3}$

$$\frac{d}{dx}\Big(\cos\big(f(x)\big)\Big) = -\sin f(x) \times f'(x)$$

$$\frac{d}{dx}\Big(\cos(x^9 + x + 1)\Big) = -\sin(x^9 + x + 1) \times (9x^8 + 1)$$

$$\frac{d}{dx}\Big(\tan\big(f(x)\big)\Big) = \sec^2 f(x) \times f'(x)$$

$$\frac{d}{dx}(\tan 5x) = \sec^2 5x \times 5$$

Sylwch

Sylwch ar y canlyniad canlynol mewn perthynas â differu ffwythiannau logarithmig penodol.

Os yw $y = \ln ax$ lle mae a yn unrhyw gysonyn, yna

$$\frac{dy}{dx} = \frac{1}{ax} \times a = \frac{1}{x}$$

$f(x) = ax,$ $f'(x) = a$

sef yr un canlyniad ag y byddwn ni'n ei gael os byddwn ni'n differu $\ln x$.

Mae'r canlyniad yn digwydd oherwydd

$$y = \ln(ax) = \ln a + \ln x \qquad \text{(gan ddefnyddio deddf logarithmau)}$$

a $\frac{d}{dx}(\ln a + \ln x) = \frac{d}{dx}(\ln x) = \frac{1}{x}$,   gan fod $\ln a$ yn diflannu pan fyddwn ni'n ei differu.

Enghreifftiau

1   Os yw $y = \ln 3x$, darganfyddwch $\frac{dy}{dx}$.

. . . .

Ateb

1   $\dfrac{dy}{dx} = \dfrac{1}{3x} \times 3 = \dfrac{1}{x}$

---

2   Os yw $y = \ln\left(\dfrac{x}{2}\right)$, darganfyddwch $\dfrac{dy}{dx}$.

. . . .

Ateb

2   $\dfrac{dy}{dx} = \dfrac{2}{\frac{x}{2}} \times \dfrac{1}{2}$

   $= \dfrac{2}{x} \times \dfrac{1}{2} = \dfrac{1}{x}$

Rheol y Lluoswm

Byddwn ni'n defnyddio rheol y Lluoswm pan fyddwn ni'n differu dau ffwythiant gwahanol o x sydd wedi'u lluosi â'i gilydd.

Yn ôl rheol y Lluoswm:

Mae $f(x)\,g(x)$, yn golygu ffwythiant f o x wedi'i luosi â ffwythiant g o x.
f' yw deilliad f a g' yw deilliad g.

Os yw $y = f(x)\,g(x),$ $\dfrac{dy}{dx} = f(x)\,g'(x) + g(x)\,f'(x)$

Bydd angen i chi gofio rheol y Lluoswm gan na fydd hi yn y llyfryn fformiwlâu.

Gallwch chi ei chofio fel y term cyntaf wedi'i luosi â deilliad yr ail derm a hyn yn cael ei adio at yr ail derm wedi'i luosi â deilliad y term cyntaf.

Enghraifft

1 Differwch y canlynol mewn perthynas ag x, gan symleiddio eich ateb pan fydd hynny'n bosibl.

(a) $x^2 e^{2x}$

(b) $3x^2 \sin 2x$

(c) $(x^3 + 4x^2 - 3)\tan 3x$

Ateb

1 (a) Gadewch i $y = x^2 e^{2x}$

$$\frac{dy}{dx} = f(x)\,g'(x) + g(x)\,f'(x)$$

$$= x^2(2e^{2x}) + e^{2x}(2x)$$

$$= 2x^2 e^{2x} + 2x e^{2x} = 2x e^{2x}(x + 1)$$

> Lluoswm un ffwythiant a ffwythiant arall yw'r rhain i gyd ac felly mae angen defnyddio rheol y Lluoswm i'w differu.

> Sylwch fod yn rhaid cofio rheol y Lluoswm a sylwch ar y defnydd o reol y Gadwyn.

(b) Gadewch i $y = 3x^2 \sin 2x$

$$\frac{dy}{dx} = f(x)\,g'(x) + g(x)\,f'(x)$$

$$= 3x^2(2\cos 2x) + \sin 2x\,(6x)$$

$$= 6x^2 \cos 2x + 6x \sin 2x$$

$$= 6x(x \cos 2x + \sin 2x)$$

> Nid yw deilliadau sin a cos yn y llyfryn fformiwlâu ac felly rhaid eu cofio.

(c) Gadewch i $y = (x^3 + 4x^2 - 3)\tan 3x$

$$\frac{dy}{dx} = f(x)\,g'(x) + g(x)\,f'(x)$$

$$= (x^3 + 4x^2 - 3)3\sec^2 3x + \tan 3x(3x^2 + 8x)$$

$$= 3(x^3 + 4x^2 - 3)\sec^2 3x + (3x^2 + 8x)\tan 3x$$

> Bydd deilliad $\tan x$ yn y llyfryn fformiwlâu ac felly gallwch chi ei weld yno.

> Rydym ni'n defnyddio rheol y Gadwyn i ddifferu $\tan 3x$.

Rheol y Cyniferydd

Byddwn ni'n defnyddio rheol y Cyniferydd pan fyddwn ni'n differu dau ffwythiant gwahanol sydd gan x lle mae un yn cael ei rannu â'r llall.

Yn ôl rheol y Cyniferydd:

$$\text{Os yw } y = \frac{f(x)}{g(x)} \qquad \frac{dy}{dx} = \frac{f'(x)\,g(x) - f(x)\,g'(x)}{(g(x))^2}$$

> Nid oes angen i chi gofio'r fformiwla hon gan y bydd yn y llyfryn fformiwlâu.

Enghraifft

1 Differwch y canlynol mewn perthynas ag x, gan symleiddio eich ateb pan fydd hyn yn bosibl.

(a) $\dfrac{x^3 + 2x^2}{x^2 - 1}$

(b) $\dfrac{\sin 2x}{\cos x}$

(c) $\dfrac{e^{5x}}{x^2 + 3}$

Ateb

1   (a)   Gadewch i $y = \dfrac{f(x)}{g(x)} = \dfrac{x^3 + 2x^2}{x^2 - 1}$

$$\frac{dy}{dx} = \frac{f'(x)\,g(x) - f(x)\,g'(x)}{(g(x))^2}$$

$$= \frac{(3x^2 + 4x)(x^2 - 1) - (x^3 + 2x^2)(2x)}{(x^2 - 1)^2}$$

$$= \frac{3x^4 - 3x^2 + 4x^3 - 4x - 2x^4 - 4x^3}{(x^2 - 1)^2}$$

$$= \frac{x^4 - 3x^2 - 4x}{(x^2 - 1)^2} = \frac{x(x^3 - 3x - 4)}{(x^2 - 1)^2}$$

(b)   Gadewch i $y = \dfrac{f(x)}{g(x)} = \dfrac{\sin 2x}{\cos x}$

$$\frac{dy}{dx} = \frac{f'(x)\,g(x) - f(x)\,g'(x)}{(g(x))^2}$$

$$= \frac{2\cos 2x(\cos x) - \sin 2x(-\sin x)}{\cos^2 x}$$

$$= \frac{2\cos 2x \cos x + \sin 2x \sin x}{\cos^2 x}$$

> Rydym ni'n defnyddio rheol y Gadwyn i ddifferu $\sin 2x$.

(c)   Gadewch i $y = \dfrac{f(x)}{g(x)} = \dfrac{e^{5x}}{x^2 + 3}$

$$\frac{dy}{dx} = \frac{f'(x)\,g(x) - f(x)\,g'(x)}{(g(x))^2}$$

$$= \frac{5e^{5x}(x^2 + 3) - e^{5x}(2x)}{(x^2 + 3)^2}$$

$$= \frac{5x^2 e^{5x} + 15e^{5x} - 2xe^{5x}}{(x^2 + 3)^2}$$

$$= \frac{e^{5x}(5x^2 - 2x + 15)}{(x^2 + 3)^2}$$

> Rydym ni'n defnyddio rheol y Gadwyn i ddifferu e^{5x}.

5.6 Differu ffwythiannau gwrthdro $\sin^{-1}x$, $\cos^{-1}x$, $\tan^{-1}x$

Cofiwch fod $y = \sin^{-1} x$ cywerth â $\sin y = x$, bod $y = \cos^{-1} x$ cywerth â $y = \sin x$ a bod $y = \tan^{-1} x$ cywerth â $\tan y = x$.

I ddifferu'r ffwythiannau trigonometrig gwrthdro hyn, rydym ni'n sylwi bod

$$\frac{dy}{dx} = \frac{1}{\left(\dfrac{dx}{dy}\right)}$$

Profi $\dfrac{d}{dx}(\sin^{-1}x) = \dfrac{1}{\sqrt{1-x^2}}$

O wybod bod $\quad y = \sin^{-1}x,$

$$\sin y = x$$

Differwch mewn perthynas ag y

$$\cos y = \dfrac{dx}{dy}$$

Yna $\qquad \dfrac{dy}{dx} = \dfrac{1}{\left(\dfrac{dx}{dy}\right)} = \dfrac{1}{\cos y}$

$$= \dfrac{1}{\pm\sqrt{1-\sin^2 y}}$$

$$= \dfrac{1}{\pm\sqrt{1-x^2}}$$

Cofiwch fod
$$\sin^2 x + \cos^2 x = 1$$

$$\sin y = x$$

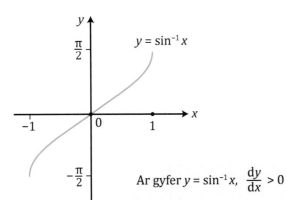

Ar gyfer $y = \sin^{-1}x,\ \dfrac{dy}{dx} > 0$

Gan fod $\dfrac{dy}{dx} > 0,\ \dfrac{dy}{dx} = \dfrac{1}{\sqrt{1-x^2}}$

Profi $\dfrac{d}{dx}(\cos^{-1}x) = \dfrac{-1}{\sqrt{1-x^2}}$

O wybod bod $\quad y = \cos^{-1}x,$

$$\cos y = x$$

Differwch mewn perthynas ag y

$$-\sin y = \dfrac{dx}{dy}$$

Yna $\qquad \dfrac{dy}{dx} = \dfrac{1}{\left(\dfrac{dx}{dy}\right)} = \dfrac{-1}{\sin y}$

$$= \dfrac{-1}{\pm\sqrt{1-\cos^2 y}}$$

Cofiwch fod
$$\sin^2 x + \cos^2 x = 1$$

117

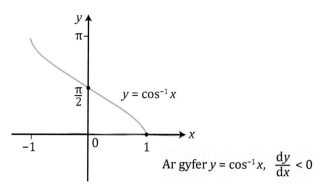

Ar gyfer $y = \cos^{-1}x,\quad \dfrac{dy}{dx} < 0$

Am fod $\dfrac{dy}{dx} < 0,\quad \dfrac{dy}{dx} = \dfrac{-1}{\sqrt{1-x^2}}$

Fe adawn ni ddeilliad $\dfrac{d}{dx}(\tan^{-1}x) = \dfrac{1}{1+x^2}$ i'w wneud fel ymarferiad yn nes ymlaen.

I grynhoi

$$\frac{d(\sin^{-1}x)}{dx} = \frac{1}{\sqrt{1-x^2}}$$

$$\frac{d(\cos^{-1}x)}{dx} = -\frac{1}{\sqrt{1-x^2}}$$

$$\frac{d(\tan^{-1}x)}{dx} = \frac{1}{1+x^2}$$

Mae modd i'r canlyniadau hyn gael eu cyffredinoli drwy gymryd $u = f(x)$ a defnyddio rheol y Gadwyn.

$$\frac{d}{dx}\left(\sin^{-1}\left(f(x)\right)\right) = \frac{1}{\sqrt{1-\left(f(x)\right)^2}} \times f'(x)$$

$$\frac{d}{dx}\left(\sin^{-1}\left(x^3\right)\right) = \frac{1}{\sqrt{1-\left(x^3\right)^2}} \times 3x^2$$
$$= \frac{3x^2}{\sqrt{1-x^6}}$$

$$\frac{d}{dx}\left(\cos^{-1}\left(f(x)\right)\right) = \frac{-1}{\sqrt{1-\left(f(x)\right)^2}} \times f'(x)$$

$$\frac{d}{dx}\left(\cos^{-1}\left(5x\right)\right) = \frac{-1}{\sqrt{1-\left(5x\right)^2}} \times 5$$
$$= \frac{-5}{\sqrt{1-25x^2}}$$

$$\frac{d}{dx}\left(\tan^{-1}\left(f(x)\right)\right) = \frac{1}{1+\left(f(x)\right)^2} \times f'(x)$$

$$\frac{d}{dx}\left(\tan\left(x^4\right)\right) = \frac{1}{1+\left(x^4\right)^2} \times 4x^3 = \frac{4x^3}{1+x^8}$$

Enghreifftiau

1   Differwch bob un o'r canlynol

(a) $y = \cos^{-1}4x$

(b) $y = \sin^{-1}\dfrac{x}{2}$

(c) $y = 3\tan^{-1}2x$

Atebion

1   (a) $y = \cos^{-1} 4x$

$$\frac{dy}{dx} = -\frac{4}{\sqrt{1 - (4x)^2}} = -\frac{4}{\sqrt{1 - 16x^2}}$$

(b) $y = \sin^{-1}\dfrac{x}{2}$

$$\frac{dy}{dx} = \frac{\frac{1}{2}}{\sqrt{1 - \left(\frac{x}{2}\right)^2}} = \frac{1}{2\sqrt{1 - \frac{x^2}{4}}} = \frac{1}{\sqrt{4 - x^2}}$$

(c) $y = 3\tan^{-1} 2x$

$$\frac{dy}{dx} = \frac{3 \times 2}{1 + (2x)^2} = \frac{6}{1 + 4x^2}$$

---

2   (a)   Differwch bob un o'r canlynol mewn perthynas ag x, gan symleiddio eich ateb pan fydd hynny'n bosibl:

(i) $\sqrt{2 + 5x^3}$

(ii) $x^2 \sin 3x$

(iii) $\dfrac{e^{2x}}{x^4}$

(b)   Drwy yn gyntaf ysgrifennu $y = \tan^{-1} x$ fel $x = \tan y$, darganfyddwch $\dfrac{dy}{dx}$ yn nhermau x.

Ateb

2   (a)   (i) $y = \sqrt{2 + 5x^3}$

$$y = (2 + 5x^3)^{\frac{1}{2}}$$

$$\frac{dy}{dx} = \left(\frac{1}{2}\right)(2 + 5x^3)^{-\frac{1}{2}}(15x^2)$$

$$= \frac{15x^2}{2\sqrt{2 + 5x^3}}$$

> Rhaid i chi sylweddoli bod hyn yn ffwythiant o ffwythiant ac felly mae angen defnyddio rheol y Gadwyn i'w ddifferu.
>
> $y = (f(x))^n$
> gyda $f(x) = (2 + 5x^3)$, $n = \dfrac{1}{2}$

(ii) $y = x^2 \sin 3x$

$$\frac{dy}{dx} = x^2\, 3\cos 3x + \sin 3x \times 2x$$

$$= 3x^2 \cos 3x + 2x \sin 3x = x(3x \cos 3x + 2 \sin 3x)$$

> Rydym ni'n defnyddio rheol y Lluoswm yma.

(iii) $y = \dfrac{e^{2x}}{x^4}$

$$\frac{dy}{dx} = \frac{f'(x)\, g(x) - f(x)\, g'(x)}{(g(x))^2}$$

$$= \frac{2e^{2x}(x^4) - e^{2x}(4x^3)}{(x^4)^2}$$

> Dyma reol y Cyniferydd a bydd yn y llyfryn fformiwlâu.

$$= \frac{2x^4 e^{2x} - 4x^3 e^{2x}}{x^8}$$

$$= \frac{2x^3 e^{2x}(x-2)}{x^8}$$

$$= \frac{2e^{2x}(x-2)}{x^5}$$

> Rydym ni'n rhannu rhan uchaf a rhan isaf y ffracsiwn hwn ag x^3.

(b) $x = \tan y$

$$\frac{dx}{dy} = \sec^2 y$$

> $\sec^2 y = 1 + \tan^2 y$ (sylwch: dylech chi gofio hyn o Destun 1 gan na fydd yn y llyfryn fformiwlâu).

$$= 1 + \tan^2 y$$

$$= 1 + x^2$$

Nawr $\dfrac{dy}{dx} = \dfrac{1}{\left(\frac{dx}{dy}\right)} = \dfrac{1}{1+x^2}$

---

3 (a) Differwch bob un o'r canlynol mewn perthynas ag x, gan symleiddio eich ateb pan fydd hynny'n bosibl.

(i) $(7 + 2x)^{13}$

(ii) $\sin^{-1} 5x$

(iii) $x^3 e^{4x}$

(b) Drwy yn gyntaf ysgrifennu $\tan x = \dfrac{\sin x}{\cos x}$, dangoswch fod $\dfrac{d}{dx}(\tan x) = \sec^2 x$

....

Ateb

3 (a) (i) $y = (7 + 2x)^{13}$

$$\frac{dy}{dx} = 13(7 + 2x)^{12}(2)$$

$$= 26(7 + 2x)^{12}$$

(ii) $y = \sin^{-1} 5x$

> O'r llyfryn fformiwlâu, rydym ni'n cael deilliad
> $\sin^{-1} x = \dfrac{1}{\sqrt{1-x^2}}$

$$d(\sin^{-1} x) = \frac{1}{\sqrt{1-x^2}}$$

$$\frac{d(\sin^{-1} 5x)}{dx} = \frac{5}{\sqrt{1-(5x)^2}}$$

> Defnyddiwch reol y Gadwyn gydag $u = 5x$, neu defnyddiwch:
> $\dfrac{d}{dx}\left(\sin^{-1} g(x)\right) = \dfrac{g'(x)}{\sqrt{1-(g(x))^2}}$

$$= \frac{5}{\sqrt{1-25x^2}}$$

(iii) $y = x^3 e^{4x}$

> Lluoswm yw hwn ac felly rydym ni'n dcfnyddio rhcol y Lluoswm. Ni fydd rheol y Lluoswm yn y llyfryn fformiwlâu.

$$\frac{dy}{dx} = x^3(4e^{4x}) + e^{4x}(3x^2)$$

$$= 4x^3 e^{4x} + 3x^2 e^{4x}$$

$$= x^2 e^{4x}(4x + 3)$$

(b) $\dfrac{d}{dx}(\tan x) = \dfrac{d}{dx}\left(\dfrac{\sin x}{\cos x}\right)$

$\qquad = \dfrac{\cos x (\cos x) - \sin x (-\sin x)}{\cos^2 x}$

$\qquad = \dfrac{\cos^2 x + \sin^2 x}{\cos^2 x}$

$\qquad = \dfrac{1}{\cos^2 x}$

$\qquad = \sec^2 x$

> Cyniferydd yw hwn ac felly rydym ni'n defnyddio rheol y Cyniferydd i ddarganfod y deilliad.

> $\sin^2 x + \cos^2 x = 1$
> Mae angen i chi gofio hyn o'ch astudiaethau UG gan na fydd yn y llyfryn fformiwlâu

---

4 Differwch bob un o'r canlynol mewn perthynas ag x, gan symleiddio eich ateb pan fydd hynny'n bosibl.

(a) $\tan^{-1} 5x$

(b) $\ln(3x^2 + 5x - 1)$

(c) $e^{3x}\cos x$

(ch) $\dfrac{1 + \sin x}{1 - \sin x}$

. . . .

Ateb

4 (a) $y = \tan^{-1} 5x$

$\qquad \dfrac{dy}{dx} = \dfrac{5}{1 + (5x)^2}$

$\qquad = \dfrac{5}{1 + 25x^2}$

> Rydym ni'n defnyddio $\dfrac{d(\tan^{-1} x)}{dx} = \dfrac{1}{1 + x^2}$ sydd yn y llyfryn fformiwlâu. Yna rydym ni naill ai'n defnyddio rheol y Gadwyn neu'n cofio bod $\dfrac{d(\tan^{-1} ax)}{dx} = \dfrac{a}{1 + (ax)^2}$

(b) $y = \ln(3x^2 + 5x - 1)$

$\qquad \dfrac{dy}{dx} = \dfrac{6x + 5}{3x^2 + 5x - 1}$

> I ddifferu ffwythiant ln, rydym ni'n differu'r ffwythiant ac yna'n rhannu â'r ffwythiant gwreiddiol.

(c) $y = e^{3x}\cos x$

$\qquad \dfrac{dy}{dx} = e^{3x}(-\sin x) + \cos x(3e^{3x})$

$\qquad = -e^{3x}\sin x + 3e^{3x}\cos x$

$\qquad = e^{3x}(-\sin x + 3\cos x)$

> Mae hyn yn cynrychioli lluoswm, felly rydym ni'n defnyddio rheol y Lluoswm.

> Ni fydd rheol y Lluoswm yn y llyfryn fformiwlâu.

(ch) $y = \dfrac{1 + \sin x}{1 - \sin x}$

$\qquad \dfrac{dy}{dx} = \dfrac{(\cos x)(1 - \sin x) - (1 + \sin x)(-\cos x)}{(1 - \sin x)^2}$

$\qquad = \dfrac{2\cos x}{(1 - \sin x)^2}$

> Cyniferydd yw hwn ac felly rydym ni'n defnyddio rheol y Cyniferydd. Gallwn ni weld rheol y Cyniferydd yn y llyfryn fformiwlâu. Dyma'r fformiwla ar gyfer rheol y Cyniferydd.
> Os yw $y = \dfrac{f(x)}{g(x)}$, $\dfrac{dy}{dx} = \dfrac{f'(x)\,g(x) - f(x)\,g'(x)}{(g(x))^2}$

> Rhaid i chi gofio deilliadau $\sin x$ a $\cos x$ gan na fyddan nhw yn y llyfryn fformiwlâu

5   Differwch bob un o'r canlynol mewn perthynas ag x a symleiddiwch eich atebion pan fydd hynny'n bosibl.

(a) $(1 + 3x)^{11}$

(b) $\ln(3 + x^3)$

(c) $\dfrac{\cos x}{1 - \sin x}$

(ch) $\tan^{-1}(4x)$

(d) $x^4 \tan x$

· ·

Ateb

5   (a)   Gadewch i $y = (1 + 3x)^{11}$

$$\frac{dy}{dx} = 11(1 + 3x)^{10}(3)$$

$$= 33(1 + 3x)^{10}$$

Rydym ni'n defnyddio

$$\frac{d}{dx}\big((f(x))^n\big) = n(f(x))^{n-1} \times f'(x)$$

gyda $f(x) = 1 + 3x,\ n = 11$

(b)   Gadewch i $y = \ln(3 + x^3)$

$$\frac{dy}{dx} = \frac{3x^2}{3 + x^3}$$

Rydym ni'n defnyddio

$$\frac{d\big(\ln(f(x))\big)}{dx} = \frac{f(x)}{f'(x)}$$

Cyniferydd yw hwn ac felly rydym ni'n defnyddio rheol y Cyniferydd i ddifferu.

(c)   Gadewch i $y = \dfrac{\cos x}{1 - \sin x}$

$$\frac{dy}{dx} = \frac{(-\sin x)(1 - \sin x) - (\cos x)(-\cos x)}{(1 - \sin x)^2}$$

$$= \frac{-\sin x + \sin^2 x + \cos^2 x}{(1 - \sin x)^2}$$

$$= \frac{\sin^2 x + \cos^2 x - \sin x}{(1 - \sin x)^2}$$

$$= \frac{1 - \sin x}{(1 - \sin x)^2}$$

$$= \frac{1}{1 - \sin x}$$

Rydym ni'n defnyddio $\sin^2 x + \cos^2 x = 1$.

Rydym ni'n rhannu'r rhan uchaf a'r rhan isaf ag $(1 - \sin x)$.

(ch)   Gadewch i $y = \tan^{-1}(4x)$

$$\frac{dy}{dx} = \frac{4}{1 + (4x)^2}$$

$$= \frac{4}{1 + 16x^2}$$

Rydym ni'n defnyddio'r fformiwla:
$$\frac{d(\tan^{-1} x)}{dx} = \frac{1}{1 + x^2}$$
sydd yn y llyfryn fformiwlâu, ac yn gadael i $u = 4x$.

(d)   Gadewch i $y = x^4 \tan x$

$$\frac{dy}{dx} = f(x)\,g'(x) + f'(x)\,g(x)$$

$$= x^4 \sec^2 x + (\tan x) \times (4x^3)$$

$$= x^4 \sec^2 x + 4x^3 \tan x$$

$$= x^3(x \sec^2 x + 4 \tan x)$$

5.7 Cyfraddau newid cysylltiedig a ffwythiannau gwrthdro

Cyfraddau newid cysylltiedig

Cymerwch fod gofyn i ni ddarganfod $\frac{dV}{dt}$ ond nad oes gennym ni hafaliad sy'n cysylltu V a t i ddifferu'n uniongyrchol. Pe bai gennym ni'r hafaliadau cysylltiedig ar gyfer A yn nhermau t a V yn nhermau A, yna gallem ni ddifferu'r rhain i ddarganfod $\frac{dA}{dt}$ a $\frac{dV}{dA}$ yn ôl eu trefn.

Gall rheol y Gadwyn gael ei defnyddio nawr yn y ffordd ganlynol er mwyn darganfod $\frac{dV}{dt}$.

$$\frac{dV}{dt} = \frac{dA}{dt} \times \frac{dV}{dA}$$

Mae'r dull hwn yn haws ei ddeall wrth edrych ar yr enghreifftiau canlynol.

Enghreifftiau

1 Pan fydd disg metel crwn yn cael ei gynhesu, mae ei radiws yn cynyddu ar gyfradd o 0.005 mm s^{-1}. Darganfyddwch ar ba gyfradd mae'r arwynebedd yn cynyddu pan fydd radiws y disg yn 100 mm. Rhowch eich ateb yn gywir i 2 ffigur ystyrlon.

. . . .

Ateb

1   Rydym ni'n gwybod bod $\frac{dr}{dt} = 0.005$ ac mae angen i ni ddarganfod $\frac{dA}{dt}$

Nawr
$$\frac{dA}{dt} = \frac{dr}{dt} \times \frac{dA}{dr}$$

I ddarganfod $\frac{dA}{dr}$ mae angen hafaliad sy'n cysylltu A ac r arnom ni.

Gallwn ni ddefnyddio, $A = \pi r^2$, felly $\quad \frac{dA}{dr} = 2\pi r$

$$\frac{dA}{dt} = \frac{dr}{dt} \times \frac{dA}{dr} = 0.005 \times 2\pi r$$

Nawr, gan fod $r = 100$, $\quad \frac{dA}{dt} = 0.005 \times 2\pi \times 100 = 3.1 \text{ mm}^2\text{ s}^{-1}$ (2 ff.y.)

---

2 Ar amser t eiliad, arwynebedd arwyneb ciwb yw A cm^2 a'r cyfaint yw V cm^3.

Os yw arwynebedd arwyneb y ciwb yn ehangu ar gyfradd gyson o 2 cm^2 s^{-1}, dangoswch fod $\frac{dV}{dt} = \frac{1}{2}\sqrt{\frac{A}{6}}$

. . . .

Ateb

2   Gadewch i x fod yn hyd ochr y ciwb mewn cm.

Nawr, gallwn ni ffurfio'r hafaliad canlynol sy'n cysylltu arwynebedd yr arwyneb A â hyd ochr x.

$$A = 6x^2$$

Ysgrifennwch beth rydych chi'n ei wybod $\left(\text{h.y. } \frac{dA}{dt}\right)$ a meddyliwch â beth mae angen i chi ei luosi i roi $\frac{dV}{dt}$. Yma mae angen dV ar dop y ffracsiwn a dA ar y gwaelod fel ei fod yn dileu â'r dA ar y top.

Gallwn ni hefyd ffurfio hafaliad sy'n cysylltu V ac x.

$$V = x^3$$

Rydym ni hefyd yn gwybod bod $\frac{dA}{dt} = 2$ am fod hyn yn cael ei roi yn y cwestiwn.

Nawr, $$\frac{dV}{dt} = \frac{dA}{dt} \times \frac{dV}{dA}$$

Rydym ni'n gwybod $\frac{dA}{dt}$ yn barod, felly mae angen hafaliad sy'n cysylltu V ac A arnom ni fel bod modd differu hwn i ddarganfod $\frac{dV}{dA}$.

Mae angen i ni ddileu x rhwng y ddau hafaliad $A = 6x^2$ a $V = x^3$

O'r hafaliad cyntaf, $x = \sqrt{\frac{A}{6}}$ a gan amnewid hwn i mewn i'r ail hafaliad, rydym ni'n cael

$$V = \left(\sqrt{\frac{A}{6}}\right)^3 = \left(\frac{A}{6}\right)^{\frac{3}{2}} = \frac{1}{6\sqrt{6}} A^{\frac{3}{2}} \quad \left(\text{Sylwch } 6^{\frac{3}{2}} = 6\sqrt{6}\right)$$

Mae differu yn rhoi $$\frac{dV}{dA} = \frac{3}{2} \times \frac{1}{6\sqrt{6}} A^{\frac{1}{2}} = \frac{1}{4}\sqrt{\frac{A}{6}}$$

Nawr $$\frac{dV}{dt} = \frac{dA}{dt} \times \frac{dV}{dA} = 2 \times \frac{1}{4}\sqrt{\frac{A}{6}} = \frac{1}{2}\sqrt{\frac{A}{6}}$$

Differu gan ddefnyddio ffwythiannau gwrthdro

Mewn rhai problemau, efallai byddwch chi eisiau darganfod y deilliad $\frac{dy}{dx}$ ond byddwch chi ond yn gallu darganfod $\frac{dx}{dy}$. Mae'n hawdd trosi o'r naill i'r llall gan ddefnyddio'r canlyniad canlynol:

$$\frac{dy}{dx} = \frac{1}{\frac{dx}{dy}}$$

Enghraifft

1   Mae balŵn sfferig yn cael ei lenwi â nwy heliwm ar gyfradd o $20 \text{ cm}^3 \text{ s}^{-1}$.
Darganfyddwch gyfradd cynnydd y radiws pan fydd y radiws yn 10 cm.
Rhowch eich ateb yn gywir i 2 ffigur ystyrlon.

Ateb

1   Rydym ni'n gwybod bod $\frac{dV}{dt} = 20$ ac mae gofyn i ni ddarganfod $\frac{dr}{dt}$.

$$\frac{dr}{dt} = \frac{dV}{dt} \times \frac{dr}{dV}$$

Nawr $$\frac{dr}{dV} = \frac{1}{\frac{dV}{dr}}$$

$V = \frac{4}{3}\pi r^3$, felly $\frac{dV}{dr} = 4\pi r^2$

Felly $$\frac{dr}{dt} = \frac{dV}{dt} \times \frac{dr}{dV} = 20 \times \frac{1}{4\pi(10)^2} = 0.016 \text{ cm s}^{-1}$$

5.8 Differu ffwythiannau syml sydd wedi'u diffinio'n ymhlyg

Mae darganfod $\dfrac{dy}{dx}$ yn nhermau x ac y yn cael ei alw'n **ddifferu ymhlyg**.

Dyma rai o'r elfennau sylfaenol:

$$\frac{d(3x)^2}{dx} = 6x$$

a $\qquad \dfrac{d(6y^3)}{dx} = 18y^2 \times \dfrac{dy}{dx}$

$$\frac{d(y)}{dx} = 1 \times \frac{dy}{dx}$$

$$\frac{d(x^2y^3)}{dx} = (x^2)\left(3y^2 \times \frac{dy}{dx}\right) + (y^3)(2x)$$

$$= 3x^2y^2\frac{dy}{dx} + 2xy^3$$

Mae termau sy'n cynnwys x neu dermau cyson yn cael eu differu yn y ffordd arferol.

Differwch mewn perthynas ag y ac yna lluoswch y canlyniad â $\dfrac{dy}{dx}$.

Am fod dau derm fan hyn, rydym ni'n defnyddio rheol y Lluoswm. Sylwch fod angen cynnwys $\dfrac{dy}{dx}$ pan fydd y term sy'n cynnwys y yn cael ei ddifferu.

Enghraifft

1 Darganfyddwch $\dfrac{dy}{dx}$ ar gyfer yr hafaliad $2x^2 + xy + y^3 = 15$

Mae angen defnyddio rheol y Lluoswm i ddifferu'r term canol xy.

. . . .

Ateb

1   Mae differu mewn perthynas ag x yn rhoi:

$$4x + (x)(1)\frac{dy}{dx} + (y)(1) + 3y^2\frac{dy}{dx} = 0$$

$$4x + x\left(\frac{dy}{dx}\right) + y + 3y^2\frac{dy}{dx} = 0$$

$$x\left(\frac{dy}{dx}\right) + 3y^2\frac{dy}{dx} = -y - 4x$$

$$\frac{dy}{dx}(x + 3y^2) = -y - 4x$$

$$\frac{dy}{dx} = \frac{-y - 4x}{x + 3y^2}$$

Casglwch yr holl dermau sy'n cynnwys $\dfrac{dy}{dx}$ ar un ochr i'r hafaliad a'r holl dermau eraill ar yr ochr arall.

Cymerwch $\dfrac{dy}{dx}$ allan o'r cromfachau fel ffactor.

GWELLA
 **Gradd**

Camgymeriad cyffredin yw bod myfyriwr yn anghofio differu ochr dde'r hafaliad, yn arbennig os rhif yn unig ydyw.

5.9 Differu ffwythiannau a chysylltiadau syml sydd wedi'u diffinio'n barametrig

Gall x ac y gael eu diffinio yn nhermau trydydd newidyn sy'n cael ei alw'n baramedr. Gall hafaliad cromlin gael ei fynegi mewn ffurf barametrig gan ddefnyddio $x = f(t), y = g(t)$ lle t yw'r paramedr sy'n cael ei ddefnyddio.

Y fformiwlâu ar gyfer differu ffurfiau parametrig yw:

$$\frac{dy}{dx} = \frac{\frac{dy}{dt}}{\frac{dx}{dt}} = \frac{dy}{dt} \times \frac{dt}{dx}$$

a
$$\frac{d^2y}{dx^2} = \frac{\frac{d}{dt}\left(\frac{dy}{dx}\right)}{\frac{dx}{dt}} = \frac{d}{dt}\left(\frac{dy}{dx}\right) \times \frac{dt}{dx}$$

Enghraifft o hafaliad parametrig cromlin yw

$$x = t^2, \quad y = 2t$$

I ddarganfod graddiant y tangiad i gromlin sydd wedi'i diffinio'n barametrig, rydym ni'n defnyddio'r fformiwla ar gyfer $\frac{dy}{dx}$ sydd wedi'i rhoi uchod.

Cofiwch wrthdroi $\frac{dx}{dt}$ yn yr hafaliad hwn.

$$\frac{dx}{dt} = 2t \quad \text{felly} \quad \frac{dt}{dx} = \frac{1}{2t}$$

$$\frac{dy}{dt} = 2$$

Os yw gwerth t yn hysbys, gall hwn gael ei amnewid i mewn er mwyn i'r graddiant gael ei fynegi fel rhif.

$$\frac{dy}{dx} = \frac{dy}{dt} \times \frac{dt}{dx} = 2 \times \frac{1}{2t} = \frac{1}{t}$$

Enghreifftiau

1 O wybod bod $x = 2t^2 + 1, y = \dfrac{4t + 1}{t + 1}$, darganfyddwch

(a) $\dfrac{dy}{dt}$

(b) $\dfrac{dy}{dx}$

. . . .

Ateb

1 (a) $\dfrac{dy}{dt} = \dfrac{4(t + 1) - (4t + 1)(1)}{(t + 1)^2}$

Mae rheol y Cyniferydd yn cael ei defnyddio yma.

$$= \frac{4t + 4 - 4t - 1}{(t + 1)^2}$$

$$= \frac{3}{(t + 1)^2}$$

(b) $\dfrac{dx}{dt} = 4t$

$\dfrac{dy}{dx} = \dfrac{dy}{dt} \times \dfrac{dt}{dx}$

$= \dfrac{3}{(t+1)^2} \times \dfrac{1}{4t}$

$= \dfrac{3}{4t(t+1)^2}$

Mae $\dfrac{dx}{dt}$ yn cael ei wrthdroi i roi $\dfrac{dt}{dx}$.

2 O wybod bod $x = \ln t$, $y = 3t^4 - 2t$,

(a) darganfyddwch fynegiad ar gyfer $\dfrac{dy}{dx}$ yn nhermau t,

(b) darganfyddwch werth $\dfrac{d^2y}{dx^2}$ pan fydd $t = \frac{1}{2}$

Ateb

2 (a) $x = \ln t$

$\dfrac{dx}{dx} = \dfrac{1}{t}$

$y = 3t^4 - 2t$

$\dfrac{dy}{dt} = 12t^3 - 2$

$\dfrac{dy}{dx} = \dfrac{dy}{dt} \times \dfrac{dt}{dx}$

$= (12t^3 - 2)t$

$= 12t^4 - 2t$

$= 2t(6t^3 - 1)$

$\dfrac{dt}{dx} = \dfrac{1}{\frac{1}{t}} = t$

(b) $\dfrac{d^2y}{dx^2} = \dfrac{d}{dt}\left(12t^4 - 2t\right) \times \dfrac{dt}{dx}$

$= (48t^3 - 2)t$

$= 2t(24t^3 - 1)$

Pan fydd $t = \frac{1}{2}$, $\dfrac{d^2y}{dx^2} = 2\left(\frac{1}{2}\right)\left(24 \times \left(\frac{1}{2}\right)^3 - 1\right) = 1(3 - 1) = 2$

Mae'r deilliad cyntaf yn cael ei ddifferu eto i ddarganfod yr ail ddeilliad.

3 (a) O wybod bod

$x^4 + 3x^2y - 2y^2 = 15$,

darganfyddwch fynegiad ar gyfer $\dfrac{dy}{dx}$ yn nhermau x ac y.

(b) O wybod bod $x = \ln t$, $y = t^3 - 7t$,

(i) darganfyddwch fynegiad ar gyfer $\dfrac{dy}{dx}$ yn nhermau t

(ii) darganfyddwch werth $\dfrac{d^2y}{dx^2}$ pan fydd $t = \frac{1}{3}$.

3   **(a)**   Mae differu'n ymhlyg mewn perthynas ag x yn rhoi

$$4x^3 + 3x^2\frac{dy}{dx} + 6xy - 4y\frac{dy}{dx} = 0$$

$$3x^2\frac{dy}{dx} - 4y\frac{dy}{dx} = -4x^3 - 6xy$$

$$\frac{dy}{dx}\left(3x^2 - 4y\right) = -4x^3 - 6xy$$

$$\frac{dy}{dx} = \frac{-4x^3 - 6xy}{3x^2 - 4y}$$

> Lluoswch y top a'r gwaelod â −1.

$$= \frac{4x^3 + 6xy}{4y - 3x^2}$$

(b)   **(i)** $x = \ln t$

$$\frac{dx}{dt} = \frac{1}{t}$$

$y = t^3 - 7t$

$$\frac{dy}{dt} = 3t^2 - 7$$

$$\frac{dy}{dx} = \frac{dy}{dt} \times \frac{dt}{dx}$$

$$= (3t^2 - 7)t$$

$$= 3t^3 - 7t$$

(ii) $$\frac{d^2y}{dx^2} = \frac{\frac{d}{dt}\left(\frac{dy}{dx}\right)}{\frac{dx}{dt}}$$

> Mae rheol y Gadwyn yn cael ei defnyddio yma i ddarganfod yr ail ddeilliad.

$$\frac{d^2y}{dx^2} = \frac{d}{dt}\left(\frac{dy}{dx}\right) \times \frac{dt}{dx}$$

$$\frac{d^2y}{dx^2} = \frac{d}{dt}\left(3t^3 - 7t\right) \times t$$

$$= (9t^2 - 7)t$$

$$= 9t^3 - 7t$$

> Gan fod $\frac{dx}{dt} = \frac{1}{t}$, $\frac{dt}{dx} = \frac{1}{\frac{dx}{dt}} = \frac{1}{\frac{1}{t}} = t$

Pan fydd $x = \frac{1}{3}$, $\frac{d^2y}{dx^2} = 9\left(\frac{1}{3}\right)^3 - 7\left(\frac{1}{3}\right) = -2$

---

4   Mae gan y gromlin $y = ax^4 + bx^3 + 18x^2$ bwynt ffurfdro yn $(1, 11)$.

(a)   Dangoswch fod $2a + b + 6 = 0$.

(b)   Darganfyddwch werthoedd y cysonion a a b a dangoswch fod gan y gromlin bwynt ffurfdro arall yn $(3, 27)$.

(c)   Brasluniwch y gromlin, gan nodi pob pwynt arhosol gan gynnwys eu natur.

Ateb

4 (a) Pan fydd $x = 1, y = 11$, felly $11 = a(1)^4 + b(1)^3 + 18(1)^2$

$$11 = a + b + 18$$

$$0 = a + b + 7 \qquad\qquad (1)$$

Nid dyma'r ateb sydd ei angen, felly mae'n rhaid bod hafaliad arall y gallwn ni ei ddarganfod.

Gallwn ni ddefnyddio'r pwynt ffurfdro i greu hafaliad arall

$$\frac{dy}{dx} = 4ax^3 + 3bx^2 + 36x$$

$$\frac{d^2y}{dx^2} = 12ax^2 + 6bx + 36$$

Ar bwynt ffurfdro, $\frac{d^2y}{dx^2} = 0$, trwy hyn $12ax^2 + 6bx + 36 = 0$

Rydym ni'n gwybod cyfesuryn-x y pwynt ffurfdro, felly mae amnewid hwn i mewn i'r hafaliad yn rhoi:

$$12a(1)^2 + 6b(1) + 36 = 0$$

Mae rhannu'r hafaliad hwn â 6 yn rhoi $2a + b + 6 = 0 \qquad\qquad (2)$

(b) Mae datrys hafaliadau (1) a (2) yn gydamserol yn rhoi

$$(2) - (1) \text{ sy'n rhoi } a = 1$$

Mae amnewid $a = 1$ i mewn i'r naill hafaliad neu'r llall yn rhoi $b = -8$

Nawr $\frac{d^2y}{dx^2} = 12ax^2 + 6bx + 36$, felly mae amnewid y gwerthoedd hyn i mewn yn rhoi

$$\frac{d^2y}{dx^2} = 12x^2 - 48x + 36$$

Ar bwyntiau ffurfdro, $\frac{d^2y}{dx^2} = 0$, felly $12x^2 - 48x + 36 = 0$

Mae rhannu drwyddo â 12 yn rhoi $x^2 - 4x + 3 = 0$

Mac ffactorio yn rhoi $(x - 3)(x - 1) = 0$

Trwy hyn $x = 1$ neu 3

Cawn wybod bod pwynt ffurfdro yn $x = 1$, felly mae darganfod y cyfesuryn-y ar gyfer $x = 3$, yn rhoi $y = x^4 - 8x^3 + 18x^2$
felly $y = 3^4 - 8(3)^3 + 18(3)^2 = 27$

Trwy hyn, mae pwynt ffurfdro arall yn (3, 27).

Pan fydd $x = 2, \frac{d^2y}{dx^2} = 4 - 8 + 3 = -1$ (h.y. negatif)

Pan fydd $x = 4, \frac{d^2y}{dx^2} = 16 - 16 + 3 = 3$ (h.y. positif)

Mae'r arwydd yn newid ar gyfer $\frac{d^2y}{dx^2}$ felly mae $x = 3$ yn bwynt ffurfdro.

(c) $y = x^4 - 8x^3 + 18x^2$

$$\frac{dy}{dx} = 4x^3 - 24x^2 + 36x$$

Yn y pwyntiau arhosol, $\frac{dy}{dx} = 0$

Rydym ni wedi darganfod y pwyntiau ffurfdro a nawr mae angen i ni ddarganfod unrhyw bwyntiau arhosol.

$$4x^3 - 24x^2 + 36x = 0$$

$$x^3 - 6x^2 + 9x = 0$$

$$x(x^2 - 6x + 9) = 0$$

$$x(x - 3)(x - 3) = 0$$

Trwy hyn $x = 0$ neu 3

Pan fydd $x = 0$, $y = 0$ a $\dfrac{d^2y}{dx^2} = 36$, a gan fod hwn yn bositif, mae'n bwynt minimwm.

Gall y pwyntiau hyn gael eu defnyddio nawr i fraslunio'r graff canlynol:

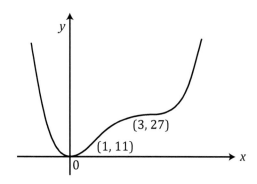

5　(a)　Differwch $\cos x$ o egwyddorion sylfaenol.

(b)　Differwch y canlynol mewn perthynas ag x, gan symleiddio eich ateb cyn belled ag sy'n bosibl.

(i)　$\dfrac{3x^2}{x^3 + 1}$

(ii)　$x^3 \tan 3x$

. . . .

Ateb

5　(a)　Gweler tudalen 104 y llyfr hwn.

(b)　(i)　Gan ddefnyddio rheol y Cyniferydd

Gadewch i　$y = \dfrac{f(x)}{g(x)} = \dfrac{3x^2}{x^3 + 1}$

$$\frac{dy}{dx} = \frac{f'(x)\,g(x) - f(x)\,g'(x)}{(g(x))^2}$$

$$= \frac{6x(x^3 + 1) - (3x^2)(3x^2)}{(x^3 + 1)^2}$$

$$= \frac{6x^4 + 6x - 9x^4}{(x^3 + 1)^2}$$

$$= \frac{6x - 3x^4}{(x^3 + 1)^2} = \frac{3x(2 - x^3)}{(x^3 + 1)^2}$$

(ii)　Gadewch i $y = x^3 \tan 3x$

Gan ddefnyddio rheol y Lluoswm:

$$\frac{dy}{dx} = 3x^2 \tan 3x + 3x^3 \sec^2 3x$$

Mae rheol y Cyniferydd wedi'i chynnwys yn y llyfryn fformiwlâu.

Nid yw rheol y Lluoswm wedi'i chynnwys yn y llyfryn fformiwlâu, felly bydd angen ei chofio.

6 Differwch bob un o'r canlynol mewn perthynas ag x, gan symleiddio eich ateb lle mae hynny'n bosibl.

(a) $\ln(\cos x)$

(b) $e^{6x}(3x - 2)^4$

(c) Dangoswch fod $\dfrac{d(\cot x)}{dx} = -\text{cosec}^2 x$

. . . .

Ateb

6 (a) Gadewch i $u = \cos x$, felly $\dfrac{du}{dx} = -\sin x$

Gadewch i $y = \ln u$, felly $\dfrac{dy}{du} = \dfrac{1}{u} = \dfrac{1}{\cos x}$

$$\dfrac{dy}{dx} = \dfrac{du}{dx} \times \dfrac{dy}{du}$$

$$= (-\sin x)\left(\dfrac{1}{\cos x}\right)$$

$$= -\tan x$$

(b) Gadewch i $y = e^{6x}(3x - 2)^4$

Mae defnyddio rheol y Lluoswm yn rhoi

$$\dfrac{dy}{dx} = 6e^{6x}(3x - 2)^4 + e^{6x} \times 4 \times 3(3x - 2)^3$$

$$= 6e^{6x}(3x - 2)^4 + 12e^{6x}(3x - 2)^3$$

$$= 6e^{6x}(3x - 2)^3(3x - 2 + 2)$$

$$= 18xe^{6x}(3x - 2)^3$$

(c) Gadewch i $y = \cot x = \dfrac{\cos x}{\sin x}$

Mae defnyddio rheol y Cyniferydd yn rhoi

$$\dfrac{dy}{dx} = \dfrac{f'(x)\,g(x) - f(x)\,g'(x)}{(g(x))^2}$$

$$= \dfrac{(-\sin x)(\sin x) - (\cos x)(\cos x)}{\sin^2 x}$$

$$= \dfrac{-\sin^2 x - \cos^2 x}{\sin^2 x}$$

$$= \dfrac{-(\sin^2 x + \cos^2 x)}{\sin^2 x}$$

$$= \dfrac{-1}{\sin^2 x}$$

$$= -\text{cosec}^2 x$$

$\cot x = \dfrac{1}{\tan x}$ a $\tan x = \dfrac{\sin x}{\cos x}$

felly $\cot x = \dfrac{\cos x}{\sin x}$

Sylwch fod $\dfrac{1}{\sin^2 x} = \text{cosec}^2 x$

5.10 Llunio hafaliadau differol syml

Mae hafaliadau differol yn aml yn ymwneud â'r gyfradd mae rhywbeth yn newid gydag amser. Er enghraifft, os uchder dŵr mewn tanc yw h metr, yna $\frac{dh}{dt}$ yw'r gyfradd mae'r uchder yn amrywio gydag amser.

Os yw balŵn sfferig yn cael ei chwythu, yna y gyfradd mae'r radiws, r, yn cynyddu gydag amser yw $\frac{dr}{dt}$, y gyfradd mae'r arwynebedd, A, yn cynyddu yw $\frac{dA}{dt}$ a'r gyfradd mae'r cyfaint, V, yn cynyddu yw $\frac{dV}{dt}$.

Mae arwynebedd sffêr yn cael ei roi gan $A = 4\pi r^2$ felly pe baech chi eisiau darganfod y newid yn yr arwynebedd wrth i'r radiws newid, $\frac{dA}{dr}$ fyddai hyn. Felly i ddarganfod $\frac{dA}{dr}$ rydych chi'n differu A mewn perthynas ag r. Felly, gan fod $A = 4\pi r^2$, $\frac{dA}{dr} = 8\pi r$

Pe baech chi'n gwybod mai cyfradd newid radiws oedd 0.5 cm s^{-1}, byddech chi'n darganfod cyfradd newid yr arwynebedd pan fydd $r = 10$ cm gan ddefnyddio'r cyfuniadau canlynol o ddeilliadau:

$$\frac{dA}{dt} = \frac{dA}{dr} \times \frac{dr}{dt} = 8\pi r \times 0.5 = 8\pi(10) \times 0.5 = 125.7 \text{ cm}^2 \text{ s}^{-1}$$

Enghreifftiau

1   Mae aer yn cael ei bwmpio i falŵn sfferig ar gyfradd o 250 cm³ yr eiliad. Pan fydd radiws y balŵn yn 15 cm, cyfrifwch y gyfradd mae'r radiws yn cynyddu, gan roi eich ateb i dri lle degol. [3]

Ateb

1   $\frac{dV}{dt} = 250$ cm³ s^{-1}

Nawr $V = \frac{4}{3}\pi r^3$ felly $\frac{dV}{dr} = 3 \times \frac{4}{3}\pi r^2 = 4\pi r^2$

$\frac{dr}{dt} = \frac{dr}{dV} \times \frac{dV}{dt} = \frac{1}{4\pi r^2} \times 250 = \frac{1}{4\pi(15)^2} \times 250 = 0.088$ cm s^{-1} (i 3 lle degol)

---

2   Mae pentwr o sment ar ffurf côn cylchog ongl sgwâr. Mae'r côn yn tyfu yn y fath fodd fel bod ei uchder bob amser yn hafal i radiws y sylfaen.

Os yw sment yn cael ei adio ar y gyfradd gyson o 0.5 m³ y funud, darganfyddwch, i 2 ff.y. y gyfradd mae'r uchder yn cynyddu pan fydd yr uchder yn 1.4 m.

Ateb

2   Cyfaint côn $= \frac{1}{3}\pi r^2 h$, ond am fod $r = h$, mae gennym ni $V = \frac{1}{3}\pi h^3$

$$\frac{dV}{dh} = \pi h^2$$

Nawr $$\frac{dV}{dt} = \frac{dV}{dh} \times \frac{dh}{dt}$$

$$0.5 = \pi h^2 \times \frac{dh}{dt}$$

Pan fydd $h = 1.4$, mae gennym ni, $0.5 = \pi(1.4)^2 \times \frac{dh}{dt}$,

sy'n rhoi $$\frac{dh}{dt} = 0.081 \text{ m y funud (i 2 ff.y.)}$$

Profi eich hun

1. Os yw $y = (4x^3 + 3x)^3$, darganfyddwch $\dfrac{dy}{dx}$. [2]

2. Os yw $y = (3 - 2x)^{10}$, darganfyddwch $\dfrac{dy}{dx}$. [2]

3. Mae ffwythiant wedi'i ddiffinio'n barametrig gan $x = 3t^2$, $y = t^4$.
   Darganfyddwch $\dfrac{dy}{dx}$ yn nhermau t. [2]

4. Darganfyddwch $\dfrac{dy}{dx}$ yn nhermau x ac ar gyfer y gromlin $4x^3 - 6x^2 + 3xy = 5$. [3]

5. Differwch bob un o'r canlynol mewn perthynas ag x, gan symleiddio eich ateb pan fydd hynny'n bosibl
   (a) $\ln(x^3)$ [2]
   (b) $\ln(\sin x)$ [2]

6. Differwch bob un o'r canlynol mewn perthynas ag x, gan symleiddio eich ateb pan fydd hynny'n bosibl.
   (a) $(2x^2 - 1)^3$ [2]
   (b) $x^3 \sin 2x$ [2]
   (c) $\dfrac{3x^2 + 4}{x^2 + 6}$ [2]

7. Darganfyddwch $\dfrac{dy}{dx}$ ar gyfer yr hafaliad $x^3 + 6xy^2 = y^3$. [3]

8. Os yw $y = \ln(2 + 5x^2)$, darganfyddwch $\dfrac{dy}{dx}$. [3]

Crynodeb

Gwnewch yn siŵr eich bod yn gwybod y ffeithiau canlynol:

Darganfod pwyntiau ffurfdro

I ddarganfod pwyntiau ffurfdro, darganfyddwch yr ail ddeilliad a'i roi yn hafal i sero. Datryswch yr hafaliad a rhowch y gwerth(oedd)-*x* yn ôl i mewn i hafaliad y gromlin er mwyn darganfod y cyfesuryn(nau)-*y*. Gwiriwch arwydd yr ail ddeilliad bob ochr i bob cyfesuryn-*x* i weld a yw'r arwydd yn newid. Os yw'r arwydd yn newid, yna mae'r pwynt hwnnw'n bwynt ffurfdro.

Differu e^{kx}, a^{kx}, $\sin kx$, $\cos kx$ a $\tan kx$

Mae angen i chi gofio pob un o'r deilliadau hyn.

$$\frac{d(e^{kx})}{dx} = ke^{kx}$$

$$\frac{d(a^{kx})}{dx} = ka^{kx}\ln a$$

$$\frac{d(\sin kx)}{dx} = k\cos kx$$

$$\frac{d(\cos kx)}{dx} = -k\sin kx$$

Nid oes angen i chi gofio'r deilliad canlynol gan ei fod wedi'i gynnwys yn y llyfryn fformiwlâu.

$$\frac{d(\tan kx)}{dx} = k\sec^2 kx$$

Deilliad $\ln x$

Mae angen i chi gofio'r deilliad hwn.

$$\frac{d(\ln x)}{dx} = \frac{1}{x}$$

I ddifferu logarithm naturiol ffwythiant, rydych chi'n differu'r ffwythiant ac yna'n rhannu â'r ffwythiant.

Mae modd mynegi hyn yn fathemategol fel hyn:

$$\frac{d(\ln(f(x)))}{dx} = \frac{f'(x)}{f(x)}$$

Rheol y Gadwyn

Os yw *y* yn ffwythiant o *u*, a bod *u* yn ffwythiant o *x*, yn ôl rheol y Gadwyn:

$$\frac{dy}{dx} = \frac{dy}{du} \times \frac{du}{dx}$$

Rheol y Lluoswm

$$\text{Os yw } y = f(x)\,g(x), \quad \frac{dy}{dx} = f(x)\,g'(x) + g(x)\,f'(x)$$

Rheol y Cyniferydd

$$\text{Os yw } y = \frac{f(x)}{g(x)}, \quad \frac{dy}{dx} = \frac{f'(x)\,g(x) - f(x)\,g'(x)}{(g(x))^2}$$

Differu ffwythiannau syml wedi'u diffinio'n ymhlyg

Mae darganfod $\dfrac{dy}{dx}$ yn nhermau x ac y yn cael ei alw'n ddifferu ymhlyg.

Dyma'r rheolau ar gyfer differu'n ymhlyg:

- Mae termau sy'n cynnwys x neu gysonion yn cael eu differu yn y ffordd arferol.

- Ar gyfer termau sy'n cynnwys y yn unig (e.e. $3y$, $5y^3$, etc.), differwch mewn perthynas ag y ac yna lluoswch y canlyniad â $\dfrac{dy}{dx}$.

- Ar gyfer termau sy'n cynnwys x ac y (e.e. xy, $5x^2y^3$, etc.), bydd rheol y Lluoswm yn cael ei defnyddio am fod dau derm wedi'u lluosi â'i gilydd. Sylwch fod angen cynnwys $\dfrac{dy}{dx}$ wrth ddifferu'r term sy'n cynnwys y.

Differu ffwythiannau wedi'u diffinio'n barametrig

Gall hafaliad cromlin gael ei fynegi mewn ffurf barametrig gan ddefnyddio:

$$x = f(t), y = g(t) \qquad \text{lle } t \text{ yw'r paramedr sy'n cael ei ddefnyddio.}$$

Y fformiwlâu ar gyfer differu ffurfiau parametrig yw:

$$\frac{dy}{dx} = \frac{\dfrac{dy}{dt}}{\dfrac{dx}{dt}} = \frac{dy}{dt} \times \frac{dt}{dx}$$

a

$$\frac{d^2y}{dx^2} = \frac{\dfrac{d}{dt}\left(\dfrac{dy}{dx}\right)}{\dfrac{dx}{dt}} = \frac{d}{dt}\left(\frac{dy}{dx}\right) \times \frac{dt}{dx}$$

6 Geometreg gyfesurynno ym mhlân (x, y)

Cyflwyniad

Mae'r testun hwn yn defnyddio llawer o'r technegau mathemategol sydd wedi'u cynnwys mewn testunau blaenorol. Mae'n rhaid i chi feistroli'r deunydd ar geometreg gyfesurynnol a oedd wedi'i gynnwys yn Nhestun 3 y llyfr UG. Mae'n rhaid i chi fod yn fedrus hefyd mewn differu sylfaenol, a gyflwynwyd yn Nhestun 7 y llyfr UG ac yn Nhestun 5 y llyfr hwn.

Mae'r testun hwn yn cyflwyno ffordd newydd o gynrychioli hafaliad cromlin gan ddefnyddio hafaliadau sy'n cael eu galw'n hafaliadau parametrig.

Mae'r testun hwn yn ymdrin â'r canlynol:

6.1   Hafaliadau parametrig

6.2   Defnyddio rheol y Gadwyn i ddarganfod y deilliad cyntaf yn nhermau paramedr

6.3   Differu ymhlyg

6.4   Defnyddio hafaliadau parametrig wrth fodelu mewn amrywiaeth o gyd-destunau

6.1 Hafaliadau parametrig

Tybiwch fod gennym ni ddau hafaliad $x = 2 + t$ ac $y = 5 + 3t$ lle gall t gymryd unrhyw werth.

Gan ddefnyddio $t = 0, 1, 2, 3, 4$, rydym ni'n cael y tabl canlynol:

t	0	1	2	3	4
x	2	3	4	5	6
y	5	8	11	14	17

Yn ôl y tabl, pan fydd cynnydd o 1 yn x, bydd cynnydd o 3 yn y, sy'n golygu mai 3 yw graddiant y llinell. Gan fod y pwynt (2, 5) ar y llinell, mae hafaliad y llinell yn cael ei roi gan:

$$y - y_1 = m(x - x_1)$$

Felly $\qquad y - 5 = 3(x - 2)$ sy'n rhoi $y = 3x - 1$

Trwy hyn, hafaliad y llinell syth yw $y = 3x - 1$.

Mae'r hafaliad hwn yn cysylltu x ac y ac rydym ni'n ei alw'n hafaliad Cartesaidd. Rydym ni'n galw'r hafaliadau gwreiddiol (h.y. $x = 2 + t$ ac $y = 5 + 3t$) yn hafaliadau parametrig.

Os caiff dau hafaliad parametrig fel $x = 2 + t$ ac $y = 5 + 3t$ eu rhoi i chi a bod angen darganfod yr hafaliad Cartesaidd, gallwn ni wneud hyn drwy ddileu'r paramedr t.

$$x = 2 + t \text{ felly } t = x - 2$$
$$y = 5 + 3t \text{ felly } y = 5 + 3(x - 2)$$

Trwy hyn $\qquad y = 5 + 3x - 6$

sy'n rhoi'r hafaliad Cartesaidd $y = 3x - 1$.

Gall hafaliadau parametrig gynrychioli cromliniau hefyd. Er enghraifft, mae'r hafaliadau parametrig $x = 2t^2$, $y = 4t$ yn cynrychioli parabola.

Yn yr un modd ag yn achos hafaliadau parametrig llinell syth, i ddarganfod hafaliad Cartesaidd cromlin, rhaid dileu'r paramedr t gan adael yr hafaliad yn nhermau x ac y.

Tybiwch fod yr hafaliadau parametrig $x = 2t^2$, $y = 4t$ yn cael eu rhoi i chi a bod angen darganfod hafaliad Cartesaidd y gromlin.

O $y = 4t$, mae gennym ni $t = \dfrac{y}{4}$

Mae amnewid hyn am t yn $x = 2t^2$ yn rhoi $x = 2\left(\dfrac{y}{4}\right)^2$

Felly $\qquad\qquad\qquad\qquad x = \dfrac{y^2}{8}$ neu $y^2 = 8x$

> Dyma'r hafaliad Cartesaidd gan ei fod yn cysylltu x ac y.

Enghreifftiau

1 Darganfyddwch hafaliad Cartesaidd y llinell sy'n cael ei roi gan yr hafaliadau parametrig

$$x = 4 + 2t \qquad\qquad y = 1 + 2t$$

....

Ateb

1    $x = 4 + 2t$ felly $2t = x - 4$

Mae amnewid $2t = x - 4$ am $2t$ yn yr hafaliad $y = 1 + 2t$ yn rhoi:

$$y = 1 + x - 4$$

$$y = x - 3$$

Sylwch: er mwyn darganfod yr hafaliad Cartesaidd, rydym ni'n dileu'r paramedr t.

---

2   Mae cromlin C yn cael ei rhoi gan yr hafaliadau parametrig $x = t^2, y = t^3$.

Darganfyddwch hafaliad y tangiad i'r gromlin yn y pwynt sy'n cael ei roi gan $t = 2$.

....

Ateb

2    $\dfrac{dx}{dt} = 2t$ a $\dfrac{dy}{dt} = 3t^2$ Rydym ni'n defnyddio rheol y Gadwyn i ddarganfod $\dfrac{dy}{dx}$

Sylwch fod
$$\frac{dy}{dx} = \frac{1}{\frac{dx}{dt}}$$
ac felly rhaid cofio gwrthdroi
$$\frac{dx}{dt}.$$

Trwy hyn $\dfrac{dy}{dx} = \dfrac{dy}{dt} \times \dfrac{dt}{dx} = 3t^2 \times \dfrac{1}{2t} = \dfrac{3}{2}t$

Pan fydd $t = 2, \dfrac{dy}{dx} = \dfrac{3}{2} \times 2 = 3$

Rydym ni'n amnewid $t = 2$ am t yn yr hafaliadau parametrig $x = t^2$ ac $y = t^3$.

Pan fydd $t = 2, x = 2^2 = 4$ ac $y = 2^3 = 8$

Trwy hyn, mae'r pwynt $(4, 8)$ ar y gromlin.

Hafaliad tangiad sy'n mynd drwy $(4, 8)$ ac sydd â'r graddiant 3 yw

Rydym ni'n defnyddio'r fformiwla ar gyfer llinell syth $y - y_1 = m(x - x_1)$.

$$y - 8 = 3(x - 4)$$

Trwy hyn $y - 3x + 4 = 0$

---

3   Hafaliadau parametrig y gromlin C yw

$$x = 3\cos t, y = 4\sin t.$$

Mae'r pwynt P ar C a pharamedr y pwynt yw p.

(a)   Dangoswch mai hafaliad y tangiad i C yn y pwynt P yw

$$(3\sin p)y + (4\cos p)x - 12 = 0$$

(b)   Mae'r tangiad i C yn y pwynt P yn cyfarfod â'r echelin-x yn y pwynt A a'r echelin-y yn y pwynt B. O wybod bod

$$p = \frac{\pi}{6}$$

(i)   darganfyddwch gyfesurynnau A a B,

(ii)   dangoswch mai union hyd AB yw $2\sqrt{19}$.

....

Ateb

3   (a) $x = 3\cos t$, $y = 4\sin t$

Mae differu'r ddau mewn perthynas â t yn rhoi:

$$\frac{dx}{dt} = -3\sin t, \quad \frac{dy}{dt} = 4\cos t$$

$$\frac{dy}{dx} = \frac{dy}{dt} \times \frac{dt}{dx}$$

$$= 4\cos t \times \frac{1}{-3\sin t}$$

$$= -\frac{4\cos t}{3\sin t}$$

Rydym ni'n defnyddio $\frac{dt}{dx} = \frac{1}{\frac{dx}{dt}}$

Yn $P(3\cos p, 4\sin p)$ y graddiant $= -\dfrac{4\cos p}{3\sin p}$

Mae'r paramedr p yn dangos bod
$$x = 3\cos p, \quad y = 4\sin p.$$

Mae hafaliad y tangiad i C yn P yn cael ei roi gan

$$y - y_1 = m(x - x_1)$$

$$y - 4\sin p = -\frac{4\cos p}{3\sin p}\left(x - 3\cos p\right)$$

$$3y\sin p + 4x\cos p = 12\left(\sin^2 p + \cos^2 p\right)$$

Rydym ni'n defnyddio
$$\sin^2 p + \cos^2 p = 1$$

Trwy hyn $3y\sin p + 4x\cos p = 12$

Felly $(3\sin p)y + (4\cos p)x - 12 = 0$

(b) (i)   Nawr $p = \dfrac{\pi}{6}$ ac yn A, $y = 0$

$\sin\dfrac{\pi}{6} = \dfrac{1}{2}$ a $\cos\dfrac{\pi}{6} = \dfrac{\sqrt{3}}{2}$.

Trwy hyn $\left(3\sin\dfrac{\pi}{6}\right)(0) + \left(4\cos\dfrac{\pi}{6}\right)x - 12 = 0$

$$0 + \frac{4\sqrt{3}}{2}x - 12 = 0$$

$$2\sqrt{3}x = 12$$

Cofiwch resymoli'r enwadur drwy luosi'r rhan uchaf a'r rhan isaf â $\sqrt{3}$.

$$x = \frac{6}{\sqrt{3}}$$

$$= \frac{6\sqrt{3}}{\sqrt{3}\sqrt{3}} = 2\sqrt{3}$$

Cyfesurynnau pwynt A yw $(2\sqrt{3}, 0)$

Ar gyfer pwynt B, $x = 0$.

Trwy hyn $\left(3\sin\dfrac{\pi}{6}\right)y + 0 - 12 = 0$

$$\left(\sin\frac{\pi}{6}\right)y = 4$$

$$\frac{1}{2}y = 4$$

$$y = 8$$

Cyfesurynnau pwynt B yw $(0, 8)$

(ii) Mae hyd llinell syth sy'n cysylltu'r ddau bwynt (x_1, y_1) ac (x_2, y_2) yn cael ei roi gan:

$$\sqrt{(x_2 - x_1)^2 + (y_2 - y_1)^2}$$

Trwy hyn, y pellter rhwng A $(2\sqrt{3}, 0)$ a B $(0, 8)$ yw:

$$= \sqrt{(2\sqrt{3} - 0)^2 + (0 - 8)^2}$$

$$= \sqrt{12 + 64}$$

$$= \sqrt{76}$$

$$= \sqrt{4 \times 19}$$

$$= 2\sqrt{19}$$

6.2 Defnyddio rheol y Gadwyn i ddarganfod y deilliad cyntaf a'r ail ddeilliad

Gallwn ni ddefnyddio rheol y Gadwyn i ddarganfod yr ail ddeilliad yn nhermau paramedr fel t yn y ffordd ganlynol:

$$\frac{dy}{dx} = \frac{dy}{dt} \times \frac{dt}{dx}$$

Mae'r enghraifft ganlynol yn dangos y dechneg hon.

Enghraifft

1 Hafaliadau parametrig y gromlin C yw $x = t^2$, $y = t^2 + 2t$.

Darganfyddwch $\frac{dy}{dx}$ yn nhermau t, gan symleiddio eich canlyniad cymaint â phosibl.

. . . .

Ateb

1      $x = t^2$, $y = t^2 + 2t$

$$\frac{dx}{dt} = 2t \qquad \frac{dy}{dt} = 2t + 2$$

$$\frac{dy}{dx} = \frac{dy}{dt} \times \frac{dt}{dx} = (2t + 2) \times \frac{1}{2t} = \frac{t + 1}{t} = 1 + \frac{1}{t}$$

6.3 Differu ymhlyg

Cawsom ni gyfle i ymdrin â differu ymhlyg yn Nhestun 5 y llyfr hwn.

I adolygu, darganfod $\frac{dy}{dx}$ yn nhermau x ac y yw differu ymhlyg. Mae nifer o reolau ac mae'r rhain wedi'u crynhoi yma.

Dyma'r rheolau ar gyfer differu'n ymhlyg:

- Rydym ni'n differu termau sy'n cynnwys x neu gysonion yn ôl yr arfer.

- Ar gyfer termau sy'n cynnwys y, (e.e. $3y$, $5y^3$, etc.), rydym ni'n differu mewn perthynas ag y ac yna'n lluosi'r canlyniad â $\frac{dy}{dx}$.

- Ar gyfer termau sy'n cynnwys x ac y (e.e. xy, $5x^2y^3$, etc.), rydym ni'n defnyddio rheol y Lluoswm oherwydd bod dau derm wedi'u lluosi â'i gilydd. Sylwch ar yr angen i gynnwys $\frac{dy}{dx}$ pan fyddwn ni'n differu'r term sy'n cynnwys y.

Trowch at yr enghreifftiau canlynol ar ôl edrych yn fras drwy Destun 5 y llyfr hwn.

Enghreifftiau

1 Darganfyddwch hafaliad y tangiad i'r gromlin

$$6x^2 + xy + 3y^2 = 6$$

yn y pwynt $(1, 0)$.

. . . .

Ateb

1   $6x^2 + xy + 3y^2 = 6$

Mae differu mewn perthynas ag x yn rhoi:

Rydym ni'n differu'r term xy gan ddefnyddio rheol y Lluoswm.

Pan fyddwn ni'n differu $f(y)$ mewn perthynas ag x byddwn ni'n cael

$$f'(y)\frac{dy}{dx}$$

$$12x + (x)\frac{dy}{dx} + y(1) + 6y\frac{dy}{dx} = 0$$

$$\frac{dy}{dx}(x + 6y) = -12x \quad y$$

Rydym ni'n tynnu allan $\frac{dy}{dx}$ fel ffactor.

Trwy hyn $$\frac{dy}{dx} = \frac{-12x - y}{x + 6y}$$

Yn $(1, 0)$, $$\frac{dy}{dx} = \frac{-12 - 0}{1 + 0} = -12$$

Hafaliad y tangiad yn y pwynt $(1, 0)$ yw

$$y - 0 = -12(x - 1)$$

$$y = -12x + 12$$

Rydym ni'n defnyddio $y - y_1 = m(x - x_1)$ i ddarganfod hafaliad y tangiad.

---

2 Darganfyddwch hafaliad y normal i'r gromlin

$$5x^2 + 4xy - y^3 = 5$$

yn y pwynt $(1, -2)$.

Ateb

2    $5x^2 + 4xy - y^3 = 5$

Mae differu mewn perthynas ag x yn rhoi

Rydym ni'n defnyddio rheol
y Lluoswm i ddifferu $4xy$.

$$10x + (4x)\frac{dy}{dx} + y(4) - 3y^2\frac{dy}{dx} = 0$$

$$10x + 4y = \frac{dy}{dx}(3y^2 - 4x)$$

Trwy hyn $\frac{dy}{dx} = \frac{10x + 4y}{3y^2 - 4x}$

Mae'r normal a'r tangiad yn
yr un pwynt ar ongl sgwâr
i'w gilydd, felly lluoswm eu
graddiannau yw –1.

Yn (1, –2), $\frac{dy}{dx} = \frac{10 - 8}{12 - 4} = \frac{1}{4}$

Graddiant y normal yw = –4

Hafaliad y normal yn y pwynt (1, –2) yw

Rydym ni'n defnyddio
   $y - y_1 = m(x - x_1)$
i ddarganfod graddiant y
normal.

$$y + 2 = -4(x - 1)$$

$$y = -4x + 2$$

---

3   Hafaliadau parametrig y gromlin C yw
$$x = \frac{2}{t}, \quad y = 4t$$

(a)   Dangoswch mai hafaliad y tangiad i C yn y pwynt P â pharamedr p yw
$$y = -2p^2x + 8p$$

(b)   Mae'r tangiad i C yn y pwynt P yn mynd trwy'r pwynt (2, 3). Dangoswch
y gall P fod yn un o ddau bwynt.

Darganfyddwch gyfesurynnau'r ddau bwynt hyn.

Ateb

3   (a) $x = \frac{2}{t}, \quad y = 4t$

$x = 2t^{-1}$ felly $\frac{dx}{dt} = -2t^{-2} = \frac{-2}{t^2}$

$$\frac{dy}{dt} = 4$$

$$\frac{dy}{dx} = \frac{dy}{dt} \times \frac{dt}{dx} = 4 \times \frac{t^2}{-2} = -2t^2$$

Rydym ni'n newid y
paramedr o t i p.

Yn P, $x = \frac{2}{p}, \quad y = 4p$

Hafaliad y tangiad yn P yw $y - 4p = -2p^2\left(x - \frac{2}{p}\right)$

Rydym ni'n defnyddio
   $y - y_1 = m(x - x_1)$.

$$y - 4p = -2p^2x + 4p$$

$$y = -2p^2x + 8p$$

(b) Rhaid i'r cyfesurynnau (2, 3) fodloni hafaliad y tangiad. Trwy hyn,

$$y = -2p^2x + 8p$$

felly

$$3 = -4p^2 + 8p$$

$$4p^2 - 8p + 3 = 0$$

$$(2p - 1)(2p - 3) = 0$$

sy'n rhoi $p = \frac{1}{2}, \frac{3}{2}$.

Trwy hyn, cyfesurynnau'r ddau bwynt yw (4, 2), $\left(\frac{4}{3}, 6\right)$

> Rydym ni'n amnewid pob un o werthoedd y paramedr p sy'n rhoi
> $$x = \frac{2}{p}, y = 4p$$
> i ddarganfod y ddau bâr o gyfesurynnau.

---

4 (a) Mae'r gromlin C yn cael ei rhoi gan yr hafaliad

$$x^4 + x^2y + y^2 = 13$$

Darganfyddwch werth $\frac{dy}{dx}$ yn y pwynt $(-1, 3)$.

(b) Dangoswch mai hafaliad y normal i'r gromlin $y^2 = 4x$ yn y pwynt P $(p^2, 2p)$ yw:

$$y + px = 2p + p^3$$

O wybod bod $p \neq 0$ a bod y normal yn P yn torri'r echelin-x yn B $(b, 0)$, dangoswch fod $b > 2$.

· ·

Ateb

4 (a) $x^4 + x^2y + y^2 = 13$

Mae differu mewn perthynas ag x yn rhoi

$$4x^3 + x^2\frac{dy}{dx} + y(2x) + 2y\frac{dy}{dx} = 0$$

Gan fod $x = -1$ ac $y = 3$, mae gennym ni:

$$4(-1)^3 + (-1)^2\frac{dy}{dx} + 3(2(-1)) + 2(3)\frac{dy}{dx} = 0$$

$$-4 + \frac{dy}{dx} - 6 + 6\frac{dy}{dx} = 0$$

$$7\frac{dy}{dx} = 10$$

$$\frac{dy}{dx} = \frac{10}{7}$$

(b) $y^2 = 4x$

Mae differu mewn perthynas ag x yn rhoi $2y\frac{dy}{dx} = 4$

Trwy hyn, $\qquad\qquad\qquad \frac{dy}{dx} = \frac{2}{y}$

Nawr yn P $(p^2, 2p)$ graddiant y tangiad $= \frac{2}{2p} = \frac{1}{p}$

Felly graddiant y normal $= -p$

GWELLA
 **Gradd**

Gwnewch yn siŵr eich bod yn differu ochr dde'r hafaliad yn ogystal â'r ochr chwith.

Yma, rydym ni'n defnyddio
$$m_1m_2 = -1$$

Mae hafaliad y normal yn cael ei roi gan:

$$y - 2p = -p(x - p^2)$$

$$y - 2p = -px + p^3$$

$$y + px = 2p + p^3$$

Hafaliad yr echelin-x yw $y = 0$

Trwy hyn $0 + px = 2p + p^3$

Felly $x = 2 + p^2$

Yn B, $x = b$, felly $b = 2 + p^2$ a $b - 2 = p^2$

Ar gyfer $p^2 > 0, b > 2$

Mae'n rhaid i $b - 2$ fod yn bositif.

Cam wrth

Mae cromlin C wedi'i diffinio gan

$$y^4 - 2x^2 + 8xy^2 + 9 = 0$$

Dangoswch nad oes unrhyw bwynt ar C lle mae $\dfrac{dy}{dx} = 0$.

Camau i'w cymryd

1   Mae angen i ni ddarganfod mynegiad ar gyfer y graddiant, felly rydym ni'n dechrau drwy ddifferu'n ymhlyg mewn perthynas ag x.

2   Wrth ddifferu, mae angen defnyddio rheol y Lluoswm i ddifferu $8xy^2$.

3   Aildrefnwch yr hafaliad fel mai $\frac{dy}{dx}$ yw'r testun.

4   Dangoswch na all yr hafaliad dilynol fod â gwerth sero.

Ateb

$$y^4 - 2x^2 + 8xy^2 + 9 = 0$$

Gan ddifferu'n ymhlyg mewn perthynas ag x,

$$4y^3\frac{dy}{dx} - 4x + 8x(2y)\frac{dy}{dx} + y^2(8) = 0$$

$$4y^3\frac{dy}{dx} - 4x + 16xy\frac{dy}{dx} + 8y^2 = 0$$

$$4y^3\frac{dy}{dx} + 16xy\frac{dy}{dx} = 4x - 8y^2$$

$$\frac{dy}{dx}(4y^3 + 16xy) = 4(x - 2y^2)$$

$$\frac{dy}{dx} = \frac{4(x - 2y^2)}{4y(y^2 + 4x)}$$

$$= \frac{x - 2y^2}{y(y^2 + 4x)}$$

Ar gyfer $\frac{dy}{dx} = 0$, rhaid i'r rhifiadur fod yn sero.

Trwy hyn, $x - 2y^2 = 0$, felly $x = 2y^2$

Mae amnewid $x = 2y^2$ i mewn i hafaliad C yn rhoi:

$$y^4 - 2(2y^2)^2 + 8(2y^2)y^2 + 9 = 0$$
$$y^4 - 8y^4 + 16y^4 + 9 = 0$$
$$9y^4 + 9 = 0$$
$$y^4 = -1 \text{ (sydd yn amhosibl)}$$

Bydd y^4 bob amser yn bositif ar gyfer gwerthoedd positif a negatif y.

Felly nid oes pwynt real yn bodoli lle mae $\frac{dy}{dx} = 0$.

6.4 Defnyddio hafaliadau parametrig wrth fodelu mewn amrywiaeth o gyd-destunau

Gall hafaliadau parametrig gael eu defnyddio i fodelu sefyllfaoedd, yn arbennig mewn mecaneg.

Cam wrth

Mae corryn a phryfyn ar y plân (x, y).

Mae safle'r corryn ar amser t eiliad yn cael ei roi gan $x = 10t, y = t^2$.

Mae safle'r pryfyn ar amser t eiliad yn cael ei roi gan $x = 2t, y = t - 6$.

(a) Darganfyddwch yn algebraidd a yw'r llwybrau mae'r ddau yn eu cymryd yn croesi.

(b) Dangoswch a fydd y corryn a'r pryfyn yn cwrdd.

Camau i'w cymryd

1 Sylwch fod safleoedd-x a safleoedd-y y corryn a'r pryfyn yn cael eu rhoi yn nhermau'r paramedr t a bod t yn cynrychioli amser mewn eiliadau.

2 Darganfyddwch hafaliadau Cartesaidd y ddau lwybr drwy ddileu'r paramedr t. Bydd yr hafaliad dilynol yn nhermau x ac y yn unig.

3 Datryswch ddau hafaliad Cartesaidd y llwybrau yn gydamserol i ddarganfod cyfesurynnau unrhyw bwyntiau croestoriad.

4 Defnyddiwch y gwerthoedd x neu y i ddarganfod gwerth t pob pwynt croestoriad, i'r ddau greadur. Drwy wneud hyn, byddwch chi'n darganfod a ydyn nhw yn yr un safle ar yr un pryd, a fyddai'n golygu eu bod nhw'n cwrdd.

. . . .

Ateb

$x = 10t, y = t^2$

$x^2 = 100t^2$, felly mae amnewid i mewn ar gyfer y yn rhoi
$$x^2 = 100y$$

$x = 2t, \quad y = t - 6$

$t = \frac{x}{2}, \quad$ felly $\quad y = \frac{x}{2} - 6$

Dyma'r hafaliad Cartesaidd ar gyfer llwybr y corryn.

Dyma'r hafaliad Cartesaidd ar gyfer llwybr y pryfyn.

$$x = 2y + 12$$

Mae datrys y ddau hafaliad Cartesaidd yn gydamserol yn rhoi:

$$x^2 = (2y + 12)^2,$$ ond am fod $x^2 = 100y$ mae'n rhoi:

$$100y = (2y + 12)^2$$

$$100y = 4y^2 + 48y + 144$$

$$4y^2 - 52y + 144 = 0$$

$$y^2 - 13y + 36 = 0$$

$$(y - 9)(y - 4) = 0$$

Felly $y = 9$ neu 4 ac mae amnewid y gwerthoedd hyn i mewn i $x = 2y + 12$ yn rhoi $x = 30$ neu 20.

Cyfesurynnau'r pwyntiau lle mae'r llwybrau'n croestorri yw (30, 9) a (20, 4).

Nawr mae angen i ni ddarganfod yr amserau pan fydd y naill greadur a'r llall yn y cyfesurynnau hyn.

Sylwch mai cyfesurynnau'r pwyntiau lle mae'r llwybrau'n croestorri yn unig yw'r rhain. Er mwyn i'r corryn a'r pryfyn gwrdd, byddai'n rhaid iddyn nhw fod ar gyfesuryn penodol ar yr un amser.

Yn gyntaf, edrychwn ar bwynt (30, 9)

Ar gyfer y corryn, $x = 10t, y = t^2$

Pan fydd $x = 30, t = 3$ s

Ar gyfer y pryfyn, $x = 2t, y = t - 6$

Pan fydd $x = 30, t = 15$ s

Felly ni fydd y corryn a'r pryfyn yn cwrdd oherwydd fyddan nhw ddim yn y pwynt hwn ar yr un pryd.

Nawr, edrychwn ar bwynt (20, 4)

Ar gyfer y corryn, $x = 10t, y = t^2$

Pan fydd $x = 20, t = 2$ s

Ar gyfer y pryfyn, $x = 2t, y = t - 6$

Pan fydd $x = 20, t = 10$ s

Felly ni fydd y corryn a'r pryfyn yn cwrdd oherwydd fyddan nhw ddim yn y pwynt hwn ar yr un pryd.

Felly gan fod y llwybrau mae'r ddau greadur yn eu cymryd yn croestorri ddwywaith, nid yw'r creaduriaid yn y naill bwynt na'r llall ar yr un pryd, felly fyddan nhw ddim yn cwrdd.

Profi eich hun

① Hafaliad parametrig y gromlin C yw $x = 3t^2, y = t^3$.
Paramedr y pwynt P yw p.
Dangoswch mai hafaliad y normal i C yn y pwynt P yw
$py + 2x = p^2(6 + p^2)$. [5]

② O wybod bod $y^2 - 5xy + 8x^2 = 2$, profwch fod $\dfrac{dy}{dx} = \dfrac{5y - 16x}{2y - 5x}$ [4]

③ Hafaliadau parametrig y gromlin C yw $x = 2\sin 4t$, $y = \cos 4t$.

(a) Profwch fod $\dfrac{dy}{dx} = -\dfrac{1}{2}\tan 4t$. [3]

(b) Dangoswch mai hafaliad y tangiad i C yn y pwynt P â pharamedr p yw
$2y\cos 4p + x\sin 4p = 2$ [4]

④ Hafaliadau parametrig y gromlin C yw $x = t^2, y = t^3$.
Paramedr y pwynt P yw p.

(a) Dangoswch mai graddiant y tangiad i C yn y pwynt P yw $\dfrac{3}{2}p$. [4]

(b) Darganfyddwch hafaliad y tangiad yn P. [2]

⑤ Hafaliad y gromlin C yw $4x^2 - 6xy + y^2 = 20$

(a) Profwch fod $\dfrac{dy}{dx} = \dfrac{3y - 4x}{y - 3x}$. [4]

(b) Mae'r pwyntiau A a B ar C. Os yw cyfesurynnau-x pwyntiau A a B yn hafal i 0, profwch mai cyfesurynnau-y pwyntiau A a B yw $\pm 2\sqrt{5}$. [3]

⑥ Mae car tegan A yn teithio ar hyd llwybr sy'n cael ei roi gan $x = 40t - 40$ ac $y = 120t - 160$ lle t yw'r amser mewn eiliadau a lle mae'r pellteroedd mewn metrau. Mae car tegan B yn teithio yn yr un plân llorweddol ac mae ei lwybr yn cael ei roi gan $x = 30t, y = 20t^2$.
(a) Darganfyddwch y cyfesurynnau lle mae'r llwybrau'n cwrdd. [3]
(b) Darganfyddwch a yw'r ceir tegan yn gwrthdaro â'i gilydd neu beidio. [3]

Crynodeb

Gwnewch yn siŵr eich bod yn gwybod y ffeithiau canlynol:

Hafaliadau Cartesaidd a pharamedrig

Mae hafaliadau Cartesaidd yn cysylltu x ac y rywfodd. Er enghraifft, mae $y = 4x^3$ yn hafaliad Cartesaidd.

Mae hafaliadau parametrig yn mynegi x ac y yn nhermau paramedr fel t, er enghraifft

$$x = 4 + 2t \qquad y = 1 + 2t$$

I gael yr hafaliad Cartesaidd o'r hafaliad parametrig mae angen dileu'r paramedr.

Sylwch fod $\dfrac{dy}{dx} = \dfrac{dy}{dt} \times \dfrac{dt}{dx}$

Defnyddio rheol y Gadwyn i ddarganfod yr ail ddeilliad

Gallwn ni ddefnyddio rheol y Gadwyn i ddarganfod yr ail ddeilliad yn nhermau paramedr fel t yn y ffordd ganlynol:

$$\frac{d^2y}{dx^2} = \frac{d}{dx}\left(\frac{dy}{dx}\right) = \frac{d}{dt}\left(\frac{dy}{dx}\right)\frac{dt}{dx}$$

Differu ymhlyg

Dyma'r rheolau sylfaenol:

$$\frac{d(3x^2)}{dx} = 6x$$

> Rydym ni'n differu termau sy'n cynnwys x neu gysonion yn ôl yr arfer.

$$\frac{d(6y^3)}{dx} = 18y^2 \times \frac{dy}{dx}$$

> Rydym ni'n differu mewn perthynas ag y ac yna'n lluosi'r canlyniad â $\frac{dy}{dx}$.

$$\frac{d(y)}{dx} = 1 \times \frac{dy}{dx}$$

> Pan fyddwn ni'n differu term sy'n cynnwys y yn unig, byddwn ni'n differu mewn perthynas ag y ac yna'n lluosi'r canlyniad â $\frac{dy}{dx}$. Yma rydym ni'n cymhwyso rheol y Gadwyn.

$$\frac{d(x^2y^3)}{dx} = (x^2)\left(3y^2 \times \frac{dy}{dx}\right) + (y^3)(2x)$$

$$= 3x^2y^2\frac{dy}{dx} + 2xy^3$$

> Oherwydd bod dau derm yma, rydym ni'n defnyddio rheol y Lluoswm. Sylwch ar yr angen i gynnwys $\frac{dy}{dx}$ pan fyddwn ni'n differu'r term sy'n cynnwys y.

7 Integru

Cyflwyniad

Daethoch chi ar draws integru yn Nhestun 8 cwrs UG Pur. Integru yw'r gwrthwyneb i ddifferu, felly i integru term, rydych chi'n adio un i'r indecs ac yna'n rhannu â'r indecs newydd. Yn achos integru amhendant, mae'n rhaid i chi gofio cynnwys cysonyn integru ac yn achos integru pendant rydych chi'n amnewid rhifau i mewn. Mae integrynnau pendant yn cynrychioli'r arwynebedd o dan y gromlin. Gan y byddwch chi'n adeiladu ar y deunydd yn Nhestun 8 y cwrs UG Pur, dylech chi edrych ar y deunydd hwnnw cyn dechrau ar y testun hwn.

Mae'r testun hwn yn ymdrin â'r canlynol:

7.1 Integru $x^n(n \neq -1)$, e^{kx}, $\frac{1}{x}$, $\sin kx$, $\cos kx$

7.2 Integru $(ax + b)^n (n \neq -1)$, e^{ax+b}, $\frac{1}{ax + b}$, $\sin(ax + b)$, $\cos(ax + b)$

7.3 Defnyddio integru pendant i ddarganfod yr arwynebedd rhwng dwy gromlin

7.4 Defnyddio integru fel terfan swm

7.5 Integru drwy amnewid ac integru fesul rhan

7.6 Integru gan ddefnyddio ffracsiynau rhannol

7.7 Datrysiad dadansoddol i hafaliadau differol trefn un sydd â newidynnau gwahanadwy

7.1 Integru $x^n(n \neq -1)$, e^{kx}, $\frac{1}{x}$, $\sin kx$, $\cos kx$

Y broses wrthdro i ddifferu yw integru. Gallwn ni ddefnyddio'r ffaith hon i helpu i gofio integrynnau'r ffwythiannau sydd wedi'u cynnwys yn yr adran hon, gan na fydd y fformiwlâu ar gyfer yr integrynnau hyn yn y llyfryn fformiwlâu. Cofiwch fod yn rhaid cynnwys cysonyn integru, c, bob tro y byddwch chi'n integru heb ddefnyddio terfannau.

Integru $x^n(n \neq -1)$

$$\int x^n \, dx = \frac{x^{n+1}}{n+1} + c$$

Integru e^{kx}

$$\int e^{kx} \, dx = \frac{e^{kx}}{k} + c$$

Integru $\frac{1}{x}$

> Ni allwn ddarganfod ln rhif negatif, felly rydym ni'n cynnwys yr arwydd modwlws yma.

$$\int \frac{1}{x} \, dx = \ln |x| + c$$

Integru $\sin kx$

> Sylwch mai $-\sin x$ yw deilliad $\cos x$ ac felly $-\cos x$ yw integryn $\sin x$, oherwydd mai'r broses wrthdro i ddifferu yw integru.

$$\int \sin kx \, dx = -\frac{1}{k}\cos kx + c$$

Integru $\cos kx$

> Os differwn ni $\sin x$, rydym ni'n cael $\cos x$.

$$\int \cos kx \, dx = \frac{1}{k}\sin kx + c$$

Enghreifftiau

1 Darganfyddwch $\int (4x^3 + 3x^2 + 2x + 1) \, dx$

Ateb

1 $\int (4x^3 + 3x^2 + 2x + 1) \, dx = \dfrac{4x^4}{4} + \dfrac{3x^3}{3} + \dfrac{2x^2}{2} + x + c$

$$= x^4 + x^3 + x^2 + x + c$$

2 Darganfyddwch $\int \dfrac{1}{2x} \, dx$

Ateb

2 $\int \dfrac{1}{2x} \, dx = \dfrac{1}{2}\int \dfrac{1}{x} \, dx$

$$= \frac{1}{2}\ln |x| + c$$

3 Darganfyddwch $\int e^{3x} \, dx$

Ateb

3 $\int e^{3x} \, dx = \dfrac{1}{3}e^{3x} + c$

4   Darganfyddwch $\int 3\cos 3x \, dx$

Ateb

4   $\int 3\cos 3x \, dx = 3 \int \cos 3x \, dx$

$\qquad = 3 \times \frac{1}{3} \sin x + c$

$\qquad = \sin x + c$

5   Darganfyddwch $\int \frac{1}{2} \sin \frac{x}{2} \, dx$

Ateb

5   $\int \frac{1}{2} \sin \frac{x}{2} \, dx = \frac{1}{2} \int \sin \frac{x}{2} \, dx$

$\qquad\qquad = -\cos \frac{x}{2} + c$

7.2 Integru $(ax + b)^n$ $(n \neq -1)$, e^{ax+b}, $\frac{1}{ax+b}$, $\sin(ax + b)$, $\cos(ax + b)$

Byddwn ni'n addasu'r canlyniadau yn y tabl ar y dudalen flaenorol pan fyddwn ni'n rhoi'r mynegiad llinol $ax + b$ yn lle x, gydag a a b yn gysonion. Felly, er enghraifft,

pan fydd $n \neq -1$, $\frac{d}{dx}\left((ax + b)^{n+1}\right) = (n + 1)(ax + b)^n (a)$

> Rydym ni'n defnyddio rheol y Gadwyn.

fel y bydd $\int (n + 1)(ax + b)^n (a) \, dx = (ax + b)^{n+1}$

neu wrth rannu'r ddwy ochr â'r cysonyn $(n + 1)a$,

$$\int (ax + b)^n \, dx = \frac{(ax + b)^{n+1}}{(n + 1)a} + c$$

> Rydym ni'n gadael allan y cysonyn integru.

Yn yr un modd, gan fod

$$\frac{d}{dx}\left(e^{ax+b}\right) = \left(e^{ax+b}\right)(a) + c$$

rydym ni'n cael $\int e^{ax+b} \, dx = \dfrac{e^{ax+b}}{a} + c$

> Rydym ni'n defnyddio rheol y Gadwyn ac yn gadael allan y cysonyn integru.

Felly mae'r tabl llawn fel hyn:

$$\int (ax + b)^n \, dx = \frac{(ax + b)^{n+1}}{(n + 1)a} + c \qquad (n \neq -1)$$

$$\int e^{ax+b} \, dx = \frac{e^{ax+b}}{a} + c$$

$$\int \frac{1}{ax + b} \, dx = \frac{1}{a} \ln |ax + b| + c$$

$$\int \sin(ax + b) \, dx = \frac{-\cos(ax + b)}{a} + c$$

$$\int \cos(ax + b) \, dx = \frac{\sin(ax + b)}{a} + c$$

> Bydd gofyn i chi gofio'r canlyniadau hyn gan na fyddan nhw yn y llyfryn fformiwlâu.

Mae'n briodol tynnu sylw at ddwy agwedd ar addasu'r tabl cyntaf i gael yr ail dabl. Yn gyntaf, rydym ni'n cael canlyniadau'r ail dabl o ganlyniadau'r tabl cyntaf drwy wneud y canlynol:

- rhoi $ax + b$ yn lle x,
- cyflwyno ffactor $\frac{1}{a}$.

Yn ail, mae'n bwysig sylwi bod yr addasiad cymharol syml yn digwydd oherwydd mai a yw deilliad $ax + b$.

Felly, sylwch

$$\textbf{nad } \text{yw} \int (ax^2 + b)^n \, dx \text{ yn hafal i } \frac{(ax^2 + b)^{n+1}}{(n+1)2ax} + c$$

> Mae'r tabl cyntaf i'w weld ar dudalen 150.

> Os byddwn ni'n differu
> $$\frac{(ax^2 + b)^{n+1}}{(n+1)2ax}$$
> ni fyddwn ni'n cael $(ax^2 + b)^n$. Cofiwch reol y Cyniferydd.

Enghreifftiau

1   Lle mae hynny'n bosibl, defnyddiwch yr ail dabl i integru'r canlynol. Os nad yw'n bosibl, esboniwch pam na allwch chi ddefnyddio'r ail dabl.

(a) $\dfrac{1}{4x + 5}$

(b) $\sin (x^3)$

(c) $\cos 3x$

(ch) $\dfrac{1}{5x^2 + 7}$

. . . .

Atebion

1   (a) Mae $4x + 5$ o'r ffurf $ax + b$, lle mae $a = 4$ lle mae $b = 5$.

Felly $\displaystyle\int \frac{1}{4x + 5} \, dx = \frac{1}{4} \ln |4x + 5| + c$

(b) Ni allwn ddefnyddio'r tabl i ddarganfod $\int \sin (x^3)$ oherwydd nad yw x^3 o'r ffurf $ax + b$.

(c) Mae $3x$ o'r ffurf $ax + b$, lle $a = 3$ a $b = 0$.

Felly $\displaystyle\int \cos 3x \, dx = \frac{\sin 3x}{3} + c$

(ch) Nid yw $5x^2 + 7$ o'r ffurf $ax + b$, felly ni allwn ni ddefnyddio'r tabl.

2   Integrwch

(a) e^{2x}

(b) $\sin (7x + 5)$

(c) $\dfrac{1}{7x + 1}$

(ch) $\cos \left(\dfrac{x}{3}\right)$

Atebion

2 (a) $\dfrac{e^{2x}}{2} + c$

> e^{ax+b} gydag $a = 2$, $b = 0$.

(b) $\dfrac{-\cos(7x +5)}{7} + c$

> $\sin(ax + b)$ gydag $a = 7$, $b = 5$.

(c) $\dfrac{1}{7} \ln|7x + 1| + c$

> $\dfrac{1}{ax + b}$ gydag $a = 7$, $b = 1$.

(ch) $\dfrac{\sin\left(\frac{x}{3}\right)}{\left(\frac{1}{3}\right)} + c = 3 \sin\left(\dfrac{x}{3}\right) + c$

> $\cos(ax + b)$ gydag $a = \frac{1}{3}$, $b = 0$.

Rydym ni hefyd yn nodi bod $\int k(ax + b)\, dx = k \int (ax + b)\, dx$ a'n bod yn enrhifo integrynnau pendant fel yn y cwrs UG.

Enghreifftiau

1 Integrwch

(a) $6e^{-2x}$

(b) $\dfrac{8}{4x + 1}$

(c) $7 \sin(2x + 3)$

(ch) $15 \cos(3x + 2)$

Atebion

1 (a) $\int 6e^{-2x}\, dx = 6 \int e^{-2x}\, dx$

> e^{ax+b} gydag $a = -2$, $b = 0$.

$\qquad = 6 \times \dfrac{e^{-2x}}{-2} + c$

$\qquad = -3e^{-2x} + c$

(b) $\int \dfrac{8}{4x + 1}\, dx = 8 \int \dfrac{1}{4x + 1}\, dx$

> $\dfrac{1}{ax + b}$ gydag $a = 4$, $b = 1$.

$\qquad = 8 \times \dfrac{1}{4} \ln|4x + 1| + c$

$\qquad = 2 \ln|4x + 1| + c$

(c) $\int 7 \sin(2x + 3)\, dx = 7 \int \sin(2x + 3) + c$

> $\sin(ax + b)$ gydag $a = 2$, $b = 3$.

$\qquad = -\dfrac{7}{2} \cos(2x + 3) + c$

(ch) $\int 15 \cos(3x + 2)\, dx = 15 \int \cos(3x + 2) + c$

> $\cos(ax + b)$ gydag $a = 3$, $b = 2$.

$\qquad = 15 \times \dfrac{1}{3} \sin(3x + 2) + c$

$\qquad = 5 \sin(3x + 2) + c$

2   Darganfyddwch werthoedd

(a) $\int_2^4 \dfrac{8}{(3x-4)^3}\, dx$

(b) $\int_0^{\frac{\pi}{6}} 3 \sin\left(4x + \dfrac{\pi}{6}\right) dx$

. . . .

Atebion

$(ax+b)^n$ gydag $a = 3$, $b = -4$ ac $n = -3$.

2   (a) $\int_2^4 \dfrac{8}{(3x-4)^3}\, dx = 8\int_2^4 (3x-4)^{-3}\, dx$

$$= 8\left[\dfrac{(3x-4)^{-2}}{(-2)\times 3}\right]_2^4$$

$$= -\dfrac{8}{6}\left[(3x-4)^{-2}\right]_2^4$$

$$= -\dfrac{4}{3}\left[(12-4)^{-2} - (6-4)^{-2}\right]$$

$$= -\dfrac{4}{3}\left[\dfrac{1}{64} - \dfrac{1}{4}\right]$$

$$= -\dfrac{4}{3}\times\left(-\dfrac{15}{64}\right)$$

$$= \dfrac{5}{16}$$

$\sin(ax+b)$ gydag $a = 4$, $b = \dfrac{\pi}{6}$.

(b) $\int_0^{\frac{\pi}{6}} 3 \sin\left(4x + \dfrac{\pi}{6}\right) dx = 3\int_0^{\frac{\pi}{6}} \sin\left(4x + \dfrac{\pi}{6}\right) dx$

$$= 3\left[-\dfrac{1}{4}\cos\left(4x + \dfrac{\pi}{6}\right)\right]_0^{\frac{\pi}{6}}$$

$$= 3\left[-\dfrac{1}{4}\cos\dfrac{5\pi}{6} + \dfrac{1}{4}\cos\dfrac{\pi}{6}\right]$$

$\cos\dfrac{5\pi}{6} = -\cos\dfrac{\pi}{6}$.

$$= 3\left[\dfrac{1}{4}\cos\dfrac{\pi}{6} + \dfrac{1}{4}\cos\dfrac{\pi}{6}\right]$$

$$= 3\times\dfrac{1}{2}\cos\dfrac{\pi}{6}$$

$$= 3\times\dfrac{1}{2}\times\dfrac{\sqrt{3}}{2}$$

$$= \dfrac{3\sqrt{3}}{4}$$

$$= 1.299 \text{ (yn gywir i 3 lle degol)}.$$

3   Enrhifwch $\int_0^{\frac{\pi}{3}} \cos\left(6x + \dfrac{\pi}{3}\right) dx$

Ateb

3   $\int_0^{\frac{\pi}{3}} \cos\left(6x + \frac{\pi}{3}\right) dx = \left[\frac{1}{6}\sin\left(6x + \frac{\pi}{3}\right)\right]_0^{\frac{\pi}{3}}$

$\cos(ax + b)$
gydag $a = 6$, $b = \frac{\pi}{3}$.

$= \frac{1}{6}\left[\sin\left(6x + \frac{\pi}{3}\right)\right]_0^{\frac{\pi}{3}}$

$= \frac{1}{6}\left[\left(\sin\frac{7\pi}{3}\right) - \left(\sin\frac{\pi}{3}\right)\right]$

$= \frac{1}{6}\left[\frac{\sqrt{3}}{2} - \frac{\sqrt{3}}{2}\right]$

$= 0$

4   Darganfyddwch

(a) $\int \frac{1}{1 - 2x} dx$

(b) $\int 6e^{6x} dx$

(c) $\int (4x - 3)^4 dx$

Ateb

4   (a) $\int \frac{1}{1 - 2x} dx = -\frac{1}{2}\ln|1 - 2x| + c$

$\frac{1}{ax + b}$ gydag $a = -2$, $b = 1$.

(b) $\int 6e^{6x} dx = \frac{6}{6}e^{6x} + c = e^{6x} + c$

e^{ax+b} gydag $a = 6$, $b = 0$.

(c) $\int (4x - 3)^4 dx = \frac{(4x - 3)^5}{4 \times 5} + c$

$(ax + b)^n$ gydag $a = 4$, $b = -3$ ac $n = 4$.

$= \frac{1}{20}(4x - 3)^5 + c$

5   (a)   Darganfyddwch

(i) $\int \cos 4x\, dx$

(ii) $\int 5e^{2 - 3x} dx$

(iii) $\int \frac{3}{(6x - 7)^5} dx$

(b)   Enrhifwch $\int_1^4 \frac{9}{2x + 5} dx$, gan roi eich ateb yn gywir i dri lle degol.

Ateb

5   (a)   (i) $\int \cos 4x\, dx = \frac{1}{4}\sin 4x + c$

(ii) $\int 5e^{2-3x}\,dx = \dfrac{5}{-3}e^{2-3x} + c$

$= -\dfrac{5}{3}e^{2-3x} + c$

(iii) $\int \dfrac{3}{(6x-7)^5}\,dx = 3\int (6x-7)^{-5}\,dx$

$= \dfrac{3}{-4 \times 6}(6x-7)^{-4} + c$

$= -\dfrac{1}{8}(6x-7)^{-4} + c$

(b) $\int_1^4 \dfrac{9}{2x+5}\,dx = \dfrac{9}{2}\Big[\ln|2x+5|\Big]_1^4$

$= \dfrac{9}{2}\Big[\ln 13 - \ln 7\Big]$

$= \dfrac{9}{2}\ln \dfrac{13}{7}$

$= 2.786$ (yn gywir i 3 lle degol)

Rydym ni'n defnyddio un o'r tair deddf logarithmau:

$\log_a x - \log_a y = \log_a \dfrac{x}{y}$

---

6   (a)   Darganfyddwch

(i) $\int \dfrac{1}{4x-7}\,dx$

(ii) $\int e^{3x-1}\,dx$

(iii) $\int \dfrac{5}{(2x+3)^4}\,dx$

(b)   Enrhifwch $\int_0^{\frac{\pi}{4}} \sin\left(2x + \dfrac{\pi}{4}\right)dx$, gan fynegi eich ateb ar ffurf swrd.

. . . .

Ateb

6   (a)   (i) $\int \dfrac{1}{4x-7}\,dx = \dfrac{1}{4}\ln|4x-7| + c$

(ii) $\int e^{3x-1}\,dx = \dfrac{1}{3}e^{3x-1} + c$

(iii) $\int \dfrac{5}{(2x+3)^4}\,dx = 5\int (2x+3)^{-4}\,dx$

$= -\dfrac{5}{6}\left(2x+3\right)^{-3} + c$

(b) $\int_0^{\frac{\pi}{4}} \sin\left(2x + \dfrac{\pi}{4}\right)dx = \left[-\dfrac{1}{2}\cos\left(2x + \dfrac{\pi}{4}\right)\right]_0^{\frac{\pi}{4}}$

$= \left(-\dfrac{1}{2}\cos\dfrac{3\pi}{4}\right) - \left(-\dfrac{1}{2}\cos\dfrac{\pi}{4}\right)$

$$= \left(\frac{1}{2\sqrt{2}}\right) - \left(-\frac{1}{2\sqrt{2}}\right)$$

$$= \frac{2}{2\sqrt{2}}$$

$$= \frac{1}{\sqrt{2}}$$

$$= \frac{\sqrt{2}}{2}$$

Rydym ni'n lluosi'r rhan uchaf a'r rhan isaf â $\sqrt{2}$ er mwyn diddymu'r swrd o'r enwadur.

$\cos\frac{\pi}{4} = \frac{1}{\sqrt{2}}$ a $\cos\frac{3\pi}{4} = -\frac{1}{\sqrt{2}}$

Rhaid i chi allu ysgrifennu gwerthoedd trigonometrig sy'n cael eu defnyddio'n aml ar ffurf swrd.

7.3 Defnyddio integru pendant i ddarganfod yr arwynebedd rhwng dwy gromlin

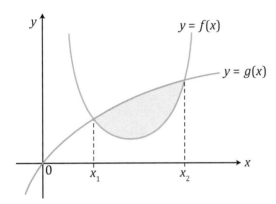

I ddarganfod yr arwynebedd rhwng dwy gromlin (e.e. y rhanbarth sydd wedi'i dywyllu yn y diagram uchod), yn gyntaf darganfyddwch gyfesurynnau-x y pwyntiau croestoriad drwy ddatrys y ddau hafaliad yn gydamserol.

Yna integrwch y gromlin $y = g(x)$ gan ddefnyddio'r terfannau x_2 ac x_1 ac yna integrwch $y = f(x)$ rhwng yr un terfannau.

Yn olaf, tynnwch yr arwynebedd o dan $y = f(x)$ o'r arwynebedd o dan $y = g(x)$ i roi gwerth ar gyfer y rhanbarth sydd wedi'i dywyllu.

Cam wrth GAM

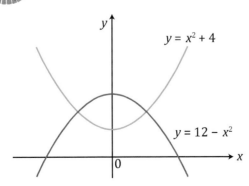

Mae'r diagram uchod yn dangos braslun o'r cromliniau $y = x^2 + 4$ ac $y = 12 - x^2$. Darganfyddwch arwynebedd y rhanbarth sydd wedi'i ffinio gan y ddwy gromlin.

Camau i'w cymryd

1   Datryswch hafaliadau'r ddwy gromlin yn gydamserol fel bod modd darganfod cyfesurynnau-x y pwyntiau croestoriad.

2   Integrwch y ddau hafaliad rhwng terfannau cyfesurynnau-x y pwyntiau croestoriad.

3   Tynnwch yr arwynebedd ar gyfer y gromlin siâp ∪ o'r arwynebedd ar gyfer y gromlin siâp ∩ i roi arwynebedd y rhanbarth sydd wedi'i dywyllu.

. . . .

Ateb

$y = x^2 + 4$ ac $y = 12 - x^2$

Mae rhoi'r gwerthoedd y yn hafal yn rhoi

$$x^2 + 4 = 12 - x^2$$

$$2x^2 = 8$$

$$x = \pm 2$$

Trwy hyn, cyfesurynnau-x y pwyntiau croestoriad yw 2 a −2.

Arwynebedd o dan gromlin $y = 12 - x^2 = \int_{-2}^{2} \left(12 - x^2\right)dx$

$$= \left[12x - \frac{x^3}{3}\right]_{-2}^{2}$$

$$= \left[\left(12(2) - \frac{2^3}{3}\right) - \left(12(-2) - \frac{(-2)^3}{3}\right)\right]$$

$$= \frac{128}{3} \text{ uned sgwâr}$$

Arwynebedd o dan gromlin $y = x^2 + 4 = \int_{-2}^{2} \left(x^2 + 4\right)dx$

$$= \left[\frac{x^3}{3} + 4x\right]_{-2}^{2}$$

$$= \left[\left(\frac{2^3}{3} + 4(2)\right) - \left(\frac{(-2)^3}{3} + 4(-2)\right)\right]$$

$$= \frac{64}{3} \text{ uned sgwâr}$$

Yr arwynebedd sydd ei angen $= \frac{128}{3} - \frac{64}{3}$

$$= \frac{64}{3} \text{ uned sgwâr}$$

Mae'r ddau hafaliad yn cael eu datrys yn gydamserol i ddarganfod cyfesurynnau-x y pwyntiau croestoriad.

GWELLA
⇧⇧⇧⇧ **Gradd**

Gwnewch yn siŵr eich bod yn cynnwys unedau uned sgwâr yma.

7.4 Defnyddio integru fel terfan swm

Mae'r graff isod yn dangos adran o arwynebedd y gromlin $y = f(x)$ wedi'i ffinio â'r echelin-x a'r ddwy linell $x = a$ ac $x = b$.

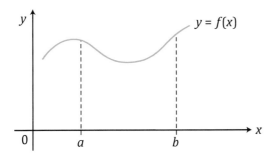

Gall yr arwynebedd hwn gael ei hollti'n llawer o stribedi petryal, felly cyfanswm yr arwynebedd fydd swm y stribedi hyn. Bydd pob stribed petryal yn cael ei luniadu o'r pwynt $P(x, y)$ fel mae'r diagram canlynol yn ei ddangos:

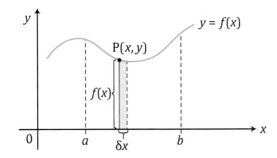

Rydym ni'n tybio bod pob stribed yn betryal ag uchder $f(x)$ a lled δx sy'n rhoi arwynebedd bach δA sy'n cael ei roi gan:

$$\delta A \approx f(x)\delta x$$

Drwy adio arwynebedd yr holl stribedi tenau hyn o a i b, mae gennym ni

$$\text{Cyfanswm arwynebedd rhwng } a \text{ a } b = \sum_{x=a}^{b} \delta A \approx \sum_{x=a}^{b} f(x)\delta x$$

Wrth i led pob stribed fynd yn fach iawn, $\delta x \to 0$ a chyfanswm yr arwynebedd bellach yw:

$$\text{Cyfanswm arwynebedd} = \lim_{\delta x \to 0} \sum_{x=a}^{b} f(x)\delta x$$

Wrth i δx fynd yn llai ac yn llai a phan fydd y derfan yn bodoli, gallwn ddiffinio'r integryn pendant fel terfan swm a gall hyn hefyd gael ei ysgrifennu fel hyn:

$$\int_{a}^{b} f(x)\delta x = \lim_{\delta x \to 0} \sum_{x=a}^{b} f(x)\delta x$$

Gallwn ni ystyried integru fel y broses o adio, felly gallwn ni ystyried mai symiant ydyw. Dyma pam gallwn ni ddefnyddio integru i ddarganfod yr arwynebedd o dan gromlin rhwng dwy derfan am ei fod yn cyfrifo arwynebedd darn bach ac yna'n adio'r rhain dros y rhanbarth rhwng y ddwy derfan.

7.5　Integru drwy amnewid ac integru fesul rhan

Cyflwynir dau ddull integru newydd yma: integru drwy amnewid ac integru fesul rhan.

Integru drwy amnewid

Tybiwch fod yn rhaid i chi ddarganfod $\int x(3x+1)^5\,dx$.

Un dull fyddai ehangu'r cromfachau ac yna lluosi ag x a symleiddio cyn integru. Mae hyn yn golygu tipyn o waith ac mae yna ddull symlach, sef integru drwy amnewid. Mae'r dull hwn yn cael ei ddangos isod.

Mae gofyn i chi integru'r integryn amhendant canlynol:

$$\int x(3x+1)^5\,dx$$

> Lle mae cromfachau wedi'u codi i bŵer fel hyn, rydym ni fel arfer yn gadael i u fod yn hafal i gynnwys y cromfachau.

Gadewch i $u = 3x + 1$, felly $\dfrac{du}{dx} = 3$. Trwy hyn $dx = \dfrac{du}{3}$

Sylwch y gallwn ni nawr roi u^5 yn lle $(3x+1)^5$ a rhoi $\dfrac{du}{3}$ yn lle dx.

Mae yna x o hyd y mae angen rhoi mynegiad yn nhermau u yn ei lle. Gallwn ni gael y mynegiad hwn drwy ad-drefnu $u = 3x + 1$ i roi:

$$x = \frac{u-1}{3}$$

> Sylwch mai u yw'r newidyn nawr yn hytrach nag x.

Nawr mae'r integryn $\int x(3x+1)^5\,dx$ yn dod yn $\int\left(\dfrac{u-1}{3}\right)u^5\dfrac{du}{3}$

> Yma mae'r mynegiad mewn u yn cael ei integru. Gan fod hwn yn integryn amhendant, mae angen cynnwys y cysonyn integru

Trwy hyn
$$\int\left(\frac{u-1}{3}\right)u^5\frac{du}{3} = \frac{1}{9}\int\left(u^6 - u^5\right)du$$

$$= \frac{1}{9}\left(\frac{u^7}{7} - \frac{u^6}{6}\right) + c$$

Nawr gallwn ni amnewid u yn ôl fel $3x + 1$ i roi:

> Cofiwch roi'r integryn amhendant yn ôl yn nhermau x bob tro.

$$\int x(3x+1)^5\,dx = \frac{1}{9}\left[\frac{(3x+1)^7}{7} - \frac{(3x+1)^6}{6}\right] + c$$

Tybiwch fod gennych chi'r un integryn ond y tro hwn ei fod yn integryn pendant (h.y. integryn â therfannau), fel

$$\int_{-\frac{1}{3}}^{0} x(3x+1)^5\,dx$$

Byddech chi'n defnyddio'r amnewid i newid y newidyn i u fel o'r blaen ac yn newid y terfannau fel eu bod nhw nawr yn cyfeirio at u yn hytrach nag at x. Mae hyn yn cael ei wneud drwy amnewid pob terfan am x yn yr hafaliad canlynol.

$u = 3x + 1$ felly pan fydd $x = 0$, $u = 1$ a phan fydd $x = -\dfrac{1}{3}$, $u = 0$.

Nawr mae'r integryn yn dod yn

> Does dim angen rhoi'r ateb yn nhermau x; defnyddiwch y terfannau u.

$$\frac{1}{9}\int_{0}^{1}\left(u^6 - u^5\right)du = \frac{1}{9}\left[\frac{u^7}{7} - \frac{u^6}{6}\right]_{0}^{1} = -\frac{1}{378}$$

Integru fesul rhan

Byddwn ni'n defnyddio integru fesul rhan pan fydd lluoswm i'w integru. Mae'r fformiwla ar gyfer integru fesul rhan i'w chael yn y llyfryn fformiwlâu. Dyma hi:

$$\int u \frac{dv}{dx} dx = uv - \int v \frac{du}{dx} dx$$

Weithiau, gall integru fesul rhan fod yn gymhleth. Fodd bynnag yn A2, mae un o'r ffwythianau yn yr integrand yn bolynomial, fel $x^2 + 2$, $4x + 3$. Trwy hyn, yn A2 rydym ni'n cael integrynnau fel $\int x^2 \sin 2x \, dx$, $\int (3x + 2)\ln x \, dx$ a $\int xe^{3x} \, dx$.

Mae'r rheolau canlynol yn ddefnyddiol yn A2.

Rheol 1

Pan fydd un o'r ffwythiannau yn bolynomial a'r ffwythiant arall yn hawdd ei integru, gadewch i u = polynomial,

$$\frac{dv}{dx} = \text{ffwythiant arall}$$

Rheol 2

Pan fydd un o'r ffwythiannau yn bolynomial a'r ffwythiant arall heb fod yn hawdd ei integru,

gadewch i $\frac{dv}{dx}$ = polynomial yn x, ac u = ffwythiant arall

Felly ar gyfer $\int xe^{3x} \, dx$, rydym ni'n defnyddio Rheol 1 gan fod e^{3x} yn hawdd ei integru, ac rydym ni'n gadael i $u = x$ a $\frac{dv}{dx} = e^{3x}$.

Mewn cyferbyniad, ar gyfer $\int x^2 \ln x$ rydym ni'n defnyddio Rheol 2 gan fod $\ln x$ yn anodd ei integru, ac rydym ni'n gadael i $u = \ln x$ a $\frac{dv}{dx} = x^2$.

Enghreifftiau

1 Darganfyddwch $\int x \cos 2x \, dx$.

. . . .

Ateb

1 $\int u \frac{dv}{dx} dx = uv - \int v \frac{du}{dx} dx$

Gadewch i $u = x$ a $\frac{dv}{dx} = \cos 2x$

Felly $\frac{du}{dx} = 1$, $v = \frac{\sin 2x}{2}$

$\int x \cos 2x \, dx = \frac{1}{2} x \sin 2x - \int \frac{1}{2} \sin 2x \, dx$

$= \frac{x}{2} \sin 2x - \frac{1}{4} \cos 2x + c$

Mae'r fformiwla ar gyfer integru fesul rhan i'w chael yn y llyfryn fformiwlâu.

Yma mae $\cos 2x$ yn hawdd ei integru ac rydym ni'n defnyddio Rheol 1.

2   Darganfyddwch $\int x \ln x \, dx$.

Ateb

Yma nid yw $\ln x$ yn hawdd ei integru felly rydym ni'n defnyddio Rheol 2.

2   $\int u \dfrac{dv}{dx} dx = uv - \int v \dfrac{du}{dx} dx$

Gadewch i $u = \ln x$ a $\dfrac{dv}{dx} = x$

ac felly $\dfrac{du}{dx} = \dfrac{1}{x}$, $v = \dfrac{x^2}{2}$

Cofiwch $\dfrac{d(\ln x)}{dx} = \dfrac{1}{x}$

Trwy hyn, $\int x \ln x \, dx = \ln x \left(\dfrac{x^2}{2}\right) - \int \dfrac{x^2}{2}\left(\dfrac{1}{x}\right) dx$

$= \dfrac{x^2}{2} \ln x - \int \dfrac{x}{2} dx$

$= \dfrac{x^2}{2} \ln x - \dfrac{x^2}{4} + c$

Sylwch ar ganslo x yn yr integryn.

3   Darganfyddwch $\int \ln x \, dx$.

Ateb

3   Yn yr achos hwn, dim ond un ffwythiant sydd i gael ei integru ac mae'n ymddangos na allwn ni ddefnyddio integru fesul rhan. Y tric yw ystyried $\ln x$ fel $\ln x \times 1$ a defnyddio Rheol 2.

Yna gadewch i $u = \ln x$

$\dfrac{dv}{dx} = 1$

Felly, $\dfrac{du}{dx} = \dfrac{1}{x}$, $v = x$

Wrth amnewid i mewn

$\int u \dfrac{dv}{dx} dx = uv - \int v \dfrac{du}{dx} dx$

rydym ni'n cael

$\int \ln x \, dx = (\ln x)x - \int x\left(\dfrac{1}{x}\right) dx$

$= x \ln x - \int 1 \, dx$

$= x \ln x - x + c$

Amnewid trigonometrig

Mewn rhai achosion, gallwn ni wneud integru'n haws drwy ddefnyddio amnewid trigonometrig.

Mae'r enghraifft ganlynol yn dangos y dechneg hon.

Enghreifftiau

1   Defnyddiwch yr amnewid $x = \sin \theta$ i ddangos bod

$\int_0^1 \sqrt{(1 - x^2)} \, dx = \dfrac{\pi}{4}$

Ateb

Defnyddiwch yr amnewid mae'r cwestiwn yn ei roi.

1   Gadewch i $x = \sin\theta$ felly $\dfrac{dx}{d\theta} = \cos\theta$ a $dx = \cos\theta\,d\theta$

Pan fydd $x = 1$, $\sin\theta = 1$, felly $\theta = \sin^{-1}1 = \dfrac{\pi}{2}$

Pan fydd $x = 0$, $\theta = 0$, felly $\theta = \sin^{-1}0 = 0$

Rydym ni'n newid y terfannau fel eu bod yn cyfeirio at y newidyn newydd θ.

$$\int_0^1 \sqrt{(1-x^2)}\,dx = \int_0^{\frac{\pi}{2}} \sqrt{(1-\sin^2\theta)}\cos\theta\,d\theta$$

Nawr $1 - \sin^2\theta = \cos^2\theta$

$$\int_0^{\frac{\pi}{2}} \sqrt{(1-\sin^2\theta)}\cos\theta\,d\theta = \int_0^{\frac{\pi}{2}} \sqrt{(\cos^2\theta)}\cos\theta\,d\theta$$

$$= \int_0^{\frac{\pi}{2}} \cos\theta\cos\theta\,d\theta$$

$$= \int_0^{\frac{\pi}{2}} \cos^2\theta\,d\theta$$

$$= \int_0^{\frac{\pi}{2}} \frac{1}{2}(1 + \cos 2\theta)\,d\theta$$

$$= \frac{1}{2}\int_0^{\frac{\pi}{2}} (1 + \cos 2\theta)\,d\theta$$

$$= \frac{1}{2}\left[\theta + \frac{1}{2}\sin 2\theta\right]_0^{\frac{\pi}{2}}$$

$$= \frac{1}{2}\left[\left(\frac{\pi}{2} + \frac{1}{2}\sin\pi\right) - \left(0 + \frac{1}{2}\sin 0\right)\right]$$

$$= \frac{1}{2}\left[\left(\frac{\pi}{2} + 0\right) - \left(0 + 0\right)\right]$$

$$= \frac{\pi}{4}$$

Mae hyn yn ad-drefniad o'r fformiwla ongl ddwbl

$$\cos 2A = 2\cos^2 A - 1$$

Nid yw'r fformiwla hon yn y llyfryn fformiwlâu ond gallwn ni ei chael o fformiwlâu eraill sydd yn y llyfryn fformiwlâu. Edrychwch eto ar Destun 4 os nad ydych chi'n siŵr sut i wneud hyn.

2   (a)   Darganfyddwch $\int (x + 3)e^{2x}\,dx$.

(b)   Defnyddiwch yr amnewid $u = 2\cos x + 1$ i enrhifo

$$\int_0^{\frac{\pi}{3}} \frac{\sin x}{\sqrt{(2\cos x + 1)}}\,dx$$

Ateb

2   (a) $\int u\dfrac{dv}{dx}\,dx = uv - \int v\dfrac{du}{dx}\,dx$

Gadewch i $u = (x + 3)$ a $\dfrac{dv}{dx} = e^{2x}$

$$\int (x + 3)e^{2x}\,dx = (x + 3)\frac{1}{2}e^{2x} - \int \frac{1}{2}e^{2x}(1)\,dx$$

$$= (x + 3)\frac{1}{2}e^{2x} - \frac{1}{4}e^{2x} + c$$

Dyma'r fformiwla ar gyfer integru fesul rhan ac mae i'w chael yn y llyfryn fformiwlâu. Rydym ni'n defnyddio Rheol 1 ar gyfer yr integru fesul rhan.

Gan fod $u = x + 3$, $\dfrac{du}{dx} = 1$

(b)   Gadewch i $u = 2\cos x + 1$

$\dfrac{du}{dx} = -2\sin x$, felly $dx = \dfrac{du}{-2\sin x}$

Pan fydd $x = \dfrac{\pi}{3}$, $u = 2\cos\dfrac{\pi}{3} + 1 = 2$

Pan fydd $x = 0$, $u = 2\cos 0 + 1 = 3$

> Sylwch: mae $\sin x$ i'w gael yn y rhifiadur a'r enwadur ac felly gallwn ni ei ganslo.

$$\int_0^{\frac{\pi}{3}} \frac{\sin x}{\sqrt{(2\cos x + 1)}}\,dx = \int \frac{\sin x}{\sqrt{u}}\left(\frac{du}{-2\sin x}\right)$$

> Sylwch ar drefn y terfannau. Peidiwch â chydgyfnewid y terfannau hyn.

$$= -\frac{1}{2}\int_3^2 u^{-\frac{1}{2}}\,du$$

$$= -\left[u^{\frac{1}{2}}\right]_3^2 = \left[-\sqrt{u}\right]_3^2 = \left[-\sqrt{2} - \left(-\sqrt{3}\right)\right] = -\sqrt{2} + \sqrt{3} = 0.318$$

(yn gywir i 3 lle degol).

---

3   (a)   Darganfyddwch $\int x^3 \ln x\,dx$.

(b)   Defnyddiwch yr amnewid $u = 2x - 3$ i enrhifo $\int_1^2 x(2x - 3)^4\,dx$.

. . . .

Ateb

> Rhaid sylwi bod lluoswm i gael ei integru ac felly rydym ni'n defnyddio integru fesul rhan. Mae'r fformiwla yn y llyfryn fformiwlâu.

3   (a) $\displaystyle\int u\frac{dv}{dx}\,dx = uv - \int v\frac{du}{dx}\,dx$

Gadewch i $u = \ln x$ a $\dfrac{dv}{dx} = x^3$

> Sylwch: os gadewch chi i $\dfrac{dv}{dx} = \ln x$ bydd angen integru $\ln x$. Nid yw integryn $\ln x$ yn hysbys, felly mae angen gadael i $u = \ln x$ i osgoi hyn (h.y. defnyddio Rheol 2).

$$\begin{aligned}
\text{Yna} \int \ln x\,(x^3)\,dx &= \ln x\left(\frac{x^4}{4}\right) - \int\left(\frac{x^4}{4} \times \frac{1}{x}\right)dx \\
&= \frac{x^4}{4}\ln x - \int\frac{x^3}{4}\,dx \\
&= \frac{x^4}{4}\ln x - \frac{x^4}{16} + c
\end{aligned}$$

(b) $u = 2x - 3$, $\dfrac{du}{dx} = 2$, felly $dx = \dfrac{du}{2}$ ac $x = \dfrac{u + 3}{2}$

> Cofiwch newid y terfannau fel eu bod nhw'n cyfeirio at y newidyn newydd u.

$$\int_1^2 x(2x - 3)^4\,dx = \int\left(\frac{u+3}{2}\right)u^4\frac{du}{2} = \frac{1}{4}\int(u^5 + 3u^4)\,du$$

Rydym ni'n newid y terfannau gan ddefnyddio $u = 2x - 3$.
Pan fydd $x = 2$, $u = 1$ a phan fydd $x = 1$, $u = -1$.

$$\text{Trwy hyn } \frac{1}{4}\int_{-1}^1 (u^5 + 3u^4)\,du = \frac{1}{4}\left[\frac{u^6}{6} + \frac{3u^5}{5}\right]_{-1}^1 = \frac{1}{4}\left[\left(\frac{1}{6} + \frac{3}{5}\right) - \left(\frac{1}{6} - \frac{3}{5}\right)\right] = \frac{3}{10}$$

4 (a) Darganfyddwch $\int x \sin 2x \, dx$.

(b) Defnyddiwch yr amnewid $u = 5 - x^2$ i enrhifo

$$\int_0^2 \frac{x}{(5 - x^2)^3} \, dx.$$

· ·

Ateb

4 (a) $\int x \sin 2x \, dx$

$$\int u \frac{dv}{dx} \, dx = uv - \int v \frac{du}{dx} \, dx$$

Gadewch i $u = x$ a $\frac{dv}{dx} = \sin^2 x$

$\frac{du}{dx} = 1$ a $v = \frac{-\cos 2x}{2}$

yna $\int x \sin 2x \, dx = x\left(-\frac{1}{2}\cos 2x\right) - \int \left(-\frac{1}{2}\cos 2x\right)(1) \, dx$

$$= -\frac{x}{2}\cos 2x + \frac{1}{4}\sin 2x + c$$

(b) $u = 5 - x^2$, felly $\frac{du}{dx} = -2x$, a $dx = \frac{du}{-2x}$

Pan fydd $x = 2$, $u = 5 - 2^2 = 1$

$x = 0$, $u = 5 - 0 = 5$

Trwy hyn $\int_0^2 \frac{x}{(5 - x^2)^3} \, dx = \int_5^1 \frac{x}{u^3}\left(\frac{du}{-2x}\right)$

$$= -\frac{1}{2}\int_5^1 \frac{1}{u^3} \, du$$

$$= -\frac{1}{2}\int_5^1 u^{-3} \, du$$

$$= -\frac{1}{2}\left[\frac{u^{-2}}{-2}\right]_5^1$$

$$= -\frac{1}{2}\left[-\frac{1}{2u^2}\right]_5^1$$

$$= -\frac{1}{2}\left[\left(-\frac{1}{2}\right) - \left(-\frac{1}{50}\right)\right]$$

$$= -\frac{1}{2}\left(-\frac{1}{2} + \frac{1}{50}\right)$$

$$= \frac{6}{25}$$

Lluoswm yw hwn, ac mae angen ei integru fesul rhan gan ddefnyddio'r fformiwla sydd i'w chael yn y llyfryn fformiwlâu.
Defnyddiwch Reol 1.

Rydym ni'n newid y terfannau fel eu bod yn cyfeirio nawr at *u* yn hytrach nag at *x*.

Sylwch ein bod ni'n gallu canslo'r *x* yn y rhifiadur a'r enwadur.

Sylwch: ni ddylai trefn y terfannau gael ei newid.

Integru drwy amnewid pan nad yw'r amnewidyn i'w ddefnyddio wedi'i roi

Yn y fanyleb flaenorol, roeddech chi bob amser yn cael yr amnewidyn i'w ddefnyddio, ond nawr mewn rhai cwestiynau bydd yn rhaid i chi benderfynu pa amnewidyn i'w ddefnyddio. Mae penderfynu pa amnewidyn i'w ddefnyddio yn eithaf anodd ac mae angen cryn dipyn o ymarfer i ddod yn fedrus. Bydd yr enghreifftiau canlynol yn eich arwain drwy'r gwahanol gwestiynau a'r mathau o newidynnau i'w defnyddio. Weithiau, byddwch chi'n defnyddio'r amnewidyn anghywir ac fe gewch chi rywbeth sydd ddim yn hawdd ei integru, felly byddwch chi'n barod i adael amnewidyn penodol a defnyddio un arall.

Enghreifftiau

1   Gan ddefnyddio amnewidyn addas, darganfyddwch, $\int \dfrac{e^x}{1 + e^x}\, dx$

. . . .

Ateb

1   Gadewch i $u = e^x$ felly $\dfrac{du}{dx} = e^x$ a $dx = \dfrac{du}{e^x} = \dfrac{du}{u}$

> Sylwch fod differiad gwaelod y ffracsiwn ar dop y ffracsiwn, felly yr integriad yw ln y gwaelod.

Felly mae defnyddio'r amnewidyn yn rhoi $\int \dfrac{e^x}{1 + e^x}\, dx = \int \dfrac{u}{1 + u} \times \dfrac{du}{u} = \int \dfrac{1}{1 + u}\, du$

$$= \ln(1 + u) + c = \ln(1 + e^x) + c$$

---

2   Darganfyddwch werth $\displaystyle\int_0^{\frac{1}{2}} \dfrac{4x}{(1 + 2x)^4}\, dx$

. . . .

Ateb

2   Gadewch i $u = 1 + 2x$, felly $\dfrac{du}{dx} = 2$ a $dx = \dfrac{du}{2}$

Mae amnewid y gwerthoedd hyn i mewn i'r integriad yn rhoi $\int \dfrac{4x}{u^4} \dfrac{du}{2}$

Sylwch fod x yn dal i fod yn yr integriad; mae angen i ni ddod o hyd i hyn yn nhermau u.

Mae defnyddio $u = 1 + 2x$ yn rhoi $x = \dfrac{u - 1}{2}$

Mae amnewid y gwerth hwn i mewn i'r integriad yn rhoi

$$\int 4 \dfrac{(u - 1)}{2u^4} \dfrac{du}{2} = \int \dfrac{(u - 1)}{u^4}\, du$$

Sylwch ein bod ni wedi diddymu'r terfannau. Gwnaethon ni hyn am fod y terfannau'n cyfeirio at x ac nid at ein newidyn newydd, u. Rydym ni nawr yn newid y terfannau fel eu bod nhw'n cyfeirio at u gan ddefnyddio'r hafaliad a ddefnyddion ni ar gyfer yr amnewidyn.

> Pan fyddwch chi wedi newid y newidyn, mae'n rhaid i chi gofio newid y terfannau.

Am fod $u = 1 + 2x$, pan fydd $x = \dfrac{1}{2}$, $u = 2$ felly'r derfan uchaf yw 2.

Pan fydd $x = 0$, $u = 1$ felly'r derfan isaf yw 1.

Trwy hyn, yr integriad nawr yw $\displaystyle\int_1^2 \dfrac{(u - 1)}{u^4}\, du = \int_1^2 u^{-4}(u - 1)\, du$

$$= \int_1^2 (u^{-3} - u^{-4})\, du$$

$$= \left[\frac{u^{-2}}{-2} - \frac{u^{-3}}{-3} \right]_1^2$$

$$= \left[-\frac{1}{2u^2} + \frac{1}{3u^3} \right]_1^2$$

$$= \left[\left(-\frac{1}{8} + \frac{1}{24} \right) - \left(-\frac{1}{2} + \frac{1}{3} \right) \right]$$

$$= \frac{1}{12}$$

GWELLA

⇧⇧⇧⇧ **Gradd**

Peidiwch â thrafferthu cyfrifo ffracsiynau fel hyn drwy ddarganfod enwaduron cyffredin – defnyddiwch gyfrifiannell yn lle hynny.

---

3 Enrhifwch $\int_0^3 \frac{x}{\sqrt{x+1}}\, dx$

. . . .

Ateb

3 Gadewch i $u = x + 1$ felly $\frac{du}{dx} = 1$ a $dx = du$

Trwy hyn, $\int \frac{x}{\sqrt{x+1}}\, dx = \int \frac{x}{u^{\frac{1}{2}}}\, du$

Nawr o $u = x + 1$, $x = u - 1$

Yr integryn bellach yw $\int \frac{(u-1)}{u^{\frac{1}{2}}}\, du = \int u^{-\frac{1}{2}}(u-1)\, du$

$$= \int \left(u^{\frac{1}{2}} - u^{-\frac{1}{2}} \right) du$$

Nawr pan fydd $x = 3$, $u = 3 + 1 = 4$ a phan fydd $x = 0$, $u = 1$

Trwy hyn $\int_1^4 \left(u^{\frac{1}{2}} - u^{-\frac{1}{2}} \right) du = \left[\frac{u^{\frac{3}{2}}}{\frac{3}{2}} - \frac{u^{\frac{1}{2}}}{\frac{1}{2}} \right]_1^4$

$$= \left[\frac{2}{3} u^{\frac{3}{2}} - 2u^{\frac{1}{2}} \right]_1^4$$

$$= \left[\left(\frac{2}{3} \times 8 - 4 \right) - \left(\frac{2}{3} - 2 \right) \right]$$

$$= 2\frac{2}{3}$$

---

4 Enrhifwch $\int_0^{\frac{\pi}{2}} \frac{\cos x}{(4 + \sin x)^2}\, dx$

. . . .

Ateb

4 Gadewch i $u = 4 + \sin x$, felly $\frac{du}{dx} = \cos x$ a $dx = \frac{du}{\cos x}$

Trwy hyn, mae gennym ni $\int \frac{\cos x}{u^2} \frac{du}{\cos x} = \int \frac{1}{u^2}\, du$

Cofiwch, os byddwch chi'n defnyddio amnewid, bydd angen i chi newid y terfannau fel eu bod nhw'n berthnasol i'r newidyn newydd sy'n cael ei ddefnyddio.

Pan fydd $x = \dfrac{\pi}{2}$, $u = 4 + \sin \dfrac{\pi}{2} = 5$

Pan fydd $x = 0$, $u = 4 + \sin 0 = 4$

$$\int_{4}^{5} \frac{1}{u^2}\, du = \int_{4}^{5} u^{-2}\, du$$

$$= \left[-u^{-1}\right]_{4}^{5}$$

$$= \left[\left(-\frac{1}{5}\right) - \left(-\frac{1}{4}\right)\right]$$

$$= \frac{1}{20}$$

7.6   Integru gan ddefnyddio ffracsiynau rhannol

Cafodd trawsnewid ffracsiwn algebraidd sengl yn ddau neu'n fwy o ffracsiynau rhannol ei drafod yn Nhestun 2 y llyfr hwn. Yn yr adran hon, byddwch chi'n troi ffracsiwn algebraidd yn ffracsiynau rhannol ac yna'n integru pob un o'r ffracsiynau rhannol.

Mae'r enghreifftiau canlynol yn dangos y dechneg.

Enghreifftiau

1   (a)   Os yw $\dfrac{6 - 5x}{(1 - x)(2 - x)} \equiv \dfrac{A}{1 - x} + \dfrac{B}{2 - x}$, darganfyddwch y cysonion A a B.

(b)   Trwy hyn, darganfyddwch $\displaystyle\int_{-1}^{0} \dfrac{6 - 5x}{(1 - x)(2 - x)}\, dx$.

Ateb

1   (a) $\dfrac{6 - 5x}{(1 - x)(2 - x)} \equiv \dfrac{A}{1 - x} + \dfrac{B}{2 - x}$

$6 - 5x \equiv A(2 - x) + B(1 - x)$

Gadewch i $x = 2$ felly $-4 = -B$, $B = 4$

Gadewch i $x = 1$,   felly $A = 1$

Gwiriwch fod gwerthoedd A a B yn gywir drwy amnewid gwerth arall ar gyfer x i mewn i'r hafaliad.

$x = 0$,   Ochr chwith $= \dfrac{6 - 5(0)}{(1)(2)} = 3$

Ochr dde $= \dfrac{1}{1} + \dfrac{4}{2} = 3$

Trwy hyn, Ochr chwith = Ochr dde

(b) $\displaystyle\int_{-1}^{0} \dfrac{6 - 5x}{(1 - x)(2 - x)}\, dx \equiv \int_{-1}^{0} \left(\dfrac{1}{1 - x} + \dfrac{4}{2 - x}\right) dx$

Pan fydd y rhifiadur yn ddeiliad yr enwadur, yr integryn yw ln yr enwadur oherwydd bydd

$\displaystyle\int \dfrac{f'(x)}{f(x)}\, du$ yn dod yn $\displaystyle\int \dfrac{1}{u}\, du$

os gadawn ni i $u = f(x)$.

$$= \left[-\ln(1 - x) - 4\ln(2 - x)\right]_{-1}^{0}$$

$$= \left[(0 - 4\ln 2) - (-\ln 2 - 4\ln 3)\right]$$

$$= 4\ln 3 - 3\ln 2$$

GWELLA

⇧⇧⇧⇧ **Gradd**

Gwiriwch bob tro fod y ffracsiynau rhannol yn gywir, oherwydd gall camgymeriad olygu bod y ffracsiynau rhannol yn fwy anodd eu hintegru.

2 O wybod bod $f(x) \equiv \dfrac{3x + 4}{(x + 3)(3x - 1)}$

   (a) mynegwch $f(x)$ yn nhermau ffracsiynau rhannol,

   (b) dangoswch fod
   $$\int_1^2 f(x)\,dx = \frac{1}{2}\ln\frac{25}{8}$$

Ateb

2 (a) $\dfrac{3x + 4}{(x + 3)(3x - 1)} \equiv \dfrac{A}{x + 3} + \dfrac{B}{3x - 1}$

   $$3x + 4 \equiv A(3x - 1) + B(x + 3)$$

   Gadewch i $x = -3$ felly $-5 = -10A$, a thrwy hyn $A = \dfrac{1}{2}$

   Gadewch i $x = \dfrac{1}{3}$ felly $5 = \dfrac{10}{3}B$, a thrwy hyn $B = \dfrac{3}{2}$

   Y ffracsiynau rhannol yw $\dfrac{1}{2(x + 3)} + \dfrac{3}{2(3x - 1)}$

> Cofiwch wirio bod y ffracsiynau rhannol yn gywir drwy amnewid gwerth gwahanol x i mewn a gwirio bod ochr chwith ac ochr dde'r hafaliad yn hafal.

   (b) $\dfrac{1}{2}\displaystyle\int_1^2 \left(\dfrac{1}{x + 3} + \dfrac{3}{3x - 1}\right) dx = \dfrac{1}{2}\Big[\ln(x + 3) + \ln(3x - 1)\Big]_1^2$

   $$= \frac{1}{2}\Big[(\ln 5 + \ln 5) - (\ln 4 + \ln 2)\Big]$$

   $$= \frac{1}{2}\ln\frac{25}{8}$$

> $\ln 5 + \ln 5 = \ln(5 \times 5) = \ln 25$
> ac
> $\ln 4 + \ln 2 = \ln(4 \times 2) = \ln 8$
>
> $\ln 25 - \ln 8 = \ln\dfrac{25}{8}$

3 (a) Mynegwch $\dfrac{5x^2 + 6x + 7}{(x - 1)(x + 2)^2}$ fel ffracsiynau rhannol.

   (b) Gan ddefnyddio eich ateb o ran (a), darganfyddwch
   $$\int_2^3 \frac{5x^2 + 6x + 7}{(x - 1)(x + 2)^2}\,dx, \text{ gan roi eich ateb yn gywir i 2 le degol.}$$

Ateb

3 (a) $\dfrac{5x^2 + 6x + 7}{(x - 1)(x + 2)^2} \equiv \dfrac{A}{(x - 1)} + \dfrac{B}{(x + 2)} + \dfrac{C}{(x + 2)^2}$

   $$5x^2 + 6x + 7 \equiv A(x + 2)^2 + B(x - 1)(x + 2) + C(x - 1)$$

   Gadewch i $x = 1$ felly $18 = 9A$, sy'n rhoi $A = 2$

   Gadewch i $x = -2$ felly $15 = -3C$, sy'n rhoi $C = -5$

   Gadewch i $x = 0$ felly $7 = 8 - 2B + 5$, sy'n rhoi $B = 3$

   $$\frac{5x^2 + 6x + 7}{(x - 1)(x + 2)^2} \equiv \frac{2}{(x - 1)} + \frac{3}{(x + 2)} - \frac{5}{(x + 2)^2}$$

> Sylwch fod ffactor llinol wedi'i ailadrodd yma, sef $(x + 2)^2$.

   Gwirio drwy adael i $x = -1$

   Ochr chwith $= \dfrac{5x^2 + 6x + 7}{(x - 1)(x + 2)^2} = \dfrac{5(-1)^2 + 6(-1) + 7}{(-1 - 1)(-1 + 2)^2} = \dfrac{6}{-2} = -3$

   Ochr dde $= \dfrac{2}{(x - 1)} + \dfrac{3}{(x + 2)} - \dfrac{5}{(x + 2)^2} = \dfrac{2}{(-1 - 1)} + \dfrac{3}{(-1 + 2)} - \dfrac{5}{(-1 + 2)^2}$

   $$= -1 + 3 - 5 = -3$$

> Mae hon yn ffordd ddefnyddiol o wirio bod gwerthoedd A, B ac C yn gywir.

Ochr chwith = Ochr dde

Trwy hyn, y ffracsiynau rhannol yw:

$$\frac{2}{(x-1)} + \frac{3}{(x+2)} - \frac{5}{(x+2)^2}$$

(b) $\displaystyle\int_2^3 \frac{5x^2 + 6x + 7}{(x-1)(x+2)^2}\, dx \equiv \int_2^3 \left(\frac{2}{(x-1)} + \frac{3}{(x+2)} - \frac{5}{(x+2)^2} \right) dx$

$$= \int_2^3 \left(\frac{2}{(x-1)} + \frac{3}{(x+2)} - 5(x+2)^{-2} \right) dx$$

I integru $-5(x+2)^{-2}$ rydym ni'n cynyddu'r indecs gan 1, rhannu â deilliad cynnwys y cromfachau a rhannu â'r indecs newydd.

$$= \left[2\ln(x-1) + 3\ln(x+2) + 5(x+2)^{-1} \right]_2^3$$

$$= \left[2\ln(x-1) + 3\ln(x+2) + \frac{5}{(x+2)} \right]_2^3$$

$$= \left[(2\ln 2 + 3\ln 5 + 1) - \left(2\ln 1 + 3\ln 4 + \frac{5}{4} \right) \right]$$

$$= 1.81 \text{ (yn gywir i 2 le degol)}$$

7.7   Datrysiad dadansoddol o hafaliadau differol trefn un sydd â newidynnau gwahanadwy

Hafaliadau sy'n cysylltu x ac y gyda $\dfrac{dy}{dx}$ yw hafaliadau differol trefn un.

Yma, gallwn ni ddatrys yr hafaliadau hyn i ddarganfod hafaliad sy'n cysylltu x ac y yn unig drwy wahanu'r newidynnau ac integru.

Mae'r enghraifft ganlynol yn dangos y dechneg hon.

Enghreifftiau

1   Datryswch yr hafaliad differol

$$\frac{dy}{dx} = 3xy^2$$

O wybod bod $x = 2$ pan fydd $y = 1$, rhowch eich ateb yn y ffurf $y = f(x)$

. . . .

Ateb

1   $\dfrac{dy}{dx} = 3xy^2$

$$\int \frac{1}{g(y)}\, dy = \int f(x)\, dx$$

Wrth wahanu'r newidynnau ac integru, rydym ni'n cael

$$\int \frac{dy}{y^2} = \int 3x\, dx$$

Mae angen ad-drefnu'r hafaliad fel y bydd holl dermau sy'n cynnwys x ar un ochr yr hafaliad a'r holl dermau sy'n cynnwys y ar yr ochr arall.

$$\int y^{-2}\, dy = \int 3x\, dx$$

$$-y^{-1} = \frac{3x^2}{2} + c$$

$$-\frac{1}{y} = \frac{3x^2}{2} + c$$

Pan fydd $x = 2, y = 1$

Trwy hyn $-1 = 6 + c$, sy'n rhoi $c = -7$

yna
$$-\frac{1}{y} = \frac{3x^2}{2} - 7$$
$$2 = -3x^2y + 14y$$
$$2 = y(14 - 3x^2)$$
$$y = \frac{2}{14 - 3x^2}$$

> Rydym ni'n lluosi'r ddwy ochr â $-2y$ i ddiddymu'r ffracsiynau.

> Sylwch fod y cwestiwn yn gofyn am roi'r hafaliad yn y ffurf $y = f(x)$

---

2 (a) Mae gan danc dŵr siâp silindr waelod ag arwynebedd 4 m². Dyfnder y dŵr ar amser t eiliad yw h metr. Mae dŵr yn cael ei dywallt i mewn ar gyfradd o 0.004 m³ yr eiliad.

Mae dŵr yn gollwng o dwll yn y gwaelod ar gyfradd o $0.0008h$ m³ yr eiliad.

Dangoswch fod: $5000\dfrac{dh}{dt} = 5 - h$

[Awgrym: mae cyfaint, V, y tanc dŵr siâp silindr yn cael ei roi gan $V = 4h$.]

(b) O wybod bod y tanc yn wag i ddechrau, darganfyddwch h yn nhermau t.

(c) Darganfyddwch ddyfnder y dŵr yn y tanc pan fydd $t = 3600$ s, gan roi eich ateb yn gywir i 2 le degol.

. . . .

Atebion

2 (a) Cyfradd newid y cyfaint = cyfradd mae'r dŵr yn dod i mewn – cyfradd mae'r dŵr yn gadael drwy'r twll.

$$\frac{dV}{dt} = 0.004 - 0.0008h$$

Nawr gan fod $V = 4h$, cyfradd newid y cyfaint fydd $\frac{dV}{dt}$ a chyfradd newid yr uchder fydd $\frac{dh}{dt}$.

Felly gallwn ni ysgrifennu $\dfrac{dV}{dt} = 4\dfrac{dh}{dt}$

Felly mae gennym ni $\qquad 4\dfrac{dh}{dt} = 0.004 - 0.0008h$

Mae rhannu drwyddo â 4 yn rhoi $\qquad \dfrac{dh}{dt} = 0.001 - 0.0002h$

Mae lluosi â 5000 nawr yn rhoi $\quad 5000\dfrac{dh}{dt} \equiv 5 - h$

(b) Mae gwahanu'r newidynnau ac integru yn rhoi

$$5000\int \frac{dh}{5 - h} = \int dt$$

$$-5000 \ln(5 - h) = t + c \qquad (1)$$

Nawr $h = 0$ pan fydd $t = 0$ felly

$$-5000 \ln 5 = c$$

Mae amnewid c i mewn i (1) yn rhoi

$$-5000 \ln(5 - h) = t - 5000 \ln 5$$

Trwy hyn $\qquad \dfrac{t}{5000} = \ln\left(\dfrac{5}{5 - h}\right)$

> Edrychwch ar yr unedau i'ch helpu i ffurfio hafaliad cyfradd newid. Yma, mae gennym ni gyfradd newid y cyfaint mewn m³ yr eiliad felly mae hyn yn gyfaint wedi'i rannu ag amser.

> Sylwch: mae angen i ddeilliad yr enwadur (h.y. –1) fod ar y top, felly rydym ni'n cynnwys arwydd minws ond mae hefyd angen arwydd minws o flaen yr ln i wneud yn iawn am hynny.

Mae hyn yn cael ei wneud i ddiddymu'r ln.

Gan gymryd esbonyddolion y ddwy ochr,

$$\frac{5}{5-h} = e^{\frac{t}{5000}}$$

$$5 - h = 5e^{-\frac{t}{5000}}$$

$$h = 5 - 5e^{-\frac{t}{5000}}$$

(c) Pan fydd $t = 3600$, $h = 5 - 5e^{-\frac{3600}{5000}}$

$$= 2.57 \text{ m (i ddau le degol)}$$

Profi eich hun

1 Darganfyddwch

(a) $\int \dfrac{6}{5x + 1}\, dx$ [2]

(b) $\int \cos 7x\, dx$ [2]

(c) $\int \dfrac{4}{(3x + 1)^3}\, dx$ [2]

2 Darganfyddwch

(a) $\int \sin 4x\, dx$ [2]

(b) $\int \dfrac{1}{2x + 1}\, dx$ [2]

(c) $\int \dfrac{4}{(2x + 1)^5}\, dx$ [2]

3 Enrhifwch $\displaystyle\int_0^2 \dfrac{1}{(2x + 1)^3}\, dx$ [4]

4 Enrhifwch $\displaystyle\int_0^3 \dfrac{1}{5x + 2}\, dx$, gan fynegi eich ateb fel logarithm. [4]

5 Darganfyddwch $\int (2x + 1)e^{2x}\, dx$ [4]

6 Drwy ddefnyddio'r amnewid $x = 2 \sin \theta$, enrhifwch

$\displaystyle\int_0^1 \sqrt{(4 - x^2)}\, dx$ gan roi eich ateb yn gywir i 3 lle degol. [5]

7 Datryswch yr hafaliad

$$\frac{dy}{dx} = \frac{y}{x + 2}$$

o wybod bod $y = 2$ pan fydd $x = 0$ [5]

Crynodeb

Gwnewch yn siŵr eich bod yn gwybod y ffeithiau canlynol:

Integru $x^n (n \neq -1)$, e^{kx}, $\frac{1}{x}$, $\sin kx$, $\cos kx$

$$\int x^n \, dx = \frac{x^{n+1}}{n+1} + c$$

$$\int e^{kx} \, dx = \frac{e^{kx}}{k} + c$$

$$\int \frac{1}{x} \, dx = \ln |x| + c$$

$$\int \sin kx \, dx = -\frac{1}{k} \cos kx + c$$

$$\int \cos kx \, dx = \frac{1}{k} \sin kx + c$$

Bydd gofyn i chi gofio'r canlyniadau hyn am nad ydyn nhw'n cael eu rhoi yn y llyfryn fformiwlâu.

Integru $(ax + b)^n (n \neq -1)$, e^{ax+b}, $\frac{1}{ax+b}$, $\sin (ax + b)$, $\cos (ax + b)$

$$\int (ax + b)^n \, dx = \frac{(ax + b)^{n+1}}{(n+1)a} + c \qquad (n \neq -1)$$

$$\int e^{ax+b} \, dx = \frac{e^{ax+b}}{a} + c$$

$$\int \frac{1}{ax + b} \, dx = \frac{1}{a} \ln |ax + b| + c$$

$$\int \sin (ax + b) \, dx = \frac{-\cos (ax + b)}{a} + c$$

$$\int \cos (ax + b) \, dx = \frac{\sin (ax + b)}{a} + c$$

Bydd gofyn i chi gofio'r canlyniadau hyn am nad ydyn nhw'n cael eu rhoi yn y llyfryn fformiwlâu.

Integru drwy amnewid ac integru fesul rhan

Rydym ni'n trawsnewid integryn o'r math $\int f(x) \, dx$ yn integryn $\int f(x) \frac{dx}{du} \, du$, lle rydym ni'n rhoi amnewidyn penodol yn lle x a dx. Yn achos integrynnau pendant, rydym ni'n trawsnewid y terfannau x yn derfannau u drwy ddefnyddio amnewid penodol.

Integru fesul rhan

Byddwn ni'n defnyddio integru fesul rhan pan fydd lluoswm i'w integru.

$$\int u \frac{dv}{dx} \, dx = uv - \int v \frac{du}{dx} \, dx$$

Integru drwy ddefnyddio ffracsiynau rhannol

Rydym ni'n gallu trawsnewid ffracsiynau sengl fel $\frac{5x+3}{(x+3)(x-1)}$ yn ffracsiynau rhannol $\left(\frac{3}{(x+3)} + \frac{2}{(x-1)}\right.$ yn yr achos hwn$\left.\right)$ fel bod modd integru pob un o'r ffracsiynau rhannol sy'n ganlyniad hyn.

Mewn sawl achos, mae'r ateb i'r cwestiynau hyn yn golygu defnyddio ln.

Datrysiad dadansoddol o hafaliadau differol trefn un â newidynnau gwahanadwy

Gallwn ni ddatrys hafaliadau o'r math

$$\frac{dy}{dx} = f(x)\,g(y)$$

drwy wahanu'r newidynnau ac integru dwy ochr yr hafaliad sy'n ganlyniad hyn, h.y.

$$\int \frac{1}{g(y)}\,dy = \int f(x)\,dx$$

8 Dulliau rhifiadol

Cyflwyniad

Gall dulliau rhifiadol gael eu defnyddio i ddarganfod gwreiddiau hafaliadau/ffwythiannau sy'n gallu cael eu rhoi yn y ffurf $f(x) = 0$. Gall y dulliau hyn gael eu defnyddio i ddarganfod gwreiddiau hafaliadau lle byddai'n anodd eu darganfod gan ddefnyddio'r technegau algebraidd rydych wedi'u hastudio yn barod. Gall dulliau rhifiadol hefyd roi bras ddatrysiadau i hafaliadau gan ddefnyddio dulliau iterus. Gall dulliau rhifiadol hefyd gael eu defnyddio i ddarganfod bras arwynebedd o dan gromlin.

8.1 Lleoli gwreiddiau $f(x) = 0$, gan ystyried newidiadau yn arwydd $f(x)$

Os gall $f(x)$ gymryd unrhyw werth rhwng a a b, yna os oes newid arwydd rhwng $f(a)$ ac $f(b)$, mae gwreiddyn $f(x) = 0$ i'w gael rhwng a a b.

Rydym ni'n tybio bod graff $y = f(x)$ yn llinell ddi-dor rhwng $x = a$, $x = b$.

Enghreifftiau

1   Dangoswch fod i'r hafaliad

$$9x^3 - 9x + 1 = 0$$

wreiddyn α rhwng 0 a 0.2 .

....

Ateb

1   Gadewch i $f(x) = 9x^3 - 9x + 1$

$$f(0) = 1$$

$$f(0.2) = 9(0.2)^3 - 9(0.2) + 1$$

$$= 0.072 - 1.8 + 1 = -0.728$$

$$f(0.2) = -0.728$$

Gan fod newid arwydd, rhaid bod y gwreiddyn α i'w gael rhwng 0 a 0.2.

> Rydym ni'n rhoi'r ddau werth i mewn i'r ffwythiant yn eu tro ac os oes newid arwydd, yna mae'r gwreiddyn i'w gael rhwng y ddau werth.

---

2   Dangoswch fod gan y ffwythiant sy'n cael ei roi gan

$$f(x) = x^4 + 4x^2 - 32x + 5$$

bwynt arhosol pan fydd x yn bodloni'r hafaliad

$$x^3 + 2x - 8 = 0$$

Dangoswch fod gan yr hafaliad

$$x^3 + 2x - 8 = 0$$

wreiddyn α rhwng 1 a 2.

Mae'r berthynas dychweliad

$$x_{n+1} = (8 - 2x_n)^{\frac{1}{3}}$$

ag $x_0 = 1.7$ yn gallu cael ei defnyddio i ddarganfod α. Darganfyddwch a chofnodwch werthoedd x_1, x_2, x_3, x_4. Ysgrifennwch werth x_4 yn gywir i 4 lle degol.

....

Ateb

2   Mae'r pwynt arhosol i'w gael pan fydd $f' = 0$, h.y. pan fydd

$$4x^3 + 8x - 32 = 0$$

$$\therefore \quad x^3 + 2x - 8 = 0$$

Gadewch i $f(x) = x^3 + 2x - 8$

$$f(1) = (1)^3 + 2(1) - 8 = -5$$

$$f(2) = (2)^3 + 2(2) - 8 = 4$$

Mae'r newid arwydd yn dangos bod gwreiddyn α rhwng 1 a 2.

> Rydym ni'n rhoi'r ddau werth mae'r gwreiddyn i fod rhyngddyn nhw i mewn i'r ffwythiant yn eu tro.
>
> Mae newid arwydd yn dangos bod y gwreiddyn i'w gael rhwng y ddau werth hyn.

$x_0 = 1.7$

$$x_1 = (8 - 2x_0)^{\frac{1}{3}} = (8 - 2\,(1.7))^{\frac{1}{3}} = 1.663103499$$

$$x_2 = (8 - 2x_1)^{\frac{1}{3}} = (8 - 2\,(1.663103499))^{\frac{1}{3}} = 1.671949509$$

$$x_3 = (8 - 2x_2)^{\frac{1}{3}} = (8 - 2\,(1.671949509))^{\frac{1}{3}} = 1.669837194$$

$$x_4 = (8 - 2x_3)^{\frac{1}{3}} = (8 - 2\,(1.669837194))^{\frac{1}{3}} = 1.670342073$$

Trwy hyn, $x_4 = 1.6703$ (yn gywir i 4 lle degol).

> Dylech chi bob amser dalgrynnu eich ateb terfynol i'r nifer gofynnol o leoedd degol neu ffigurau ystyrlon.

Sut gall dulliau newid arwydd fethu

Mae graff $y = f(x)$ sydd i'w weld isod yn torri'r echelin-x rhwng 1 a 2 felly mae ganddo wreiddyn rhwng 1 a 2. Mae'r graff yn gromlin barhaus ac mae'r diagram yn dangos rhan o'r gromlin hon rhwng $x = 1$ ac $x = 2$. Gall dull newid arwydd gael ei ddefnyddio am fod y graff yn barhaus.

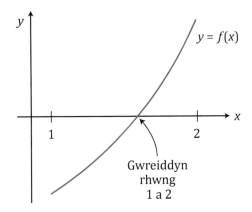

Mae'r graff isod yn dangos nad yw $f(x) = \frac{1}{x}$ yn barhaus ar gyfer holl werthoedd x.

Ni all gwerth x fod yn sero gan fod y gromlin yn agosáu at yr echelin-y, ond byth yn ei chyffwrdd, am fod yr echelin-y yn asymptot.

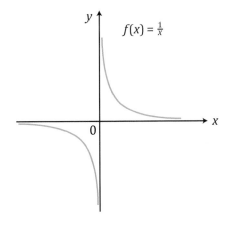

Pe baech chi'n edrych ar bwynt bob ochr i'r echelin-y (e.e. $x = -1$ ac 1), yna $f(-1) = -1$ ac $f(1) = 1$, felly mae'r arwydd yn newid, gan awgrymu'n anghywir bod gwreiddyn rhwng $x = -1$ ac 1. Ond gallwn ni weld wrth edrych ar y graff nad yw'r gromlin yn torri'r echelin-x, ac felly nid yw'r fath wreiddyn yn bodoli.

Dyma ffordd arall byddai dull newid arwydd yn methu. Edrychwch ar y graff canlynol o ffwythiant ciwbig.

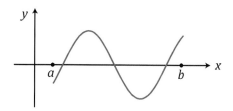

Dychmygwch ein bod ni'n edrych ar arwydd y ffwythiant ar y pwyntiau $x = a$ ac $x = b$.

Mae $f(a)$ yn negatif ac mae $f(b)$ yn bositif. Mae'r arwydd yn newid, gan awgrymu bod gwreiddyn rhwng a a b. Ond mewn gwirionedd, mae tri gwreiddyn yn y cyfwng hwn. Byddai angen ymchwilio i arwyddion y ffwythiant ar werthoedd rhwng a a b er mwyn dod o hyd i'r holl wreiddiau.

Enghraifft

1 (a) Dangoswch fod gan y ffwythiant sy'n cael ei roi gan

$$f(x) = x^3 + 3x^2 - 6x + 1$$

bwynt arhosol pan fydd x yn bodloni'r hafaliad:

$$x^2 + 2x - 2 = 0$$

(b) Dangoswch fod gan yr hafaliad $x^2 + 2x - 2 = 0$ wreiddyn rhwng 0 ac 1.

· ·

Ateb

1 (a) Mae'r pwynt arhosol yn digwydd pan fydd $f' = 0$, hynny yw pan fydd

$$3x^2 + 6x - 6 = 0$$

Felly $x^2 + 2x - 2 = 0$

(b) Gadewch i $f(x) = x^2 + 2x - 2$

$$f(1) = (1)^2 + 2(1) - 2 = 1$$
$$f(0) = (0)^2 + 2(0) - 2 = -2$$

Mae'r newid yn yr arwydd yn awgrymu bod gwreiddyn rhwng 0 ac 1.

8.2 Dilyniannau a gynhyrchir gan berthynas dychweliad syml o'r ffurf $x_{n+1} = f(x_n)$

Rydym ni'n galw'r berthynas ganlynol yn berthynas dychweliad,

$$x_{n+1} = x_n^3 + \frac{1}{9}$$

Gallwn ni ddefnyddio'r berthynas dychweliad hon i gynhyrchu dilyniant drwy amnewid gwerth cychwynnol, sy'n cael ei alw'n x_0, i mewn i'r berthynas i gyfrifo'r term nesaf yn y dilyniant, sy'n cael ei alw'n x_1. Yna rydym ni'n amnewid gwerth x_1 am x_n i mewn i'r berthynas i gyfrifo x_2. Rydym ni'n gwneud y broses hon dro ar ôl tro nes i ni ddarganfod y nifer gofynnol o dermau yn y dilyniant.

Enghreifftiau

1 Mae dilyniant yn cael ei gynhyrchu gan ddefnyddio'r berthynas dychweliad

$$x_{n+1} = x_n^3 + \frac{1}{9}$$

Gan ddechrau gydag $x_0 = 0.1$, darganfyddwch a chofnodwch x_1, x_2, x_3.

....

Ateb

1   $x_0 = 0.1$

$$x_1 = x_0^3 + \frac{1}{9} = (0.1)^3 + \frac{1}{9} = 0.1121111111$$

$$x_2 = x_1^3 + \frac{1}{9} = (0.1121111111)^3 + \frac{1}{9} = 0.1125202246$$

$$x_3 = x_2^3 + \frac{1}{9} = (0.1125202246)^3 + \frac{1}{9} = 0.1125357073$$

> Peidiwch â thalgrynnu dim o'ch gwerthoedd. Ysgrifennwch y dangosydd cyfrifiannell llawn.

2 Dangoswch fod i'r hafaliad

$$4x^3 - 2x - 5 = 0$$

wreiddyn α rhwng 1 a 2.

Mae'n bosibl defnyddio'r berthynas dychweliad

$$x_{n+1} = \left(\frac{2x_n + 5}{4}\right)^{\frac{1}{3}}$$

gydag $x_0 = 1.2$, i ddarganfod α. Darganfyddwch a chofnodwch werthoedd x_1, x_2, x_3, x_4. Ysgrifennwch werth x_4 yn gywir i bum lle degol a phrofwch mai'r gwerth hwn yw gwerth α yn gywir i bum lle degol.

....

Ateb

2   Gadewch i $f(x) = 4x^3 - 2x - 5$

$$f(1) = 4(1)^3 - 2(1) - 5 = -3$$
$$f(2) = 4(2)^3 - 2(2) - 5 = 23$$

Mae newid arwydd rhwng 1 a 2. Felly mae gwreiddyn rhwng y ddau werth hyn.

$$x_{n+1} = \left(\frac{2x_n + 5}{4}\right)^{\frac{1}{3}}$$

$x_0 = 1.2$

$$x_1 = \left(\frac{2x_0 + 5}{4}\right)^{\frac{1}{3}} = \left(\frac{2(1.2) + 5}{4}\right)^{\frac{1}{3}} = 1.227601026$$

$$x_2 = \left(\frac{2x_1 + 5}{4}\right)^{\frac{1}{3}} = \left(\frac{2(1.227601026) + 5}{4}\right)^{\frac{1}{3}} = 1.230645994$$

$$x_3 = \left(\frac{2x_2 + 5}{4}\right)^{\frac{1}{3}} = \left(\frac{2(1.230645994) + 5}{4}\right)^{\frac{1}{3}} = 1.230980996$$

> Rydym ni'n rhoi'r ddau werth mae'r datrysiad i'w gael rhyngddyn nhw i mewn am x yn eu tro. Os oes newid arwydd, yna mae'r datrysiad i'w gael rhwng y ddau werth hyn.

> Peidiwch â thalgrynnu'r rhifau hyn eto.

$$x_4 = \left(\frac{2x_3 + 5}{4}\right)^{\frac{1}{3}} = \left(\frac{2(1.230980996) + 5}{4}\right)^{\frac{1}{3}} = 1.231017841$$

$x_4 = 1.23102$ (yn gywir i 5 lle degol)

Yma mae angen i ni edrych ar werth α y naill ochr a'r llall i'r gwerth $x_4 = 1.23102$ (h.y. yn 1.231015 ac yn 1.231025).

$$f(1.231015) = 4(1.231015)^3 - 2(1.231015) - 5 = -0.000119667$$

$$f(1.231025) = 4(1.231025)^3 - 2(1.231025) - 5 = 0.000042182$$

Gan fod newid arwydd, $\alpha = 1.23102$ yn gywir i 5 lle degol.

---

3 (a) Brasluniwch graffiau $y = x^3$ ac $y = x + 2$. Diddwythwch nifer y gwreiddiau real sydd gan yr hafaliad

$$x^3 - x - 2 = 0$$

(b) Mae gan yr hafaliad ciwbig $x^3 - x - 2 = 0$ wreiddyn α rhwng 1 a 2.

Mae'r berthynas dychweliad

$$x_{n+1} = (x_n + 2)^{\frac{1}{3}}$$

gydag $x_0 = 1.5$, yn gallu cael ei defnyddio i ddarganfod α.

Cyfrifwch x_4, gan roi eich ateb yn gywir i 3 lle degol.
Profwch mai'r gwerth hwn yw gwerth α yn gywir i 3 lle degol hefyd.

Ateb

3   (a)

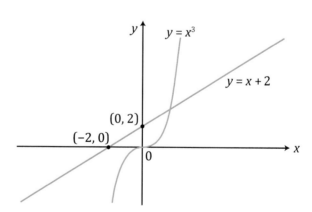

Mae gwreiddyn real $x^3 - x - 2 = 0$ lle mae graffiau $y = x^3$ ac $y = x + 2$ yn croestorri. Mae'r graffiau'n croestorri unwaith, felly un gwreiddyn real sydd gan yr hafaliad $x^3 - x - 2 = 0$.

(b) $x_1 = 1.5182945$

$x_2 = 1.5209353$

$x_3 = 1.5213157$

$x_4 = 1.5213705 \approx 1.521$ (yn gywir i 3 lle degol)

Gwirio gwerth $x^3 - x - 2$ ar gyfer $x = 1.5205, 1.5215$

x	$f(x)$
1.5205	−0.0052
1.5215	0.0007

Gan fod newid arwydd, y gwreiddyn yw 1.521 yn gywir i 3 lle degol.

Diagramau grisiau

Os oes gennych chi hafaliad $g(x) = 0$ sy'n gallu cael ei ysgrifennu yn y ffurf $x = g(x)$, yna mae'r berthynas dychweliad $x_{n+1} + g(x_n)$ ar gyfer gwerth cychwynnol penodol (sy'n cael ei alw'n x_0) yn gallu creu dilyniant cydgyfeiriol a fydd yn arwain at un o wreiddiau'r hafaliad $g(x) = 0$.

Gallwch chi weld sut mae hyn yn gweithio drwy edrych ar y graff canlynol:

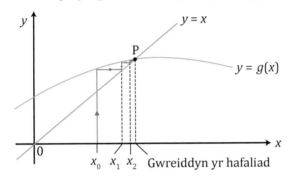

Mae'r gromlin $y = g(x)$ yn croestorri'r llinell $y = x$ yn y pwynt P. Cyfesuryn-x y pwynt P yw gwreiddyn yr hafaliad $x = g(x)$.

Gall hyn gael ei ddatrys drwy ddefnyddio'r berthynas dychweliad $x_{n+1} = g(x_n)$.

Mae gwerth cychwynnol x_0 yn cael ei ddewis, a lle mae'r llinell fertigol ar gyfer y gwerth hwn yn torri'r gromlin, rydym ni'n lluniadu llinell lorweddol i'r llinell $y = x$. Mae cyfesuryn-x y pwynt hwn yn rhoi gwerth x_1. Bydd llinell fertigol yn cael ei lluniadu i gyffwrdd â'r gromlin ac ar y pwynt hwn bydd llinell lorweddol yn cael ei lluniadu. Cyfesuryn-x y pwynt lle mae'r llinell lorweddol yn cwrdd â'r llinell $y = x$ yw gwerth x_2. Y mwyaf o iteriadau (neu gamau) a wnawn ni, yr agosaf fydd gwerth x i werth y gwreiddyn.

Yn yr achos hwn, mae'r dilyniant sy'n cael ei greu gan yr iteriad yn cydgyfeirio i werth sefydlog ond nid yw hyn bob amser yn digwydd fel mae'r graff canlynol yn ei ddangos.

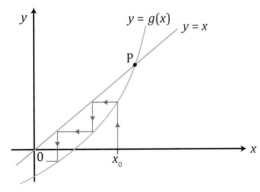

Yn y graff uchod, gallwch chi weld bod diagram y grisiau yn dangos bod gwerthoedd x_1, x_2, etc., yn symud yn bellach i ffwrdd o werth x y pwynt croestoriad yn P. Mae hyn am fod y dilyniant yn ddargyfeiriol. Felly, ni allwn ni ddefnyddio diagram grisiau i ddarganfod gwreiddyn dilyniant dargyfeiriol.

Diagramau gwe pry cop

Mae diagram gwe pry cop yn caniatáu i chi weld a yw'r iteriad yn gydgyfeiriol neu beidio. Mae iteriad cydgyfeiriol yn dechrau yn x_0 ac mae'r iteriadau dilynol x_1, x_2, x_3, ... yn cydgyfeirio i werth sy'n agosach ac yn agosach i'r gwreiddyn (h.y. pwynt croestoriad y ddau graff).

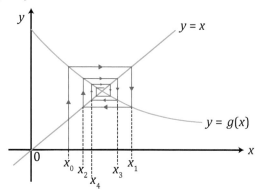

I luniadu diagram gwe pry cop i weld sut mae iteriad yn ymddwyn, dilynwch y camau hyn:

1 Gan ddefnyddio'r un set o echelinau, lluniadwch graffiau $y = x$ ac $y = g(x)$.

2 Dechreuwch ar bwynt ar yr echelin-x x_0.

3 Lluniadwch linell fertigol i fyny i gwrdd â graff $y = g(x)$.

4 Lluniadwch linell lorweddol i gwrdd â graff $y = x$. Gan mai hwn yw'r iteriad cyntaf, y gwerth x yw x_1, a phan fydd y cam hwn yn cael ei ailadrodd, fe gewch chi x_2, x_3, x_4, ...

5 Ewch yn ôl i gam 3. Dylai gwerthoedd x_1, x_2, x_3, ... fod yn agosáu at wreiddyn yr hafaliad (h.y. lle mae'r graffiau yn croestorri) os yw'r iteriad yn gydgyfeiriol (h.y. yn mynd yn agosach ac yn agosach i werth sefydlog). Ond os yw'r iteriad yn mynd yn bellach ac yn bellach oddi wrth werth sefydlog, mae'r iteriad yn ddargyfeiriol ac ni fydd modd darganfod y gwreiddyn gan ddefnyddio'r dull hwn.

Enghraifft

1 (a) Ar yr un echelinau, brasluniwch graffiau $y = x$ ac $y = \cos x$ ar gyfer $0 \leq x \leq \frac{\pi}{2}$.

   (b) (i) Drwy hyn, dangoswch mai un gwreiddyn yn unig sydd gan yr hafaliad $\cos x = x$.

      (ii) Amcangyfrifwch y gwreiddyn yn gywir i un lle degol.

      (iii) Gan ddefnyddio gwerth eich gwreiddyn fel x_0, defnyddiwch y berthynas g $x_{n+1} = \cos x_n$ i ddarganfod y gwreiddyn yn gywir i ddau le degol.

Ateb

1 (a)

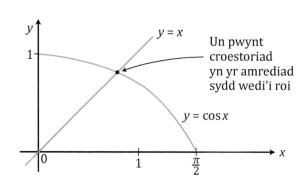

Un pwynt croestoriad yn yr amrediad sydd wedi'i roi

(b) (i) Mae'r gromlin a'r llinell yn croestorri mewn un pwynt yn unig yn yr amrediad sydd wedi'i roi.

(ii) $x = 0.7$ radian (gallwn ni ddarllen hyn o'r graff)

(iii) $x_{n+1} = \cos x_n$ ac $x_0 = 0.7$

$$x_1 = \cos 0.7 = 0.76484\ldots$$

$$x_2 = \cos 0.76484\ldots = 0.72149\ldots$$

$$x_3 = \cos 0.72149\ldots = 0.75082\ldots$$

$$x_4 = \cos 0.75082\ldots = 0.73112\ldots$$

$$x_5 = \cos 0.73112\ldots = 0.74442\ldots$$

$$x_6 = \cos 0.74442\ldots = 0.73548\ldots$$

$$x_7 = \cos 0.73548\ldots = 0.74151\ldots$$

Mae'r tri ateb olaf yn rhoi gwerth cyson o 0.74 yn gywir i ddau le degol.

Felly'r gwreiddyn = 0.74 radian yn gywir i ddau le degol.

I wirio bod y gwreiddyn yn gywir, newidiwch eich cyfrifiannell i radianau, ac yna darganfyddwch werth $\cos 0.7$.
  Dylai fod yn agos i 0.7.

8.3 Bras ddatrys hafaliadau gan ddefnyddio dulliau iterus syml

I ddarganfod datrysiad bras ar gyfer hafaliad drwy iteru, rydym ni'n dechrau gyda gwerth bras ar gyfer y gwreiddyn ac yna'n amnewid hwn i mewn i berthynas dychweliad. Yna, rydym ni'n amnewid y canlyniad yn ôl i mewn i'r berthynas dychweliad ac rydym ni'n gwneud y broses hon dro ar ôl tro nes cael gwerth sydd o'r manwl gywirdeb gofynnol.

Mae'r dechneg hon i'w gweld yn yr enghraifft ganlynol.

Enghreifftiau

1 Gallwch chi dybio bod i'r hafaliad $6x^4 + 7x - 3 = 0$ wreiddyn α rhwng 0 ac 1.

Mae'n bosibl defnyddio'r berthynas dychweliad gydag $x_0 = 0.4$ i ddarganfod y gwreiddyn.

$$x_{n+1} = \frac{3 - 6x_n^4}{7}$$

Darganfyddwch a chofnodwch werthoedd x_1, x_2, x_3, x_4. Ysgrifennwch werth x_4 yn gywir i bedwar lle degol a dangoswch mai'r gwerth hwn yw gwerth α yn gywir i bedwar lle degol.

Ateb

1   $x_{n+1} = \dfrac{3 - 6x_n^4}{7}$

$x_0 = 0.4$

$$x_1 = \frac{3 - 6x_0^4}{7} = \frac{3 - 6(0.4)^4}{7} = 0.406628571$$

Dyma'r fformiwla iterus ac mae'r cwestiwn yn ei rhoi. Dyma'r fformiwla byddwn ni'n rhoi'r gwerth cychwynnol a gwerthoedd dilynol i mewn iddi.

x_0 yw'r gwerth cychwynnol ac mae'r cwestiwn yn ei roi. Rydym ni'n amnewid y gwerth hwn i mewn i'r fformiwla i gael y gwerth nesaf x_1

$$x_2 = \frac{3 - 6x_1^4}{7} = \frac{3 - 6(0.406628571)^4}{7} = 0.405137517$$

$$x_3 = \frac{3 - 6x_2^4}{7} = \frac{3 - 6(0.405137517)^4}{7} = 0.405479348$$

$$x_4 = \frac{3 - 6x_3^4}{7} = \frac{3 - 6(0.405479348)^4}{7} = 0.405401314$$

Trwy hyn, $x_4 = 0.4054$ (yn gywir i 4 lle degol).

Gadewch i $f(x) = 6x^4 + 7x - 3$

$$f(0.40535) = 6(0.40535)^4 + 7(0.40535) - 3 = -5.66 \times 10^{-4}$$

$$f(0.40545) = 6(0.40545)^4 + 7(0.40545) - 3 = 2.94 \times 10^{-4}$$

Gan fod newid arwydd, $\alpha = 0.4054$ yn gywir i 4 lle degol.

Yma mae angen i ni edrych ar werth α y naill ochr neu'r llall i'r gwerth $x_4 = 0.4054$ (h.y. yn 0.40535 ac yn 0.40545). Os oes newid arwydd pan fyddwn ni'n rhoi'r gwerthoedd hyn i mewn i $6x^4 + 7x - 3$, yna α yw'r gwreiddyn yn gywir i 4 lle degol.

---

2   Dangoswch fod i'r hafaliad

$$x - \sin x - 0.2 = 0,$$

lle mae x yn cael ei mesur mewn radianau, wreiddyn α rhwng 1 a 2.

Mae'r berthynas dychweliad

$$x_{n+1} = \sin x_n + 0.2$$

gydag $x_0 = 1.1$ yn gallu cael ei defnyddio i ddarganfod α. Darganfyddwch a chofnodwch werthoedd x_1, x_2, x_3, x_4.

Ysgrifennwch werth x_4 yn gywir i 3 lle degol a dangoswch mai dyma werth α yn gywir i 3 lle degol.

Ateb

2

x	$x - \sin x - 0.2$
1	-4.15×10^{-2}
2	8.9×10^{-1}

Gan fod newid arwydd, mae gwreiddyn rhwng 1 a 2.

$$x_1 = \sin(1.1) + 0.2 = 1.09120736$$

$$x_2 = \sin(1.09120736) + 0.2 = 1.087184654$$

$$x_3 = \sin(1.087184654) + 0.2 = 1.085321346$$

$$x_4 = 1.084453409$$

Trwy hyn, $x_4 \approx 1.084$ (yn gywir i 3 lle degol)

Nawr rydym ni'n gwirio 1.0835 ac 1.0845 yn yr hafaliad gwreiddiol (nid yn y berthynas dychweliad).

x	$x - \sin x - 0.2$
1.0835	-1.02×10^{-4}
1.0845	4.3×10^{-4}

Gan fod newid arwydd, y gwreiddyn yw 1.084 yn gywir i 3 lle degol.

8.4 Datrys hafaliadau gan ddefnyddio dull Newton–Raphson a pherthnasoedd dychweliad eraill yn y ffurf $x_{n+1} = g(x_n)$

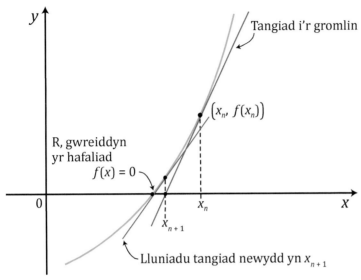

Mae dull Newton–Raphson yn cael ei ddefnyddio i ddatrys hafaliadau yn y ffurf $f(x) = 0$.

Mae'r graff uchod yn dangos rhan o'r gromlin $y = f(x)$ a chyfesuryn-x y pwynt R yw gwreiddyn yr hafaliad $f(x) = 0$ (h.y. dyma'r cyfesuryn-x lle mae'r gromlin yn torri'r echelin-x).

Rydym ni'n dechrau gyda phwynt sydd â chyfesuryn-x x_n ac yn lluniadu tangiad yn y pwynt hwn. Mae'r tangiad hwn yn torri'r echelin-x yn x_{n+1}. Yn y pwynt ar y gromlin lle y cyfesuryn-x yw x_{n+1} mae tangiad arall yn cael ei luniadu ac mae hwn yn torri'r echelin-x yn x_{n+2}. Y mwyaf o weithiau mae'r broses hon yn cael ei hailadrodd, yr agosaf mae'r gwerth x yn dod i'r gwerth cywir ar gyfer gwreiddyn yr hafaliad (h.y. cyfesuryn-x R).

Yr hafaliad iteru rydym ni'n ei ddefnyddio i ddatrys $f(x) = 0$ yw:

$$x_{n+1} = x_n - \frac{f(x_n)}{f'(x_n)}$$

Sylwch mai $f'(x_n)$ yw deilliad y ffwythiant gwreiddiol.

Cam wrth Gam

Mae gan yr hafaliad $1 + 5x - x^4 = 0$ wreiddyn positif α.

(a) Dangoswch fod α yn gorwedd rhwng 1 a 2.

(b) Defnyddiwch y dilyniant iterus yn seiliedig ar y trefniant,

$$x = \sqrt[4]{1 + 5x}$$

gyda gwerth cychwynnol 1.5 i ddarganfod α yn gywir i ddau le degol.

(c) Defnyddiwch ddull Newton–Raphson i ddarganfod α yn gywir i chwe lle degol.

Camau i'w cymryd

1   Gadewch i $f(x) = 1 + 5x - x^4$ ac amnewidiwch y ddau werth yn eu tro. Dylai sero orwedd rhwng y ddau werth a gewch chi.

2   Ysgrifennwch y dilyniant iterus gan ddefnyddio x_n ac x_{n+1}.

Defnyddiwch $x_0 = 1.5$ a dechreuwch iteru, gan stopio pan nad yw'r ddau le degol cyntaf yn newid.

3   Ysgrifennwch yr hafaliad fel $f(x) = \ldots$. Differwch y ffwythiant i ddarganfod $f'(x)$. Gallwch chi gael y fformiwla o'r llyfryn fformiwlâu.

Daliwch ati i amnewid y gwerthoedd i mewn nes bod y chwe rhif cyntaf ar ôl y pwynt degol yn aros yn gyson.

. . . .

Ateb

(a) $f(x) = 1 + 5x - x^4$

$f(1) = 1 + 5(1) - (1)^4 = 5$

$f(2) = 1 + 5(2) - (2)^4 = -5$

Gan fod yr arwydd yn newid, mae'n rhaid bod gwreiddyn rhwng 1 a 2.

(b) $x_{n+1} = \sqrt[4]{1 + 5x_n}$

$x_1 = \sqrt[4]{1 + 5x_0}$

$x_0 = 1.5$ felly $x_1 = \sqrt[4]{1 + 5(1.5)} = 1.707476485$

$x_2 = 1.757346089$

$x_3 = 1.768721303$

$x_4 = 1.771285475$

$x_5 = 1.771861948$

Trwy hyn gwreiddyn $\alpha \approx 1.77$

> Gwnewch yn siŵr nad ydych chi'n talgrynnu eich ateb. Dylech chi ysgrifennu'r holl rifau sydd ar sgrin eich cyfrifiannell.

> Mae'r fformiwla hon i'w gweld yn y llyfryn fformiwlâu.

(c) $x_{n+1} = x_n - \dfrac{f(x_n)}{f'(x_n)}$

$x_{n+1} = x_n - \dfrac{1 + 5x_n - x_n^4}{5 - 4x_n^3}$

$x_0 = 1.5$

$x_1 = x_0 - \dfrac{1 + 5x_0 - x_0^4}{5 - 4x_0^3} = 1.5 - \dfrac{1 + 5(1.5) - (1.5)^4}{5 - 4(1.5)^3} = 1.904411765$

$x_2 = 1.788115338$

$x_3 = 1.772305155$

$x_4 = 1.772029085$

$x_5 = 1.772029002$

Gwreiddyn $\alpha \approx 1.772029$

> Mae'r cwestiwn yn gofyn i chi ddarganfod y gwreiddyn α yn gywir i chwe lle degol. Gallwch chi weld bod x_4 ac x_5 yn rhoi'r un gwerth i chwe lle degol felly rydym ni'n stopio iteru ac yn defnyddio'r gwerth hwn yn wreiddyn.

Sut gall dull Newton–Raphson fethu

Mae dull Newton–Raphson yn defnyddio graddiant y llinell yn fan cychwyn i iteru ond nid yw'n gweithio ar gyfer pob ffwythiant. Gall dull Newton–Raphson fethu os yw graddiant y llinell yn rhy fach.

Edrychwch ar yr enghraifft ganlynol lle nad yw dull Newton–Raphson yn gweithio.

Yma, byddwn ni'n darganfod datrysiad ansero i $f(x) = x - 2\sin x$.

$$f'(x) = 1 - 2\cos x$$

$$x_{n+1} = x_n - \frac{f(x_n)}{f'(x_n)} = x_n - \frac{x_n - 2\sin x_n}{1 - 2\cos x_n}$$

Gadewch i ni dybio ein bod yn dechrau ag $x_0 = 1.1$

Mae gwerthoedd x_1 i x_6 fel a ganlyn:

$x_1 = 8.453$
$x_2 = 5.256$
$x_3 = 203.384$
$x_4 = 118.019$
$x_5 = -87.471$
$x_6 = -203.637$

Gallwch chi weld yn glir bod y gwerthoedd dros bob man a bydd yn rhaid i ni wneud nifer mawr iawn o iteriadau cyn darganfod y gwreiddyn.

> Mae pob un o'r rhifau hyn wedi'u rhoi i 3 lle degol.

8.5 Integru ffwythiannau'n rhifiadol gan ddefnyddio rheol y Trapesiwm

Pan fyddwch chi'n darganfod integryn ffwythiant $f(x)$ rhwng dwy derfan a a b, rydych chi'n gwybod yn barod eich bod yn darganfod yr arwynebedd o dan y gromlin rhwng y gwerthoedd hynny. Mae'n dilyn, felly, os oes gennych chi ffwythiant hysbys $f(x)$ a gwerth ar gyfer yr arwynebedd rhwng a a b, yna bydd y gwerth hwn yn hafal i'r integryn rhwng y ddwy derfan hyn.

Felly, os ydym ni'n gwybod beth yw'r ffwythiant ac yn methu darganfod ei arwynebedd gan ddefnyddio dull arall, gallwn ni ddarganfod integryn y ffwythiant.

Brasamcan ar gyfer arwynebedd y rhanbarth o dan gromlin gan ddefnyddio rheol y Trapesiwm

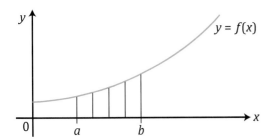

> Mae pob gwerth y yn cael ei alw'n fesuryn. Mae'r mesurynnau'n cyfateb i werthoedd x sy'n rhannu'r rhanbarth yn stribedi fertigol o'r un lled. Mae nifer y stribedi bob amser 1 yn llai na nifer y mesurynnau sy'n cael eu defnyddio.

Edrychwch ar y gromlin uchod. Tybiwch fod angen darganfod arwynebedd y rhanbarth o dan y gromlin rhwng $x = a$ ac $x = b$. Mae'r rhanbarth o dan y gromlin rhwng y ddau bwynt hyn yn cael ei rannu'n stribedi o'r un lled (4 stribed yn yr achos hwn). Rydym ni'n gallu brasamcanu pob stribed yn drapesiwm drwy wneud y dybiaeth mai llinell syth sydd yn rhan uchaf y stribed yn hytrach na chromlin. Drwy gyfrifo arwynebeddau'r trapesiymau i gyd ac yna eu hadio nhw at ei gilydd, rydym ni'n cael arwynebedd bras y rhanbarth o dan y gromlin. Y mwyaf o stribedi byddwn ni'n eu defnyddio, y mwyaf manwl gywir bydd y brasamcan i'r gwir arwynebedd.

Rydym ni'n gallu darganfod arwynebedd bras y rhanbarth o dan gromlin gan ddefnyddio fformiwla sy'n cael ei galw'n rheol y Trapesiwm. Rheol y Trapesiwm yw:

$$\int_a^b y\,dx \approx \frac{1}{2}h\left\{(y_0 + y_n) + 2(y_1 + y_2 + \ldots + y_{n-1})\right\}, \qquad \text{lle mae } h = \frac{b-a}{n}$$

h yw lled y stribedi sy'n cael eu defnyddio i amcangyfrif yr arwynebedd.

n yw nifer y stribedi sy'n cael eu defnyddio. Mae n bob amser 1 yn llai na nifer y mesurynnau sy'n cael eu defnyddio. Er enghraifft, os caiff 5 mesuryn eu defnyddio i amcangyfrif yr arwynebedd, yna nifer y stribedi sy'n cael eu defnyddio, n, fydd 4.

y_0 yw'r mesuryn cyntaf ac y_n yw'r mesuryn olaf.

$y_1, y_2, \ldots, y_{n-1}$ yw'r mesurynnau eraill rhwng y cyntaf a'r olaf.

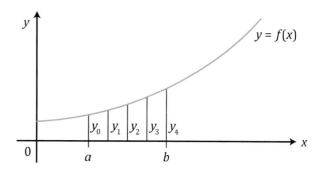

Goramcangyfrif a thanamcangyfrif arwynebeddau gan ddefnyddio rheol y Trapesiwm

Bydd rheol y Trapesiwm yn goramcangyfrif yr arwynebedd os yw rhan uchaf y trapesiymau yn uwch na'r gromlin, a bydd yn tanamcangyfrif yr arwynebedd os yw rhan uchaf y trapesiymau yn is na'r gromlin.

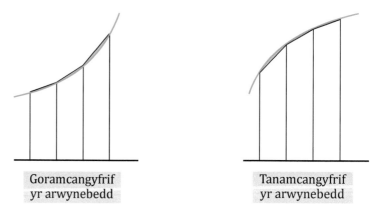

Goramcangyfrif yr arwynebedd

Tanamcangyfrif yr arwynebedd

Cynyddu manwl gywirdeb amcangyfrif yr arwynebedd gan ddefnyddio rheol y Trapesiwm

Rydym ni'n gallu cynyddu manwl gywirdeb yr amcangyfrif ar gyfer yr arwynebedd rydym ni'n ei gael gan ddefnyddio rheol y Trapesiwm drwy gynyddu nifer y mesurynnau neu stribedi a ddefnyddiwn ni.

Rydym ni'n defnyddio'r enghreifftiau canlynol i esbonio'r defnydd o rheol y Trapesiwm.

Enghreifftiau

1 Defnyddiwch reol y Trapesiwm gyda phum mesuryn i ddarganfod bras werth ar gyfer yr integryn

$$\int_0^1 \sqrt{\frac{1}{1+x^2}}\,dx$$

Dangoswch eich gwaith cyfrifo a rhowch eich ateb yn gywir i 3 lle degol.

. . . .

Ateb

1 $h = \dfrac{b-a}{n} = \dfrac{1-0}{4} = 0.25$

$$\int_0^1 \sqrt{\frac{1}{1+x^2}}\,dx \approx \frac{1}{2}h\{(y_0 + y_4) + 2(y_1 + y_2 + y_3)\}$$

Pan fydd $x = 0,$ $y_0 = \sqrt{\dfrac{1}{1+(0)^2}} = 1$

$\quad\quad\quad x = 0.25,$ $y_1 = \sqrt{\dfrac{1}{1+(0.25)^2}} = 0.970143$

$\quad\quad\quad x = 0.5,$ $y_2 = \sqrt{\dfrac{1}{1+(0.5)^2}} = 0.894427$

$\quad\quad\quad x = 0.75,$ $y_3 = \sqrt{\dfrac{1}{1+(0.75)^2}} = 0.8$

$\quad\quad\quad x = 1,$ $y_4 = \sqrt{\dfrac{1}{1+(1)^2}} = 0.707107$

$$\int_0^1 \sqrt{\frac{1}{1+x^2}}\,dx \approx \frac{1}{2} \times 0.25\{(1 + 0.707107) + 2(0.970143 + 0.894427 + 0.8)\}$$

≈ 0.87953

≈ 0.880 (i 3 lle degol).

Mae h yn rhoi lled y stribedi. b yw terfan uchaf yr integryn ac a yw'r derfan isaf. Mae n, sef nifer y stribedi sy'n cael eu defnyddio, 1 yn llai na nifer y mesurynnau.

Mae'r fformiwla hon, a hefyd y fformiwla ar gyfer h, yn y llyfryn fformiwlâu.

Gan ddechrau o'r derfan isaf (h.y. gwerth a) a gweithio mewn camau o h (h.y. 0.25 yma), rydym ni'n amnewid gwerthoedd x i mewn i'r mynegiad y tu mewn i'r integryn. Mae hyn yn rhoi'r mesurynnau y_0, y_1, etc., ac yna rydym ni'n gallu rhoi'r rhain i mewn i'r fformiwla ar gyfer rheol y Trapesiwm.

Sylwch fod y cwestiwn yn gofyn am roi'r ateb yn gywir i 3 lle degol. Rhaid rhoi'r gwaith cyfrifo i fwy o leoedd degol ac yna rhoi'r ateb terfynol i 3 lle degol.

2 Defnyddiwch reol y Trapesiwm gyda phum mesuryn i ddarganfod bras werth ar gyfer yr integryn

$$\int_1^2 \sqrt{1 + \frac{1}{x}}\,dx$$

Dangoswch eich gwaith cyfrifo a rhowch eich ateb yn gywir i dri lle degol.

Ni fydd ateb ar ei ben ei hun heb unrhyw waith cyfrifo yn ennill unrhyw farciau.

Ateb

2    $h = \dfrac{b-a}{n} = \dfrac{2-1}{4} = 0.25$

$$\int_1^2 \sqrt{1+\frac{1}{x}}\,dx \approx \frac{1}{2}h\{(y_0 + y_n) + 2(y_1 + y_2 + \ldots + y_{n-1})\}$$

Pan fydd $x = 1$, $y_0 = \sqrt{1 + \frac{1}{1}} = \sqrt{2} = 1.41421$

$x = 1.25$, $y_1 = \sqrt{1 + \frac{1}{1.25}} = 1.34164$

$x = 1.5$, $y_2 = \sqrt{1 + \frac{1}{1.5}} = 1.29099$

$x = 1.75$, $y_3 = \sqrt{1 + \frac{1}{1.75}} = 1.25357$

$x = 2$, $y_n = \sqrt{1 + \frac{1}{2}} = 1.22474$

Mae amnewid y gwerthoedd hyn i mewn i'r fformiwla yn rhoi:

$$\int_1^2 \sqrt{1+\frac{1}{x}}\,dx \approx \frac{1}{2} \times 0.25\{(1.41421 + 1.22474) + 2(1.34164 + 1.29099 + 1.25357)\}$$

≈ 1.30142

≈ 1.301 (i 3 lle degol).

Profi eich hun

1. Defnyddiwch reol y Trapesiwm gyda phum mesuryn i ddarganfod bras werth ar gyfer yr integryn

$$\int_0^4 \left(\frac{1}{1+\sqrt{x}}\right) dx$$

Dangoswch eich gwaith cyfrifo a rhowch eich ateb yn gywir i 3 lle degol. [6]

2. Defnyddiwch reol y Trapesiwm gyda phum mesuryn i ddarganfod bras werth ar gyfer yr integryn

$$\int_0^2 \sqrt{7-x^2}\, dx$$

Dangoswch eich gwaith cyfrifo a rhowch eich ateb yn gywir i dri lle degol. [4]

3. Gallwch dybio bod gan yr hafaliad $(x-1)e^{2x} - 1 = 0$ wreiddyn α rhwng 1 a 2. Mae'r berthynas dychweliad

$$x_{n+1} = 1 + e^{-2x_n}$$

gydag $x_0 = 1.1$ yn gallu cael ei defnyddio i ddarganfod α. Darganfyddwch a chofnodwch werthoedd x_1, x_2, x_3. Ysgrifennwch werth x_3 yn gywir i 4 lle degol a phrofwch mai'r gwerth hwn yw gwerth α yn gywir i 4 lle degol. [6]

4. Mae'r berthynas dychweliad

$$x_{n+1} = (8 - 2x_n)^{\frac{1}{3}}$$

lle mae $x_0 = 1.7$ yn gallu cael ei defnyddio i ddarganfod gwreiddyn yr hafaliad $x^3 + 2x - 8 = 0$. Darganfyddwch a chofnodwch werthoedd x_1, x_2, x_3, x_4. Ysgrifennwch werth x_4 yn gywir i bedwar lle degol. [6]

5. Dyma graffiau $y = f(x)$ a'r llinell $y = x$ wedi'u plotio ar yr un echelinau.

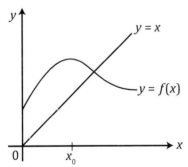

Gan ddefnyddio x_0 fel gwerth cychwynnol, lluniadwch ddiagram gwe pry cop i ddangos sut mae'r dilyniant yn cydgyfeirio a dangoswch ar eich graff sut gall gwerthoedd x_1 ac x_2 gael eu darganfod. [3]

6. (a) Ar yr un diagram, brasluniwch graffiau $y = \ln x$ ac $y = 11 - 2x$. Diddwythwch nifer gwreiddiau'r hafaliad $\ln x + 2x - 11 = 0$. [3]

   (b) **Cewch chi dybio** bod gan yr hafaliad $\ln x + 2x - 11 = 0$ wreiddyn α rhwng 4 a 5.
   Mae'r berthynas dychweliad

   $$x_{n+1} = \frac{11 - \ln x_n}{2}$$

   lle mae $x_0 = 4.7$, yn gallu cael ei defnyddio i ddarganfod α. Darganfyddwch a chofnodwch werthoedd x_1, x_2, x_3, x_4. Ysgrifennwch werth x_4 yn gywir i bum lle degol a phrofwch mai dyma werth α yn gywir i bum lle degol. [6]

Crynodeb

Gwnewch yn siŵr eich bod yn gwybod y ffeithiau canlynol:

Lleoliad gwreiddiau $f(x) = 0$, gan ystyried newidiadau i arwydd $f(x)$

Os gall $f(x)$ gymryd unrhyw werth rhwng a a b, yna os yw'r arwydd yn newid rhwng $f(a)$ ac $f(b)$, bydd gwreiddyn $f(x)$ yn gorwedd rhwng a a b.

Iteriad Newton–Raphson

Iteriad Newton–Raphson ar gyfer datrys $f(x) = 0$

$$x_{n+1} = x_n - \frac{f(x_n)}{f'(x_n)}$$

Rheol y Trapesiwm ar gyfer amcangyfrif yr arwynebedd o dan gromlin neu integryn ffwythiant

Gall rheol y Trapesiwm gael ei defnyddio i amcangyfrif arwynebeddau neu gyfrifo integrynnau pendant ffwythiannau lle mae'r ffwythiant yn rhy anodd i'w integru.

$$\int_a^b y\,dx \approx \frac{1}{2}h\{(y_0 + y_n) + 2(y_1 + y_2 + \dots + y_{n-1})\} \quad \text{lle mae } h = \frac{b-a}{n}$$

Atebion Profi eich hun

Testun 1

1 Dechreuwch drwy dybio bod a yn odrif. Os yw a yn odrif, gall gael ei hysgrifennu fel $a = 2n + 1$, lle mae n yn unrhyw gyfanrif.

Nawr
$$a^2 = (2n + 1)^2$$
$$a^2 = 4n^2 + 4n + 1$$

Gan fod $4n^2 + 4n$ yn eilrif (am fod ganddo 2 yn ffactor), mae'n rhaid bod $4n^2 + 4n + 1$ yn odrif, felly mae hyn yn golygu bod a^2 yn gorfod bod yn odrif. Ond rydym ni'n cael gwybod bod a^2 yn eilrif, felly mae hyn yn wrthddywediad. Mae hyn yn golygu bod y dybiaeth bod a yn odrif yn gorfod bod yn anghywir.

2 Trwy hyn, $3n + 2n^3 = 6k + 2 \times (2k)^3 = 6k + 16k^3$

Nawr gall $6k + 16k^3$ gael ei ffactorio i roi $2k(3 + 8k^2)$

Bydd $2k(3 + 8k^2)$ bob amser yn eilrif ac oherwydd bod $2k(3 + 8k^2) = 3n + 2n^3$, yna mae wedi'i brofi bod $3n + 2n^3$ yn eilrif. Oherwydd bod $3n + 2n^3$ yn odrif, mae gwrthddywediad yma. Felly os yw $3n + 2n^3$ yn odrif, yna mae n yn odrif, felly mae'r gosodiad gwreiddiol yn gywir.

3 $a + b < 2\sqrt{ab}$

Mae sgwario'r ddwy ochr yn rhoi
$$(a + b)^2 < 4ab$$
$$(a + b)(a + b) < 4ab$$
$$a^2 + 2ab + b^2 < 4ab$$
$$a^2 - 2ab + b^2 < 0$$
$$(a - b)^2 < 0$$

> Mae sgwario'r ddwy ochr yn diddymu'r ail isradd o ochr dde'r hafaliad.

Mae hyn yn gwrth-ddweud ein tybiaeth gychwynnol, oherwydd bod a a b ill dau yn rhifau real, felly mae'n rhaid bod $a - b$ hefyd yn real. Trwy hyn, mae'r gosodiad gwreiddiol bod $a + b \geq 2\sqrt{ab}$ yn wir.

> Sylwch na all hyn fod yn wir os yw a a b hefyd yn rhifau real, oherwydd wrth sgwario rhif real, byddwch chi bob amser yn cael rhif ≥ 0.

4 Tybiwch fod 4 yn ffactor o $a + b$.

Yna, mae cyfanrif c yn bodoli fel bod $a + b = 4c$.

Yn yr un modd, mae cyfanrif d yn bodoli fel bod $a - b = 4d$.

Mae adio yn rhoi $2a = 4c + 4d$.

Felly $a = 2c + 2d$, sy'n eilrif, sy'n gwrth-ddweud y ffaith bod a yn odrif.

5 Tybiwch fod y rhain yn werth real x fel bod
$$(5x - 3)^2 + 1 < (3x - 1)^2$$
$$25x^2 - 30x + 9 + 1 < 9x^2 - 6x + 1$$
$$16x^2 - 24x + 9 < 0$$
$$(4x - 3)^2 < 0$$

Ar gyfer unrhyw werth real x, mae $(4x - 3)^2$ naill ai'n 0 neu'n bositif, felly ni all fod yn < 0.

Mae hyn yn gwrth-ddweud y dybiaeth wreiddiol, felly $(5x - 3)^2 + 1 \geq (3x - 1)^2$

6 Tybiwch fod $\sqrt{5}$ yn gymarebol fel bod modd ei fynegi fel $\frac{a}{b}$ lle mae a a b yn gyfanrifau sydd heb ffactorau'n gyffredin.

$$\sqrt{5} = \frac{a}{b}$$

$$5 = \frac{a^2}{b^2} \text{ felly } a^2 = 5b^2$$

Mae hyn yn golygu bod gan a^2 ffactor o 5.
Mae'n rhaid bod gan a ffactor o 5 hefyd, felly gallwn ni ysgrifennu $a = 5k$, lle mae k yn gyfanrif.
Felly, $(5k)^2 = 5b^2$ felly $b^2 = 5k^2$
Mae hyn yn golygu bod gan b^2, ac felly b, ffactor o 5.
Felly mae gan a a b ffactor o 5 yn gyffredin felly mae hyn yn wrthddywediad i'r dybiaeth wreiddiol sy'n golygu bod yn rhaid bod $\sqrt{5}$ yn anghymarebol.

7 Rydym ni'n tybio bod gwerth real x lle mae $\sin x + \cos x < 1$.
Nawr mae $\sin x$ a $\cos x$ ill dau yn bositif ar gyfer $0 \le x \le \frac{\pi}{2}$ fel mae'r graff canlynol yn ei ddangos:

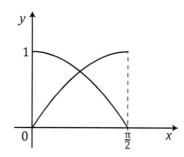

$$\sin x + \cos x < 1$$
Mae sgwario'r ddwy ochr yn rhoi $(\sin x + \cos x)^2 < 1^2$
$$\sin^2 x + 2 \sin x \cos x + \cos^2 x < 1$$
Ond $\qquad\qquad\qquad\qquad \sin^2 x + \cos^2 x = 1$
Felly, $2 \sin x \cos x + 1 < 1$, felly $2 \sin x \cos x < 0$
Ond am fod $\sin x$ a $\cos x$ ill dau yn bositif, ni all $2 \sin x \cos x$ fod yn llai na 0 (h.y. yn negatif) felly mae hwn yn wrthddywediad.
Felly mae'r gosodiad gwreiddiol bod $\sin x + \cos x \ge 1$ yn gywir.

Testun 2

Dychmygwch graff
$$y = (x + 2)^2 - 1.$$
Byddai'r gromlin ar siâp ∪ gyda phwynt minimwm (isafbwynt) yn (−2, −1). Trwy hyn, gwerth lleiaf f yw −1 yn $x = -2$. Yn ôl y parth $x \le -2$, mae holl werthoedd x gan gynnwys −2 ac i'r chwith o −2 yn dderbyniol. Bydd hyn yn golygu mai amrediad f fydd $[-1, \infty)$.

1 (a) Amrediad f yw $[-1, \infty)$.
   (b) Gadewch i $\qquad y = (x + 2)^2 - 1$
   $$y + 1 = (x + 2)^2$$
   $$\pm\sqrt{y + 1} = x + 2$$
   $$-\sqrt{y + 1} - 2 = x$$
   $$f^{-1}(x) = -\sqrt{x + 1} - 2$$

   Dim ond yr ail isradd negatif rydym ni'n ei ddefnyddio oherwydd yn ôl y parth mae $x \le -2$.

   Parth f^{-1} yw amrediad f, ac felly parth f^{-1} yw $[-1, \infty)$.
   Amrediad f^{-1} yw parth f, ac felly amrediad f^{-1} yw $(-\infty, -2]$.

2 Mae $y = f(x)$ i $y = 2f(x - 1)$ yn cynrychioli trawsfudiad 1 uned i'r dde ac estyniad o ffactor graddfa 2 yn baralel i'r echelin-y.

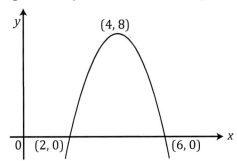

3 (a) $3|x - 1| + 7 = 19$
$3|x - 1| = 12$
$|x - 1| = 4$
$x - 1 = \pm 4$
$x = 5$ neu -3

(b) $6|x| - 3 = 2|x| + 5$
$4|x| = 8$
$|x| = 2$
$x = \pm 2$

4 (a) $y = x^2 + 6x + 13$
$y = (x + 3)^2 - 9 + 13$
$y = (x + 3)^2 + 4$
Y pwynt arhosol yw $(-3, 4)$

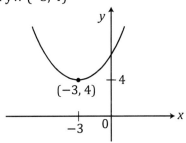

Yma, mae'r dull o gwblhau'r sgwâr wedi'i ddefnyddio i ddarganfod cyfesurynnau'r pwynt arhosol, ond gallech chi hefyd fod wedi defnyddio differu i'w ddarganfod.

Gwnewch yn siŵr bod cyfesurynnau'r pwynt arhosol wedi'u cynnwys ar y braslun.

(b) (i) Nid yw f^{-1} yn bodoli am nad yw f yn ffwythiant un i-un.

(ii) Oherwydd y byddai unrhyw linell wedi'i lluniadu'n baralel i'r echelin-x o $x = -3$ i anfeidredd yn torri'r echelin unwaith yn unig, gall y parth fod yn unrhyw werth o -3 i ∞. Gall unrhyw barth yn yr amrediad hwn gael ei roi fel ateb. Yma, defnyddiwn ni $(-3, \infty)$

$y = (x + 3)^2 + 4$
$y - 4 = (x + 3)^2$
$x + 3 = \pm\sqrt{y - 4}$
$x = \pm\sqrt{y - 4} - 3$
$x = -3 \pm \sqrt{y - 4}$

Nawr, gan fod yn rhaid i x fod yn -3 neu'n fwy, pe bai rhan minws y $\pm$ yn cael ei defnyddio, byddai'n golygu bod x yn mynd yn fwy negatif, felly byddai'n ei roi y tu allan i'r amrediad ar gyfer y parth. Felly rydym ni'n defnyddio'r $+$ yn unig.

Felly, $x = -3 + \sqrt{y - 4}$

Trwy hyn, $f^{-1}(x) = -3 + \sqrt{x - 4}$

Nid yw'r ffwythiant yn un-wrth-un oherwydd byddai dau fewnbwn f yn cyfateb i allbwn penodol f.

Ar ôl i'r hafaliad gael ei ad-drefnu ar gyfer x, mae'r x yn cael ei newid i $f^{-1}(x)$ ac mae x yn cymryd lle'r y.

Gall ln $(x - 6)$ gael ei ddarganfod yn unig os yw x yn fwy na 6 gan nad oes modd darganfod ln 0 na rhif negatif.

Mae hyn yn golygu bod yn rhaid i x fod yn fwy na 6 a gall gymryd unrhyw werth o 6 hyd at anfeidredd.

5 (a) Gadewch i $y = e^{5 - \frac{x}{2}} + 6$

$$y - 6 = e^{5 - \frac{x}{2}}$$

Mae cymryd ln y ddwy ochr yn rhoi $\ln (y - 6) = 5 - \frac{x}{2}$

Mae ad-drefnu ar gyfer x yn rhoi $x = 2[5 - \ln (y - 6)]$

Felly $f^{-1}(x) = 2[5 - \ln (x - 6)]$

(b) Parth $f^{-1} = (6, \infty)$

6 (Sylwch y byddai'r graff hwn yn cael ei luniadu â llaw yn yr arholiad.)

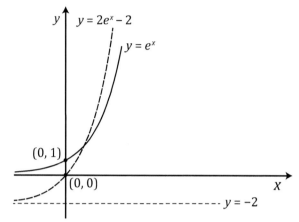

Mae graff $y = f(x)$ yn cynrychioli estyniad o'r graff gwreiddiol $(y = e^x)$ yn ôl ffactor graddfa 2 yn baralel i'r echelin-y yn dilyn trawsfudiad $\begin{pmatrix} 0 \\ -2 \end{pmatrix}$.

Sylwch: mae modd cymhwyso'r trawsffurfiadau hyn y ffordd arall.

Ar gyfer $y = f(x)$.

Mae'r gromlin yn croestorri'r echelin-y yn $(0, 1)$.

$R(g) = (-\infty, \infty)$ a $D(f) = (-\infty, \infty)$, trwy hyn $D(fg) = D(g) = (0, \infty)$

7 (a) Parth fg yw parth $g = (0, \infty)$.

Amrediad fg yw $(0, \infty)$.

Mae parth ffwythiant cyfansawdd fg yn set pob x ym mharth g lle mae $g(x)$ ym mharth f.

(b)
$$fg(x) = 2e^{3g(x)}$$
$$fg(x) = 2e^{3 \ln 2x}$$
$$fg(x) = 2e^{\ln (2x)^3}$$
$$fg(x) = 2e^{\ln 8x^3}$$
$$fg(x) = 16x^3$$

Rydym ni'n darganfod amrediad fg drwy amnewid gwerthoedd o'r parth i mewn i'r ffwythiant cyfansawdd (h.y. $fg(x) = 16x^3$).

$e^{\ln a} = a$

$3 \ln 2x = \ln (2x)^3$

Gan fod $fg(x) = 128$
$$16x^3 = 128$$
$$x^3 = 8$$
$$x = 2$$

Testun 3

1
$$\frac{1 + x}{\sqrt{1 - 4x}} = (1 + x)(1 - 4x)^{-\frac{1}{2}}$$

Sylwch nad yw $1 + x$ yn cael ei gynnwys yn yr amod ar gyfer cydgyfeiriant oherwydd nad yw $1 + x$ yn ehangiad.

$$= (1 + x)\left[1 + \left(-\frac{1}{2}\right)(-4x) + \frac{\left(-\frac{1}{2}\right)\left(-\frac{3}{2}\right)(-4x)^2}{2!} + \dots \right]$$

$$= 1 + 2x + 6x^2 + x + 2x^2 + 6x^3 + \dots$$
$$= 1 + 3x + 8x^2 + \dots$$

$|4x| < 1$ felly mae'r ehangiad hwn yn gydgyfeiriol ar gyfer $|x| < \frac{1}{4}$ neu $-\frac{1}{4} < x < \frac{1}{4}$

② $(1 + x)^n = 1 + nx + \dfrac{n(n-1)x^2}{2!} + \dots$

Yma $n = \dfrac{1}{2}$ ac rydym ni'n rhoi $4x$ yn lle x.

$$(1 + 4x)^{\frac{1}{2}} = 1 + \left(\dfrac{1}{2}\right)(4x) + \dfrac{\left(\frac{1}{2}\right)\left(-\frac{1}{2}\right)16x^2}{1 \times 2} + \dots$$

$$= 1 + 2x - 2x^2 + \dots$$

Mae'r ehangiad yn ddilys pan fydd $|4x| < 1$, $|x| < \dfrac{1}{4}$ neu $-\dfrac{1}{4} < x < \dfrac{1}{4}$

$$(1 + 4k + 16k^2)^{\frac{1}{2}} = (1 + 4(k + 4k^2))^{\frac{1}{2}}$$

$$(1 + 4x)^{\frac{1}{2}} = 1 + 2x - 2x^2 + \dots$$

Gadewch i $x = (k + 4k^2)$

Felly $(1 + 4(k + 4k^2))^{\frac{1}{2}} = 1 + 2(k + 4k^2) - 2(k + 4k^2)^2 + \dots$
$$= 1 + 2k + 8k^2 - 2k^2 + \dots$$
$$= 1 + 2k + 6k^2 + \dots$$

③ $(1 + 2x)^{\frac{1}{2}} = 1 + \left(\dfrac{1}{2}\right)(2x) + \dfrac{\left(\frac{1}{2}\right)\left(-\frac{1}{2}\right)(2x)^2}{2!} + \dfrac{\left(\frac{1}{2}\right)\left(-\frac{1}{2}\right)\left(-\frac{3}{2}\right)(2x)^3}{3!} + \dots$

$$= 1 + x - \dfrac{x^2}{2} + \dfrac{x^3}{2} + \dots$$

felly mae'r ehangiad hwn yn gydgyfeiriol ar gyfer

$$|x| < \dfrac{1}{2} \quad \text{neu} \quad -\dfrac{1}{2} < x < \dfrac{1}{2}$$

Os yw $x = 0.01$, $(1 + 2(0.01))^{\frac{1}{2}} = (1.02)^{\frac{1}{2}} = \sqrt{1.02} \approx 1 + 0.01 - \dfrac{(0.01)^2}{2} - \dfrac{(0.01)^3}{2}$

$$\approx 1 + 0.0099505$$
$$\approx 1.009951 \text{ (yn gywir i 6 lle degol)}.$$

④ $a = 4$ a $d = 6$

$$S_n = \dfrac{n}{2}\left[2a + (n-1)d\right]$$

$$S_n = \dfrac{n}{2}\left[2 \times 4 + (n-1)6\right]$$

$$S_n = \dfrac{n}{2}\left(8 + 6n - 6\right)$$

$$S_n = \dfrac{n}{2}\left(6n + 2\right)$$

$$S_n = n(3n + 1)$$

⑤ $S_n = \dfrac{n}{2}\left[2a + (n-1)d\right]$

$$S_7 = \dfrac{7}{2}\left[2a + (7-1)d\right]$$

$$182 = \dfrac{7}{2}\left(2a + 6d\right)$$

$$a + 3d = 26 \hfill (1)$$

BOOST

Grade ⇧⇧⇧⇧

Edrychwch yn ôl ar y canlyniad blaenorol i weld sut gallwch chi ei newid i ffitio rhan nesaf y cwestiwn.

Sylwch yma mai dim ond hyd at y term k^2 mae angen ehangu'r cromfachau olaf.

$n$fed term $= a + (n - 1)d$

5ed term $= a + 4d$ a'r 7fed term $= a + 6d$

$$a + 4d + a + 6d = 80$$
$$2a + 10d = 80$$

Mae rhannu'r hafaliad hwn â 2 yn rhoi:

$$a + 5d = 40 \qquad (2)$$

Mae tynnu hafaliad (1) o hafaliad (2) yn rhoi:

$$2d = 14$$
$$d = 7$$

Mae amnewid $d = 7$ i mewn i hafaliad (1) yn rhoi:

$$26 = a + 21$$
$$a = 5$$

⑥ $a + ar = 2.7 \qquad (1)$

$$S_\infty = \frac{a}{1 - r}$$

$$3.6 = \frac{a}{1 - r}$$

$$a = 3.6(1 - r)$$

Mae amnewid hyn i mewn i hafaliad (1) yn rhoi:

$$3.6(1 - r) + 3.6(1 - r)r = 2.7$$
$$3.6 - 3.6r + 3.6r - 3.6r^2 = 2.7$$
$$3.6r^2 = 0.9$$
$$r^2 = \frac{1}{4}$$
$$r = \pm\frac{1}{2}$$

Gan fod yn rhaid i r fod yn bositif, $r = \frac{1}{2}$

$$a = 3.6(1 - r)$$
$$a = 3.6\left(1 - \frac{1}{2}\right)$$
$$a = 1.8$$

> Mae'n well rhoi rhifau i hafaliadau cydamserol fel y gallwch chi ddefnyddio eu rhifau i gyfeirio atyn nhw.

> Gallwch chi ysgrifennu hyn fel $t_9 = 2t_4$

> Mae'n hawdd gwneud camgymeriad wrth ddatrys hafaliadau cydamserol. Felly cofiwch eu gwirio drwy amnewid y ddau werth i mewn i'r hafaliad sydd heb ei ddefnyddio ar gyfer yr amnewid. Os bydd yr ochr dde yn hafal i'r ochr chwith, mae'n debygol bod eich gwerthoedd yn gywir.

⑦ $t_n = a + (n - 1)d$

$t_{16} = a + 15d = 68 \qquad (1)$

$t_9 = a + 8d$

$t_4 = a + 3d$

Mae'r nawfed term yn ddwbl y pedwerydd term, felly

$$a + 8d = 2(a + 3d)$$
$$a = 2d$$

Mae amnewid $a = 2d$ i mewn i hafaliad (1) yn rhoi:

$$2d + 15d = 68$$
$$17d = 68$$
$$d = 4$$
$$a = 2d = 8$$

Trwy hyn, y term cyntaf $a = 8$ a'r gwahaniaeth cyffredin $d = 4$.

8   (a) $t_{n+1} = 2t_n + 1$

$t_4 = 2t_3 + 1$

$63 = 2t_3 + 1$

$t_3 = 31$

$t_3 = 2t_2 + 1$

$31 = 2t_2 + 1$

$t_2 = 15$

$t_2 = 2t_1 + 1$

$15 = 2t_1 + 1$

$t_1 = 7$

(b)   Mae 6 043 582 yn eilrif ond mae holl dermau'r dilyniant yn odrifau.

Mae 2 × (eilrif neu odrif) bob amser yn rhoi canlyniad sy'n eilrif a bydd adio 1 at eilrif yn gwneud odrif.

9 $6\sqrt{1-2x} - \dfrac{1}{1+4x} = 6(1-2x)^{\frac{1}{2}} - (1+4x)^{-1}$

Mae'r fformiwla hon i'w gweld yn y llyfryn fformiwlâu.

$(1+x)^n = 1 + nx + \dfrac{n(n-1)x^2}{2!} + \ldots$

$(1-2x)^{\frac{1}{2}} = 1 + \left(\dfrac{1}{2}\right)(-2x) + \dfrac{\left(\frac{1}{2}\right)\left(-\frac{1}{2}\right)(-2x)^2}{2} + \ldots = 1 - x - \dfrac{x^2}{2} + \ldots$

$(1+4x)^{-1} = 1 + (-1)(4x) + \dfrac{(-1)(-2)(4x)^2}{2} + \ldots = 1 - 4x + 16x^2 + \ldots$

$6(1-2x)^{\frac{1}{2}} - (1+4x)^{-1} = 6\left(1 - x - \dfrac{x^2}{2}\right) - (1 - 4x + 16x^2)$

$= 6 - 6x - 3x^2 - 1 + 4x - 16x^2$

$= 5 - 2x - 19x^2$

Mae $(1-2x)^{\frac{1}{2}}$ yn ddilys ar gyfer $\left|\dfrac{2x}{1}\right| < 1$ felly $|x| < \dfrac{1}{2}$

Mae $(1+4x)^{-1}$ yn ddilys ar gyfer $\left|\dfrac{4x}{1}\right| < 1$ felly $|x| < \dfrac{1}{4}$

Nawr gan fod yn rhaid i werth x fodloni'r ddau amod a gan fod $|x| < \dfrac{1}{4}$ yn gorwedd y tu mewn i $|x| < \dfrac{1}{2}$, yr amod ar gyfer y gyfres gyfunol yw $|x| < \dfrac{1}{4}$.

BOOST

Grade ⇧⇧⇧⇧

Ar gyfer cyfres sy'n cynnwys dwy gyfres, cofiwch fod angen i chi ddarganfod amodau dilysrwydd y naill gyfres a'r llall, a gweld a yw un yn gorwedd y tu mewn i'r llall.

Testun 4

1   (a) $3\cos\theta + 2\sin\theta = R\cos(\theta - \alpha)$

$3\cos\theta + 2\sin\theta = R\cos\theta\cos\alpha + R\sin\theta\sin\alpha$

$R\cos\alpha = 3$ a $R\sin\alpha = 2$

$\tan\alpha = \dfrac{2}{3}$ felly $\alpha = 33.7°$

$R = \sqrt{3^2 + 2^2} = \sqrt{13}$

Trwy hyn, $3\cos\theta + 2\sin\theta = \sqrt{13}\cos(\theta - 33.7°)$

(b) $\sqrt{13} \cos(\theta - 33.7°) = 1$

$$\cos(\theta - 33.7°) = \frac{1}{\sqrt{13}}$$

$$\theta - 33.7° = 73.9°, 286.1°$$
$$\theta = 107.6°, 319.8°$$

Rydym ni'n defnyddio $\cos 2\theta = 1 - 2\sin^2\theta$ i gael hafaliad cwadratig mewn $\sin\theta$ yn unig.

2

$$3\cos 2\theta = 1 - \sin\theta$$
$$3(1 - 2\sin^2\theta) = 1 - \sin\theta$$
$$3 - 6\sin^2\theta = 1 - \sin\theta$$
$$6\sin^2\theta - \sin\theta - 2 = 0$$
$$(3\sin\theta - 2)(2\sin\theta + 1) = 0$$

Trwy hyn, $\sin\theta = \dfrac{2}{3}$ neu $\sin\theta = -\dfrac{1}{2}$

Pan fydd $\sin\theta = \dfrac{2}{3}$, $\theta = 41.8°, 138.2°$

Pan fydd $\sin\theta = -\dfrac{1}{2}$, $\theta = 210°, 330°$

Trwy hyn, $\theta = 41.8°, 138.2°, 210°, 330°$

3 $4\sin\theta + 5\cos\theta \equiv R\cos(\theta - \alpha)$
$4\sin\theta + 5\cos\theta \equiv R\cos\theta\cos\alpha + R\sin\theta\sin\alpha$
$$R\cos\alpha = 5 \text{ a } R\sin\alpha = 4$$
$$\tan\alpha = \frac{4}{5} \text{ felly } \alpha = 38.7°$$
$$R = \sqrt{4^2 + 5^2} = \sqrt{41}$$

Trwy hyn, $4\sin\theta + 5\cos\theta = \sqrt{41}\cos(\theta - 38.7°)$
$$\sqrt{41}\cos(\theta - 38.7°) = 2$$

sy'n rhoi $\cos(\theta - 38.7°) = \dfrac{2}{\sqrt{41}}$

$$(\theta - 38.7°) = 71.8°, 288.2°$$
Trwy hyn, $\theta = 110.5°, 326.9°$

4 Gadewch i $\theta = \dfrac{\pi}{2}$

Ochr chwith $= \cos 4\theta = \cos 4\left(\dfrac{\pi}{2}\right) = \cos 2\pi = 1$

Sylwch fod $\cos\dfrac{\pi}{2} = 0$
a $\cos 2\pi = 1$

Ochr dde $= 4\cos^3\theta - 3\cos\theta = 4\cos^3\dfrac{\pi}{2} - 3\cos\dfrac{\pi}{2} = 0$

$1 \neq 0$ felly mae'r gosodiad $\cos 4\theta \equiv 4\cos^3\theta - 3\cos\theta$ yn anghywir.

5 $2\sec^2\theta + \tan\theta = 8$
$$2(1 + \tan^2\theta) + \tan\theta - 8 = 0$$
$$2\tan^2\theta + \tan\theta - 6 = 0$$
$$(2\tan\theta - 3)(\tan\theta + 2) = 0$$

Mae angen defnyddio'r unfathiant trigonometrig $\sec^2\theta = 1 + \tan^2\theta$.
Rhaid cofio'r unfathiant hwn.

Mae $\tan\theta$ yn bositif yn y pedrant cyntaf a'r trydydd pedrant ac mae'n negatif yn yr ail bedrant a'r pedwerydd pedrant.

$\tan\theta = \dfrac{3}{2}$ neu $\tan\theta = -2$

Pan fydd $\tan\theta = \dfrac{3}{2}$, $\theta = 56.3°$ neu $236.3°$

Pan fydd $\tan\theta = -2$, $\theta = 180 - 63.4 = 116.6°$ neu $\theta = 360 - 63.4 = 296.6°$
Trwy hyn, y datrysiadau yw $\theta = 56.3°, 116.6°, 236.3°$ neu $296.6°$

6 (a) Gadewch i $\theta = \dfrac{\pi}{6}$

Ochr chwith $= \tan 2\theta = \tan\dfrac{\pi}{3} = \sqrt{3}$

Ochr dde $= \dfrac{2\tan\theta}{1+\tan^2\theta} = \dfrac{2\tan\frac{\pi}{6}}{1+\tan^2\frac{\pi}{6}} = \dfrac{\frac{2}{\sqrt{3}}}{1+\frac{1}{3}} = \dfrac{3}{2\sqrt{3}}$

> Sylwch fod $\tan\dfrac{\pi}{6} = \dfrac{1}{\sqrt{3}}$

$\sqrt{3} \neq \dfrac{3}{2\sqrt{3}}$ felly mae'r gosodiad $\tan 2\theta \equiv \dfrac{2\tan\theta}{1+\tan^2\theta}$ yn anghywir.

(b)
$$2\sec\theta + \tan^2\theta = 7$$
$$2\sec\theta + \sec^2\theta - 1 = 7$$
$$\sec^2\theta + 2\sec\theta - 8 = 0$$
$$(\sec\theta - 2)(\sec\theta + 4) = 0$$

Trwy hyn, $\sec\theta = 2$ neu $\sec\theta = -4$

Felly $\dfrac{1}{\cos\theta} = 2$ neu $\dfrac{1}{\cos\theta} = -4$

Trwy hyn, $\cos\theta = \dfrac{1}{2}$ neu $\cos\theta = -\dfrac{1}{4}$

Pan fydd $\cos\theta = \dfrac{1}{2}$, $\theta = 60°$ neu $300°$

Pan fydd $\cos\theta = -\dfrac{1}{4}$, $\theta = 104.5°$ neu $255.5°$

> Mae $\cos\theta$ yn negatif yn yr ail a'r trydydd pedrant, felly $\theta = 180 - 75.5 = 104.5°$
> neu $360 - 75.5 = 255.5°$

Trwy hyn, $\theta = 60°, 104.5°, 255.5°$ neu $300°$

7 Arwynebedd sector AOB $= \dfrac{1}{2}r^2\theta = \dfrac{1}{2}r^2(2.6) = 1.3r^2$

> Sylwch fod y fformiwla Arwynebedd triongl $= \dfrac{1}{2}ab\sin C$ wedi'i defnyddio yma i gyfrifo arwynebedd y triongl.

Arwynebedd triongl AOB $= \dfrac{1}{2}r^2\sin(2.6) = 0.2578r^2$

Arwynebedd y segment lleiaf $= 1.3r^2 - 0.2578r^2 = 1.0422r^2$

$$\begin{array}{c}\text{Arwynebedd y}\\\text{segment mwyaf}\end{array} = \begin{array}{c}\text{Arwynebedd}\\\text{y cylch}\end{array} - \begin{array}{c}\text{Arwynebedd y}\\\text{segment lleiaf}\end{array}$$

$$= \pi r^2 - 1.0422r^2 = 2.0994r^2$$

Nawr, Arwynebedd segment mwyaf $\approx 2 \times$ Arwynebedd segment bach.
Trwy hyn, mae arwynebedd y segment ar gyfer rhosod gwyn tua dwywaith arwynebedd y segment sy'n cynnwys rhosod coch.

Testun 5

1 $y = (4x^3 + 3x)^3$

$$\dfrac{dy}{dx} = 3(4x^3 + 3x)^2(12x^2 + 3)$$

$$= 9(4x^2 + 1)(4x^3 + 3x)^2$$

2 $y = (3 - 2x)^{10}$

$$\dfrac{dy}{dx} = 10(3 - 2x)^9(-2)$$

$$= -20(3 - 2x)^9$$

3 $x = 3t^2$

$$\frac{dx}{dt} = 6t$$

$y = t^4$

$$\frac{dy}{dt} = 4t^3$$

$$\frac{dy}{dx} = \frac{dy}{dt} \times \frac{dt}{dx}$$

$$= 4t^3 \times \left(\frac{1}{6t}\right)$$

$$= \frac{2}{3}t^2$$

4 $4x^3 - 6x^2 + 3xy = 5$

Mae differu'n ymhlyg mewn perthynas ag x yn rhoi:

$$12x^2 - 12x + (3x)(1)\left(\frac{dy}{dx}\right) + (y)(3) = 0$$

$$12x^2 - 12x + (3x)\left(\frac{dy}{dx}\right) + 3y = 0$$

Rydym ni'n symleiddio drwy rannu'r ddwy ochr â 3.

$$3x\left(\frac{dy}{dx}\right) = 12x - 12x^2 - 3y$$

$$x\left(\frac{dy}{dx}\right) = 4x - 4x^2 - y$$

$$\frac{dy}{dx} = \frac{4x - 4x^2 - y}{x}$$

5 (a) $y = \ln(x^3)$

$$\frac{dy}{dx} = \frac{3x^2}{x^3}$$

$$= \frac{3}{x}$$

Sylwch hefyd fod $\ln x^3 = 3\ln x$ (deddfau logarithmau), felly mewn gwirionedd rydym ni'n differu $3\ln x$.

(b) $y = \ln(\sin x)$

$$\frac{dy}{dx} = \frac{\cos x}{\sin x} = \cot x$$

6 (a) $y = (2x^2 - 1)^3$

Defnyddiwch reol y Gadwyn gydag $u = 2x^2 - 1$, neu defnyddiwch y ffurf gyffredinol ar dudalen 113 gyda

$f(x) = 2x^2 - 1$, $n = 3$.

$$\frac{dy}{dx} = 3(2x^2 - 1)^2(4x)$$

$$= 12x(2x^2 - 1)^2$$

(b) $y = x^3 \sin 2x$

Lluoswm dau ffwythiant yw hwn, ac felly rhaid defnyddio rheol y Lluoswm pan fyddwn ni'n differu.

$$\frac{dy}{dx} = x^3 \, 2\cos 2x + \sin 2x(3x^2)$$

$$= 2x^3 \cos 2x + 3x^2 \sin 2x$$

$$= x^2(2x \cos 2x + 3 \sin 2x)$$

(c) $y = \dfrac{3x^2 + 4}{x^2 + 6}$

$$\frac{dy}{dx} = \frac{(6x)(x^2 + 6) - (3x^2 + 4)(2x)}{(x^2 + 6)^2}$$

$$= \frac{6x^3 + 36x - 6x^3 - 8x}{(x^2 + 6)^2}$$

$$= \frac{28x}{(x^2 + 6)^2}$$

> Un ffwythiant yn cael ei rannu â ffwythiant arall yw hwn, ac felly rhaid defnyddio rheol y Cyniferydd pan fyddwn ni'n differu.

> Edrychwch ar reol y Cyniferydd sydd i'w gweld yn y llyfryn fformiwlâu.

7 Rydym ni'n differu'n ymhlyg mewn perthynas ag x ac yn cael

$$3x^2 + (6x)(2y)\left(\frac{dy}{dx}\right) + y^2(6) = 3y^2\frac{dy}{dx}$$

$$3x^2 + 12xy\left(\frac{dy}{dx}\right) + 6y^2 = 3y^2\frac{dy}{dx}$$

$$(12xy - 3y^2)\left(\frac{dy}{dx}\right) = -3x^2 - 6y^2$$

$$\frac{dy}{dx} = \frac{-3x^2 - 6y^2}{12xy - 3y^2} = \frac{-3(x^2 + 2y^2)}{3y(4x - y)} = \frac{-(x^2 + 2y^2)}{y(4x - y)}$$

> Rydym ni'n defnyddio rheol y Lluoswm i ddifferu'r term $6xy^2$.

8 $y = \ln(2 + 5x^2)$

$$\frac{dy}{dx} = \frac{10x}{(2 + 5x^2)}$$

Testun 6

1 $\dfrac{dx}{dt} = 6t$ a $\dfrac{dy}{dt} = 3t^2$

Trwy hyn, $\dfrac{dy}{dx} = \dfrac{dy}{dt} \times \dfrac{dt}{dx} = 3t^2 \times \dfrac{1}{6t} = \dfrac{t}{2}$

Graddiant y normal $= -\dfrac{2}{t}$

Yn P $(3p^2, p^3)$, graddiant y normal $= -\dfrac{2}{p}$

Hafaliad y normal yw $y - p^3 = -\dfrac{2}{p}(x - 3p^2)$

$$py - p^4 = -2x + 6p^2$$
$$py + 2x = 6p^2 + p^4$$
$$py + 2x = p^2(6 + p^2)$$

2 $y^2 - 5xy + 8x^2 = 2$

Mae differu mewn perthynas ag x yn rhoi:

$$2y\frac{dy}{dx} - (5x)\frac{dy}{dx} + (y)(-5) + 16x = 0$$

$$\frac{dy}{dx}(2y - 5x) = 5y - 16x$$

Trwy hyn, $\dfrac{dy}{dx} = \dfrac{5y - 16x}{2y - 5x}$

Rydym ni'n defnyddio rheol y Gadwyn i ddarganfod

$\dfrac{dx}{dt}$ a $\dfrac{dy}{dt}$.

3 (a) $\dfrac{dx}{dt} = 8 \cos 4t, \quad \dfrac{dy}{dt} = -4 \sin 4t$

$$\dfrac{dy}{dx} = \dfrac{dy}{dt} \times \dfrac{dt}{dx}$$

Rydym ni'n defnyddio $\dfrac{dt}{dx} = \dfrac{1}{\frac{dx}{dt}}$

$$= -4 \sin 4t \times \dfrac{1}{8 \cos 4t}$$

$$= \dfrac{-\sin 4t}{2 \cos 4t}$$

$$= -\dfrac{1}{2} \tan 4t$$

Er hwylustod, rydym ni wedi ysgrifennu $\dfrac{dy}{dx} = \dfrac{-\sin 4p}{2 \cos 4p}$.

(b) $y - y_1 = m(x - x_1)$

$$y - \cos 4p = -\dfrac{\sin 4p}{2 \cos 4p}(x - 2 \sin 4p)$$

Rydym ni'n defnyddio'r ffaith bod

$\sin^2 4p + \cos^2 4p = 1$

$2y \cos 4p - 2 \cos^2 4p = -x \sin 4p + 2 \sin^2 4p$

$2y \cos 4p + x \sin 4p = 2 \sin^2 4p + 2 \cos^2 4p$

$2y \cos 4p + x \sin 4p = 2(\sin^2 4p + \cos^2 4p)$

$2y \cos 4p + x \sin 4p = 2$

4 (a) $\dfrac{dx}{dt} = 2t \quad$ a $\quad \dfrac{dy}{dt} = 3t^2$

Trwy hyn, $\quad \dfrac{dy}{dx} = \dfrac{dy}{dt} \times \dfrac{dt}{dx} = 3t^2 \times \dfrac{1}{2t} = \dfrac{3}{2}t$

Rydym ni'n newid y paramedr o t i p.

Yn P (p^2, p^3), $\quad \dfrac{dy}{dx} = \dfrac{3}{2}p$

(b) Hafaliad y tangiad yn P yw $\quad y - p^3 = \dfrac{3}{2}p(x - p^2)$

$$2y - 2p^3 = 3px - 3p^3$$

$$3px - 2y = p^3$$

5 (a) $4x^2 - 6xy + y^2 = 20$

Mae differu mewn perthynas ag x yn rhoi:

$$8x - 6x\dfrac{dy}{dx} - y(6) + 2y\dfrac{dy}{dx} = 0$$

$$(2y - 6x)\dfrac{dy}{dx} = 6y - 8x$$

Rydym ni'n rhannu'r rhifiadur a'r enwadur â 2.

$$\dfrac{dy}{dx} = \dfrac{6y - 8x}{2y - 6x}$$

$$= \dfrac{3y - 4x}{y - 3x}$$

(b) $4x^2 - 6xy + y^2 = 20$

Mae amnewid $x = 0$ i mewn i'r hafaliad hwn yn rhoi:

$$4(0)^2 - 6(0)y + y^2 = 20$$

Trwy hyn, $\quad y^2 = 20$

$$y = \pm\sqrt{20}$$

$$y = \pm\sqrt{4 \times 5}$$

$$y = \pm 2\sqrt{5}$$

6 (a) Ar gyfer car tegan A, $x = 40t - 40$ ac $y = 120t - 160$
$3x = 120t - 120$ felly $120t = 3x + 120$
Mae cyfuno'r ddau hafaliad yn rhoi $y = 3x + 120 - 160$
$$y = 3x - 40$$

> Dyma'r hafaliad Cartesaidd ar gyfer car A.

Ar gyfer car tegan, $x = 30t$, $y = 20t^2$

$t = \dfrac{x}{30}$ felly $y = 20t^2 = 20\left(\dfrac{x}{30}\right)^2$

Trwy hyn $y = \dfrac{20x^2}{900}$

$$y = \dfrac{x^2}{45}$$
$$45y = x^2$$

> Dyma'r hafaliad Cartesaidd ar gyfer car B.

Drwy ddatrys y ddau hafaliad Cartesaidd yn gydamserol, mae gennym ni:
$$y = 3x - 40$$
$$45y = 135x - 1800$$
Ond $45y = x^2$, felly $x^2 = 135x - 1800$
Trwy hyn $x^2 - 135x + 1800 = 0$
$(x - 120)(x - 15) = 0$
$x = 120$ neu 15
Pan fydd $x = 120$, $y = 320$ a phan fydd $x = 15$, $y = 5$
Felly mae'r llwybrau'n croestorri yn $(120, 320)$ a $(15, 5)$

> Mae hwn yn hafaliad cwadratig anodd ei ddatrys drwy ffactorio. Mewn achosion fel hyn, gallai fod yn gyflymach defnyddio'r fformiwla.

(b) Ar gyfer car tegan A, $x = 40t - 40$, felly $120 = 40t - 40$ sy'n rhoi $t = 4$ s
$x = 40t - 40$, felly $15 = 40t - 40$ sy'n rhoi $t = \dfrac{55}{40} = \dfrac{11}{8}$ s

Ar gyfer car tegan B, $x = 30t$, felly $120 = 30t$ sy'n rhoi $t = 4$ s
$x = 30t$, felly $15 = 30t$ sy'n rhoi $t = \dfrac{1}{2}$ s

Gan y bydd ceir A a B yn yr un lle (h.y. $(120, 320)$) ar $t = 4$ s, bydd y ceir yn gwrthdaro.
Ni fyddan nhw'n gwrthdaro yn y pwynt arall oherwydd ni fyddan nhw yno ar yr un pryd.

Testun 7

1 (a) $\displaystyle\int \dfrac{6}{5x + 1}\,dx = 6\int \dfrac{1}{5x + 1}\,dx = \dfrac{6}{5}\ln|5x + 1| + c$

(b) $\displaystyle\int \cos 7x\,dx = \dfrac{1}{7}\sin 7x + c$

(c) $\displaystyle\int \dfrac{4}{(3x + 1)^3}\,dx = 4\int \dfrac{1}{(3x + 1)^3}\,dx$

$$= 4\int (3x + 1)^{-3}\,dx$$

$$= \dfrac{4}{3 \times (-2)}(3x + 1)^{-2} + c = -\dfrac{2}{3}(3x + 1)^{-2} + c$$

2 (a) $\int \sin 4x \, dx = -\dfrac{1}{4} \cos 4x + c$

(b) $\int \dfrac{1}{2x + 1} \, dx = \dfrac{1}{2} \ln |2x + 1| + c$

(c) $\int \dfrac{4}{(2x + 1)^5} \, dx = 4 \int (2x + 1)^{-5} \, dx$

$$= -\dfrac{1}{2}(2x + 1)^{-4} + c$$

3 $\displaystyle\int_0^2 \dfrac{1}{(2x + 1)^3} \, dx = \int_0^2 (2x + 1)^{-3} \, dx$

$$= \left[-\dfrac{1}{4}(2x + 1)^{-2} \right]_0^2$$

$$= -\dfrac{1}{4} \left[\dfrac{1}{(2x + 1)^2} \right]_0^2$$

$$= -\dfrac{1}{4} \left[\left(\dfrac{1}{25} \right) - (1) \right]$$

$$= \left(-\dfrac{1}{4} \right) \times \left(-\dfrac{24}{25} \right)$$

$$= \dfrac{6}{25}$$

4 $\displaystyle\int_0^3 \dfrac{1}{5x + 2} \, dx = \dfrac{1}{5} \Big[\ln |5x + 2| \Big]_0^3$

$$= \dfrac{1}{5} \Big[\ln 17 - \ln 2 \Big]$$

$$= \dfrac{1}{5} \ln \left(\dfrac{17}{2} \right)$$

5 $\displaystyle\int u \dfrac{dv}{dx} \, dx = uv - \int v \dfrac{du}{dx} \, dx$

Rydym ni'n defnyddio Rheol 1.

Gadewch i $u = 2x + 1$ a $\dfrac{dv}{dx} = e^{2x}$

Felly $\dfrac{du}{dx} = 2$, $v = \dfrac{e^{2x}}{2}$

$$\int (2x + 1)e^{2x} \, dx = (2x + 1)\dfrac{1}{2} e^{2x} - \int \dfrac{1}{2} e^{2x} (2) \, dx$$

$$= \dfrac{1}{2} e^{2x} (2x + 1) - \dfrac{1}{2} e^{2x} + c$$

$$= xe^{2x} + c$$

6 Gadewch i $x = 2 \sin \theta$, felly $\dfrac{dx}{d\theta} = 2 \cos \theta$ sy'n rhoi $dx = 2 \cos \theta \, d\theta$

Pan fydd $x = 1$, $1 = 2 \sin \theta$, a thrwy hyn $\theta = \sin^{-1}\left(\dfrac{1}{2}\right) = \left(\dfrac{\pi}{6}\right)$

Pan fydd $x = 0$, $0 = 2 \sin \theta$, a thrwy hyn $\theta = \sin^{-1} 0 = 0$

$$\int_0^1 \sqrt{(4 - x^2)} \, dx = \int_0^{\frac{\pi}{6}} \sqrt{(4 - 4 \sin^2 \theta)} \, (2 \cos \theta) \, d\theta$$

$$= \int_0^{\frac{\pi}{6}} \sqrt{4(1 - \sin^2 \theta)} \, (2 \cos \theta) \, d\theta$$

$1 - \sin^2 \theta = \cos^2 \theta.$

$$= \int_0^{\frac{\pi}{6}} \sqrt{4 \cos^2 \theta} \, (2 \cos \theta) \, d\theta$$

$$= \int_0^{\frac{\pi}{6}} 2 \cos \theta \, (2 \cos \theta) \, d\theta$$

$$= \int_0^{\frac{\pi}{6}} 4 \cos^2 \theta \, d\theta$$

$$= \int_0^{\frac{\pi}{6}} 4 \left(\frac{1 + \cos 2\theta}{2}\right) d\theta$$

Mae hyn yn ad-drefniad o'r fformiwla ongl ddwbl

$$\cos 2A = 2 \cos^2 A - 1.$$

$$= 2 \int_0^{\frac{\pi}{6}} (1 + \cos 2\theta) \, d\theta$$

$$= 2 \left[\theta + \frac{1}{2} \sin 2\theta\right]_0^{\frac{\pi}{6}}$$

$$= 2 \left[\left(\frac{\pi}{6} + \frac{1}{2} \sin \frac{\pi}{3}\right) - \left(0 + \frac{1}{2} \sin 0\right)\right]$$

$$= 1.913 \text{ (yn gywir i 3 lle degol).}$$

7 $\dfrac{dy}{dx} = \dfrac{y}{x + 2}$

Wrth wahanu newidynnau ac integru, rydym ni'n cael

$$\int \frac{1}{y} dy = \int \frac{1}{x + 2} dx$$

Fel bod $\qquad \ln y = \ln (x + 2) + c$

Pan fydd $x = 0, y = 2$,

$\therefore \qquad\qquad \ln 2 = \ln 2 + c$

$\therefore \qquad\qquad\qquad c = 0$

a'r datrysiad yw $\qquad \ln y = \ln (x + 2)$

Rydym ni'n cymryd esbonyddolion i ddiddymu logiau

$\therefore \qquad\qquad\qquad y = x + 2$

Testun 8

1 $\int_a^b y\,dx \approx \frac{1}{2}h\{(y_0 + y_n) + 2(y_1 + y_2 + \ldots + y_{n-1})\}$

$\int_0^4 \frac{1}{1 + \sqrt{x}}\,dx \approx \frac{1}{2}h\{(y_0 + y_n) + 2(y_1 + y_2 + \ldots + y_{n-1})\}$

$h = \dfrac{b - a}{n} = \dfrac{4 - 0}{4} = 1$

Pan fydd

$x = 0, \qquad y_0 = \dfrac{1}{1 + \sqrt{0}} = 1$

$x = 1, \qquad y_1 = \dfrac{1}{1 + \sqrt{1}} = 0.5$

$x = 2, \qquad y_2 = \dfrac{1}{1 + \sqrt{2}} = 0.41421$

$x = 3, \qquad y_3 = \dfrac{1}{1 + \sqrt{3}} = 0.36603$

$x = 4, \qquad y_4 = \dfrac{1}{1 + \sqrt{4}} = 0.33333$

$\int_0^4 \sqrt{\dfrac{1}{1 + \sqrt{x}}}\,dx \approx \frac{1}{2} \times 1\{(1 + 0.33333) + 2(0.5 + 0.41421 + 0.36603)\}$

$\approx 1.94691 \approx 1.947$ i 3 lle degol

n yw nifer y stribedi ac nid nifer y mesurynnau. Yma, nifer y stribedi yw 4.

2 $h = \dfrac{b - a}{n} = \dfrac{2 - 0}{4} = 0.5$

Pan fydd $x = 0, \qquad\qquad y_0 = \sqrt{7 - 0} = \sqrt{7} = 2.6458$

$x = 0.5, \qquad\quad y_1 = \sqrt{7 - 0.5^2} = 2.5981$

$x = 1.0, \qquad\quad y_2 = \sqrt{7 - 1^2} = 2.4495$

$x = 1.5, \qquad\quad y_3 = \sqrt{7 - 1.5^2} = 2.1794$

$x = 2.0, \qquad\quad y_4 = \sqrt{7 - 2^2} = 1.7321$

$\int_a^b y\,dx \approx \frac{1}{2}h\{(y_0 + y_n) + 2(y_1 + y_2 + \ldots y_{n-1})\}$

$\int_0^2 \sqrt{7 - x^2}\,dx \approx \frac{1}{2} \times 0.5\{(2.6458 + 1.7321) + 2(2.5981 + 2.4495 + 2.1794)\}$

≈ 4.7080

≈ 4.708 (i 3 lle degol)

3 $x_0 = 1.1$

$x_1 = 1 + e^{-2(1.1)} = 1.11080316$

$x_2 = 1 + e^{-2(1.11080316)} = 1.10843479$

$x_3 = 1 + e^{-2(1.10843479)} = 1.10894963$

$x_3 = 1.1089$ (yn gywir i 4 lle degol)

Gadewch i $f(x) = (x - 1)e^{2x} - 1$

$f(1.10885) = (1.10885 - 1)e^{2(1.10885)} - 1 = -0.000084$

$f(1.10895) = (1.10895 - 1)e^{2(1.10895)} - 1 = 0.001034$

Gan fod newid arwydd, $\alpha = 1.1089$ yn gywir i 4 lle degol.

4 $x_0 = 1.7$

$x_1 = (8 - 2x_0)^{\frac{1}{3}} = (8 - 2(1.7))^{\frac{1}{3}} = 1.663103499$

$x_2 = (8 - 2x_1)^{\frac{1}{3}} = (8 - 2(1.663103499))^{\frac{1}{3}} = 1.671949509$

$x_3 = (8 - 2x_2)^{\frac{1}{3}} = (8 - 2(1.671949509))^{\frac{1}{3}} = 1.669837194$

$x_4 = (8 - 2x_3)^{\frac{1}{3}} = (8 - 2(1.669837194))^{\frac{1}{3}} = 1.670342073$

Felly $x_4 = 1.6703$ (yn gywir i 4 lle degol)

> Dylech chi bob amser dalgrynnu eich ateb terfynol i'r nifer gofynnol o leoedd degol neu ffigurau ystyrlon.

5

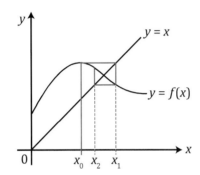

6 (a)

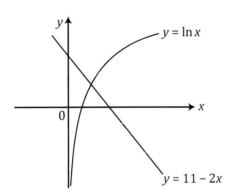

> Sylwch fod un pwynt croestoriad, felly mae un gwreiddyn i'r hafaliad
> $\ln x + 2x - 11 = 0$.

(b) $x_0 = 4.7$

Dyma werthoedd x_1 i x_4:

$x_1 = 4.726218746$

$x_2 = 4.723437268$

$x_3 = 4.723731615$

$x_4 = 4.723700458$

Felly $x_4 = 4.72370$ i 5 lle degol.

Mae gwirio arwydd $h(x)$ yn $x = 4.723695$ yn rhoi $h(x) = -1.87 \times 10^{-5}$

Mae gwirio arwydd $h(x)$ yn $x = 4.723705$ yn rhoi $h(x) = 3.45 \times 10^{-6}$

Gan fod yr arwydd yn newid rhwng y ddau bwynt yma,

$\alpha = 4.72370$ i 5 lle degol.